2de

BAC PRO

Maths

Production

Sous la direction de Gérald **Lafforgue**
Professeur de lycée professionnel
Professeur associé à l'INSPE de Toulouse Occitanie-Pyrénées

Philippe **Astor**
Professeur au lycée professionnel Odilon Redon à Pauillac

Laetitia **Barthe**
Professeur au lycée professionnel Notre-Dame à Castres

Marie-Laure **Beyt**
Professeur au lycée professionnel Jean Dupuy à Tarbes

Carole **Bonnet**
Professeur au lycée professionnel Bourdelle à Montauban

Cédric **Mazeyrie**
Professeur au lycée professionnel Beau-Frêne à Billere

David **Pillaud**
Professeur au lycée professionnel Maréchal Lannes à Lectoure

Catherine **Thiaudière**
Professeur au lycée professionnel Gallieni à Toulouse

Crédits iconographiques

Couverture : Jekaterine Nikitina/GettyImages
p. 10 : Istockphoto/PLG ; **p. 18** : © Neptune Environnement ; **p. 25** : Istockphoto/Azure-Dragon ; **p. 26** : Istockphoto/manemedia ; **p. 29** : Pressesports/Stéphane Mantey ; **p. 30** : Istockphoto/yocamon ; **p. 34** : Istockphoto/Chesky_W, Istockphoto/Dvoinik ; **p. 36** : AFP ; **p. 37** : Istockphoto/daboost ; **p. 40** : Istockphoto/sanjeri ; **p. 41, 42, 45** : photos auteurs ; **p. 46** : Shutterstock/Jarry Hu ; **p. 49** : © De Dietrich ; **p. 51** : Gettyimages/Bongarts/Gunnar Berning ; **p. 53** : Shutterstock/gemenacom ; **p. 55** : Istockphoto/XiXinXing ; **p. 58** : Cit'Images/Antoine Tatin ; **p. 61** : Michel Hans ; **p. 68** : PanoramiC/Imago ; **p. 69** : Novespace/E. Magnan, photo auteurs ; **p. 73** : Istockphoto/TkKurikawa ; **p. 74** : photo auteurs ; **p. 77** : Istockphoto/SolStock ; **p. 84** : Istockphoto/venusphoto, Istockphoto/luisapuccini ; **p. 87** : Istockphoto/v_zaitsev ; **p. 88** : Istockphoto/Linjerry ; **p. 98** : Istockphoto/RichLegg ; **p. 99** : Istockphoto/Ingenui© Pyramide du Louvre, arch. I.M.Pei, musée du Louvre, Paris ; **p. 100** : Gettyimages/Arnold Media ; **p. 101** : AFP/Robyn Beck ; **p. 103** : Istockphoto/Eric Bascol ; **p. 104** : Istockphoto/monkeybusinessimages ; **p. 105** : Istockphoto/ptasha, Istockphoto/heebyj ; **p. 106** : Istockphoto/Vichailao, Istockphoto/helendol ; **p. 112** : g : Hémis/Alamy/Rob Wilkinson, mg : Fotolia.com/Louis Renaud, md : Hemis/Alamy/Lilian return, d : Fotolia, AFP/Agence Spatiale Européenne/Stéphane Corvaja, Shutterstock/koya979, Istockphoto/style-photography ; **p. 114** : photo auteurs ; **p. 116** : © Projet Renzo Piano Building Workshop - render by Joachim Lézie-Cobert, Plainpicture/Westend61/Artmedia ; **p. 117** : RégiGolf ; **p. 120** : Istockphoto/Explora_2005.
Couverture : Jekaterine Nikitina/GettyImages

Édition : Marie Pruszek
Couverture : Delphine d'Inguimbert et Valérie Goussot
Maquette intérieure : Anne-Danielle Naname - Grafatom
Réalisation : Grafatom
Iconographie : Marie-Christine Petit, Élise Paillonçy (couverture)
Illustratrice : Béata Gierasimczyk – DOMINO (p. 39)

PAPIER À BASE DE FIBRES CERTIFIÉES

hachette s'engage pour l'environnement en réduisant l'empreinte carbone de ses livres. Celle de cet exemplaire est de :
1,050 kg éq. CO_2
Rendez-vous sur www.hachette-durable.fr

www.hachette-education.com

ISBN : 978-2-01-709996-3

Paroles de professeurs, paroles d'auteurs

En concourant à la formation intellectuelle, citoyenne et professionnelle de l'élève, cet ouvrage répond aux objectifs fixés par les programmes.

Les activités, les travaux pratiques et les problèmes prennent appui sur des situations concrètes qui favorisent la mise en œuvre de la **démarche scientifique**. Le travail demandé à l'élève a pour objectifs de lui faire acquérir les **connaissances** et **capacités** du programme tout en développant les **compétences transversales**.

L'utilisation d'une **calculatrice graphique** et l'usage de l'**outil informatique** (tableur-grapheur, logiciel de programmation Scratch, Python, logiciel 2D et logiciel de géométrie dynamique 3D) sont privilégiés.

Chaque chapitre (16 pages) est organisé en huit rubriques.

- **Activités** L'activité 1 permet de réactiver les notions importantes étudiées au cycle 4. Les activités 2 et 3 introduisent les connaissances et capacités visées par le chapitre. Les activités 1 et 3 sont construites pour que l'élève mette en œuvre la **Démarche scientifique** : peu ou pas guidé, il doit faire le choix de la méthode mais peut cependant faire appel au professeur. Le travail en binôme ou en petit groupe (identifié par un pictogramme) est toujours possible à l'activité 3.

- **L'essentiel** Les connaissances abordées dans le chapitre y sont définies et explicitées à partir d'exemples.

- **Travaux pratiques** Le travail expérimental demandé fait appel à l'usage des TIC.

- **Exercices** Application directe du cours, les exercices permettent la mémorisation et l'entraînement aux automatismes nécessaires à la résolution des problèmes.
Au début de cette rubrique, un QCM, **Testez-vous !**, permet à l'élève d'évaluer le niveau de ses acquis.

- **Problèmes** Les compétences transversales sont mentionnées au début de chaque question en respectant toujours le même ordre : **1.** S'approprier, **2.** Analyser. Raisonner, **3.** Réaliser, **4.** Valider et **5.** Communiquer. La dernière page propose la résolution de problèmes par **Démarche scientifique** et fait plus particulièrement appel à l'initiative de l'élève (ou d'un binôme pour le problème identifié par le pictogramme).
- **Algorithmique et programmation** Des problèmes d'algorithmique / programmation sont proposés pour prolonger le travail réalisé au cycle 4 et s'initier à la programmation avec Python.
Quand cela est nécessaire dans les activités et les problèmes, un ***Pour bien démarrer* ▶** est proposé.
- **Évaluation** Une évaluation par compétence en fin de chapitre pour évaluer le niveau des capacités et des connaissances acquises.
- **Co-intervention** Une activité en fin de chapitre pour amener l'élève à rechercher un exemple d'application des outils mathématiques dans sa spécialité. Des activités en fin du manuel avec des questions professionnelles nécessitant la mise en œuvre de travaux mathématiques.
- **Automatismes** Douze pages d'exercices pour consolider les automatismes en cours et en accompagnement personnalisé.

Tout au long de l'ouvrage, on trouve **▶ Calculatrice** et **▶ Logiciel** qui renvoient vers les fiches *Utilisation des calculatrices graphiques Casio Graph 25+, TI-76.fr et Numworks Utilisation de logiciels : LibreOffice Calc, Scratch, LibreOffice Draw et un logiciel de géométrie dynamique.*

Pictogrammes

Travail
en petit groupe

Appeler
le professeur

Travail
avec la calculatrice

Travail
avec l'ordinateur

Programme

Statistique et probabilités

Statistique à une variable

Capacités	Connaissances
Recueillir et organiser des données statistiques.	Regroupement par classes d'une série statistique.
• Organiser des données statistiques en choisissant un mode de représentation adapté à l'aide des fonctions statistiques d'une calculatrice ou d'un tableur. • Extraire des informations d'une représentation d'une série statistique.	Représentation d'une série statistique par un diagramme en secteurs, en bâtons, en colonnes, à lignes brisées.
Comparer et interpréter des séries statistiques à l'aide d'indicateurs de position et de dispersion calculés avec les fonctions statistiques d'une calculatrice ou d'un tableur.	• Indicateurs de position : mode, classe modale, moyenne, médiane, quartiles. • Indicateurs de dispersion : étendue, écart type, écart interquartile $Q3 - Q1$.
• Construire le diagramme en boîte à moustaches associé à une série statistique avec ou sans TIC. • Comparer et interpréter des diagrammes en boîte à moustaches.	Diagrammes en boîte à moustaches.

Fluctuations d'une fréquence selon les échantillons, probabilités

Capacités	Connaissances
• Expérimenter pour observer la fluctuation des fréquences (jets de dés, lancers de pièces de monnaie…). • Réaliser une simulation informatique, dans des cas simples, permettant la prise d'échantillons aléatoires de taille n fixée, extraits d'une population où la fréquence p relative à un caractère est connue. • Déterminer l'étendue des fréquences, relatives à un caractère, de la série d'échantillons de taille n obtenus par expérience concrète ou simulation.	• Vocabulaire des probabilités : expérience aléatoire, ensemble des issues (univers), événement, probabilité. • Expérience aléatoire à deux issues. • Échantillon aléatoire de taille n pour une expérience à deux issues (avec remise). • Notion de tirage au hasard et avec remise de n éléments dans une population où la fréquence p relative à un caractère est connue. • Fluctuation d'une fréquence relative à un caractère, sur des échantillons de taille n fixée.
Estimer la probabilité d'un événement à partir des fréquences.	Stabilisation relative des fréquences vers la probabilité de l'événement quand n augmente.
• Calculer la probabilité d'un événement dans le cas d'une situation aléatoire simple. • Faire preuve d'esprit critique face à une situation aléatoire simple.	Dénombrements à l'aide de tableaux à double entrée ou d'arbres.

Algèbre – Analyse

Résolution d'un problème du premier degré

Capacités	Connaissances
• Traduire un problème par une équation ou une inéquation du premier degré à une inconnue. • Résoudre algébriquement, graphiquement sans ou avec outils numériques (grapheur, solveur, tableur) : - une équation du premier degré à une inconnue ; - une inéquation du premier degré à une inconnue. • Choisir et mettre en œuvre une méthode de résolution adaptée au problème.	• Équation du premier degré à une inconnue. • Inéquation du premier degré à une inconnue. • Intervalles de R.

Fonctions

Capacités	Connaissances
• Exploiter différents modes de représentation d'une fonction et passer de l'un à l'autre (expression, tableau de valeurs, courbe représentative). • Selon le mode de représentation : - identifier la variable ; - déterminer l'image ou des antécédents éventuels d'un nombre par une fonction définie sur un ensemble donné. • Reconnaître une situation de proportionnalité et déterminer la fonction linéaire qui la modélise.	• Différents modes de représentation d'une fonction (expression, tableau de valeurs, courbe représentative). • Variable, fonction, image, antécédent et notation $f(x)$. • Intervalles de R. • Fonctions linéaires.

• Relier courbe représentative et tableau de variations d'une fonction. • Déterminer graphiquement les extremums d'une fonction sur un intervalle.	• Fonction croissante ou décroissante sur un intervalle. • Tableau de variations. • Maximum, minimum d'une fonction sur un intervalle.
Exploiter l'équation $y = f(x)$ d'une courbe : - vérifier l'appartenance d'un point à une courbe ; - calculer les coordonnées d'un point de la courbe.	Courbe représentative d'une fonction f : la courbe d'équation $y = f(x)$ est l'ensemble des points du plan dont les coordonnées (x ; y) vérifient $y = f(x)$.
• Représenter graphiquement une fonction affine. • Déterminer l'expression d'une fonction affine à partir de la donnée de deux nombres et de leurs images. • Déterminer graphiquement le coefficient directeur d'une droite non verticale. • Faire le lien entre coefficient directeur et pente dans un repère orthonormé. • Reconnaître que deux droites d'équations données sont parallèles. • Résoudre graphiquement, ou à l'aide d'outils numériques, un système de deux équations du premier degré à deux inconnues. • Construire la parabole représentant la fonction carré et donner son tableau de variations. • Déduire de la courbe représentative d'une fonction f sur un intervalle donné celle de la fonction qui à x associe $f(x) + k$, où k est un nombre réel donné, sur le même intervalle. • Déduire de la courbe représentative de la fonction carré, l'allure de celle de la fonction définie par $f(x) = kx2$, où k est un nombre réel donné. • Déduire des variations d'une fonction f sur un intervalle donné celles de la fonction kf, où k est un nombre réel donné, sur le même intervalle.	• Fonction affine : - courbe représentative ; - coefficient directeur et ordonnée à l'origine d'une droite représentant une fonction affine ; - équation réduite d'une droite ; - sens de variation en fonction du coefficient directeur de la droite qui la représente. • Interprétation du coefficient directeur de la droite représentative d'une fonction affine comme taux d'accroissement. • Système de deux équations du premier degré à deux inconnues. • Courbe représentative de la fonction carré. • Sens de variation de la fonction carré.
Dans le cadre de problèmes modélisés par des fonctions, résoudre par une méthode algébrique ou graphique une équation du type $f(x) = c$ ou une inéquation du type $f(x) < c$, où c est un réel donné et f une fonction affine ou une fonction du type $x \times kx2$ (avec k réel donné).	Résolution algébrique ou graphique.

Géométrie

Capacités	Connaissances
• Reconnaître, nommer un solide usuel. • Nommer les solides usuels constituant d'autres solides. • Calculer des longueurs, des mesures d'angles, des aires et des volumes dans les figures ou solides (les formules pour la pyramide, le cône et la boule sont fournies).	• Solides usuels : le cube, le pavé droit, la pyramide, le cylindre droit, le cône, la boule. • Figures planes usuelles : triangle, quadrilatère, cercle. • Le théorème de Pythagore et sa réciproque. • Le théorème de Thalès dans le triangle. • Formule donnant le périmètre d'un cercle. • Somme des mesures, en degré, des angles d'un triangle. • Formule de l'aire d'un triangle, d'un carré, d'un rectangle, d'un disque. • Formule du volume du cube, du pavé droit et du cylindre.
Déterminer les effets d'un agrandissement ou d'une réduction sur les longueurs, les aires et les volumes.	Grandeurs proportionnelles.

Algorithmique et programmation

Capacités	Connaissances
• Analyser un problème. • Décomposer un problème en sous-problèmes.	
• Repérer les enchaînements logiques et les traduire en instructions conditionnelles et en boucles.	• Séquences d'instructions, instructions conditionnelles, boucles bornées (for) et non bornées (while).
• Choisir ou reconnaître le type d'une variable. • Réaliser un calcul à l'aide d'une ou de plusieurs variables.	• Types de variables : entiers, flottants, chaînes de caractères, booléens. • Affectation d'une variable.
• Modifier ou compléter un algorithme ou un programme. • Concevoir un algorithme ou un programme simple pour résoudre un problème.	
• Comprendre et utiliser des fonctions. • Compléter la définition d'une fonction. • Structurer un programme en ayant recours à des fonctions pour résoudre un problème donné.	• Arguments d'une fonction. • Valeur(s) renvoyée(s) par une fonction.

Sommaire

Sommaire

Géométrie

6 Géométrie dans le plan

7 Géométrie dans l'espace

La co-intervention

>> 1 page dédiée dans chaque chapitre
>> 1 dossier qui regroupe 5 activités en fin d'ouvrage :
Situation 1 - Combien reste-t-il de bactéries après cinq minutes de contact avec le désinfectant ?
Situation 2 - Quelle est la hauteur maximale que ne doit pas dépasser le chariot élévateur ?
Situation 3 - Quand faut-il intervenir en priorité dans la maintenance du palettiseur ?
Situation 4 - Quelles sont les longueurs des montants de la fenêtre ?
Situation 5 - Quelles peuvent être les dimensions de la chambre d'hôpital ?

Les automatismes

>> 1 rubrique **Automatismes** dédiée au début des exercices d'application (Calcul mental, À l'oral)
>> 1 dossier de **Consolidation des automatismes** de 12 pages de plus de 80 exercices qui regroupe les 22 automatismes du programme.

Le vocabulaire ensembliste et logique

>> 1 dossier dédié au **Vocabulaire ensembliste et logique** avec une fiche et une page entière d'exercices d'application directe.

La table des pictos

>> Les ressources numériques

• Des ressources flash à télécharger ou à consulter

• Des QCM interactifs dans le manuel numérique

QCM interactif

>> Les pictos du manuel

Travail en petit groupe
Appeler le professeur
Travail avec la calculatrice
Travail avec l'ordinateur

Calculatrice Logiciel
Renvoi vers les fiches pratiques sur la calculatrice et les différents logiciels

1 Statistiques

Activité 1 Quel carburant ?

Démarche scientifique Cycle 4

10 min

Extraire des informations d'une série statistique

La représentation ci-dessous donne la répartition des ventes de véhicules particuliers en France pour une année.

- Quelles informations pouvez-vous extraire ou calculer à la lecture de ce diagramme ?

Pour bien démarrer ▶ La somme des ventes représente 100 %.

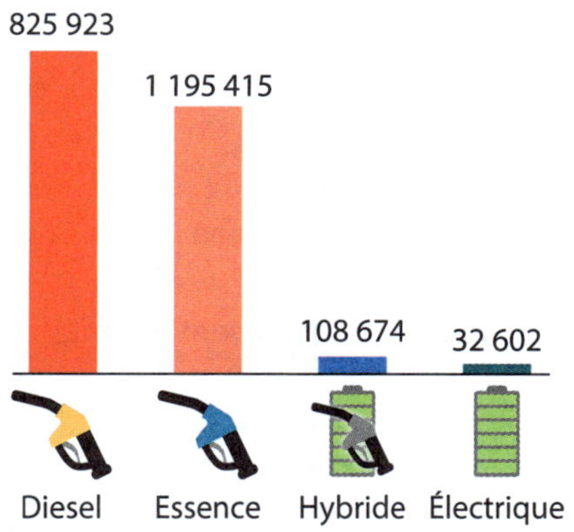

Activité 2 Combien de connexions par jour ?

20 min

Calculer des indicateurs statistiques à l'aide d'une calculatrice

Une étude est réalisée auprès des 19 élèves d'une classe de 2de pour connaître le nombre de fois qu'ils se sont connectés à Internet avec leur téléphone la veille. Les résultats sont donnés dans le tableau ci-dessous.

Rang de l'élève	1er	2e	3e	4e	**5e**	6e	7e	8e	9e	**10e**	11e	12e	13e	14e	**15e**	16e	17e	18e	19e
Nombre de connexions : x (par ordre croissant)	0	0	0	0	1	2	2	3	3	$Me = 4$	5	5	6	6	7	9	15	17	20

1. Calculez l'étendue e de cette série statistique.

....

2. a. À combien d'élèves correspondent au moins 25 % de la classe ?

....

b. Quel est le nombre maximal Q_1 de connexions par les 25 % des élèves qui se connectent le moins ou pas du tout ?

....

3. a. À combien d'élèves correspondent au moins 75 % de la classe ?

....

b. Quel est le nombre maximal Q_3 de connexions par les 75 % des élèves qui se connectent le moins ou pas du tout ?

....

Activité 3 Quelle est la quantité de détergent consommée ?

Démarche scientifique

20 min

Comparer et interpréter des séries statistiques à l'aide d'indicateurs de position

Un détergent biodégradable est utilisé pour deux portiques de lavage de voiture. La concentration de détergent préconisée par le fabricant pour enlever les salissures doit être comprise entre 7 et 9 mL de produit par litre d'eau.
Le détergent est d'autant plus efficace que la concentration est proche de 8 mL/L d'eau.
Un contrôle des concentrations en détergent est effectué sur chacun des deux portiques.
Les indicateurs statistiques calculés à partir de deux séries de mesures de quantité de détergent par litre d'eau, obtenues pour un nombre significatif de lavages contrôlés, sont les suivants.

	x_{min}	1er quartile Q_1	Médiane Me	Moyenne $\overline{x}$	3e quartile Q_3	x_{max}	Écart-type
Premier portique Quantité de détergent (en mL)	7	7,5	8	8	8,5	9	0,64
Second portique Quantité de détergent (en mL)	7	7,1	7,5	8	8,5	9	0,69

- Déduisez des indicateurs quel est, des deux portiques, le plus efficace pour enlever les salissures.
- Justifiez votre réponse.

Pour bien démarrer ▶ • Plus $Q_3 - Q_1$ est grand, plus la dispersion autour de la médiane est importante.
• Plus l'écart type σ est grand, plus la dispersion autour de la moyenne est importante.

Appelez votre professeur pour une aide, ou lui montrer votre proposition.

L'essentiel

1 Regroupement par classes

- Lorsque les valeurs du caractère d'une série statistique sont mesurables, elles peuvent être rangées par ordre croissant dans des intervalles de même amplitude, appelés « **classes** ».
- **L'effectif *n*** est le nombre d'individus correspondant à une valeur du caractère étudié (âge, couleur, etc.).
- **L'effectif total *N*** est le nombre total d'individus (personnes, objets, etc.).
- **La fréquence *f*** est, pour chaque valeur du caractère, $f = \dfrac{n}{N}$.

Exemple

- Une enquête est réalisée sur la longueur *x* de 10 barres métalliques.

Longueur : *x* (en cm)	
22	16
21	18
20	18
20	15
20	17

Classe	Effectif	Fréquence
[15 ; 18[	$n_1 = 3$	$f_1 = \dfrac{3}{10} = 0{,}30 = 30\ \%$
[18 ; 21[	$n_2 = 5$	$f_2 = \dfrac{5}{10} = 0{,}50 = 50\ \%$
[21 ; 24[	$n_3 = 2$	$f_3 = \dfrac{2}{10} = 0{,}20 = 20\ \%$
Total	$N = 10$	$\dfrac{10}{10} = 1{,}00 = 100\ \%$

2 Représentations graphiques

- **Diagramme en secteurs (ou circulaire)** : chaque modalité est représentée par un secteur circulaire dont l'aire et l'angle sont proportionnels à l'effectif (ou à la fréquence).
- **Diagrammes en bâtons, en colonnes et à lignes brisées** : chaque valeur du caractère est reportée sur l'axe des abscisses. Les effectifs (ou les fréquences) sont reportés en ordonnées. La hauteur de chaque segment est proportionnelle à l'effectif (ou à la fréquence).

Exemples

- Répartition des 54 motos vendues chez un concessionnaire en fonction de la cylindrée (en cm^3).

Diagramme circulaire

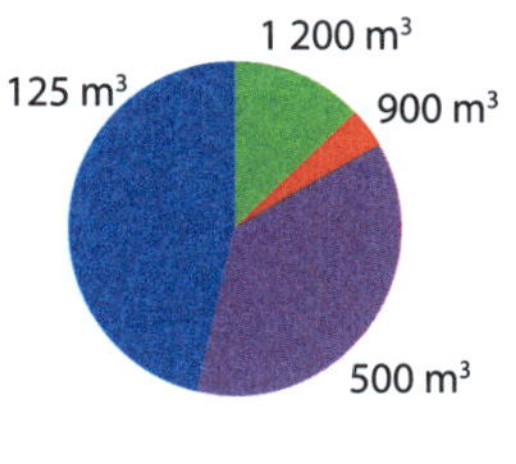

Diagramme en bâtons

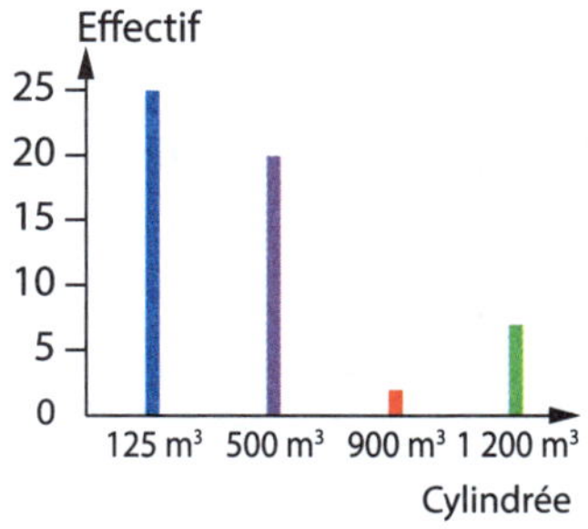

Diagramme en colonnes

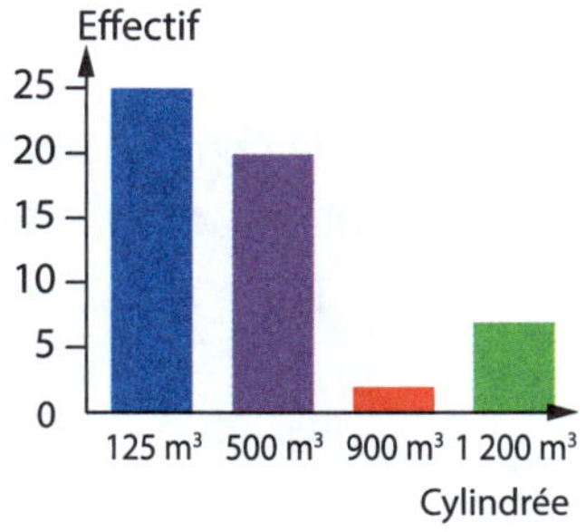

Diagramme à lignes brisées

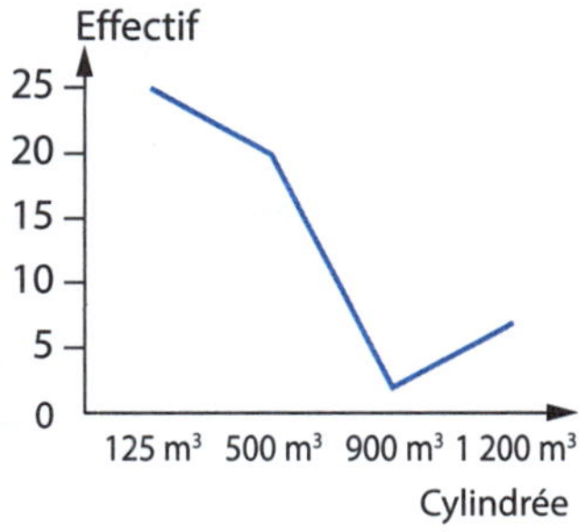

3 Indicateurs de position

Un indicateur de position est un nombre « central » autour duquel se répartit l'ensemble des valeurs d'une série quantitative.

- **Mode ou classe modale** : la valeur du caractère ou la classe ayant le plus grand effectif.
- **Moyenne $\overline{x}$** : la valeur qui peut être associée à tous les individus d'une population pour que la somme totale des valeurs reste inchangée.

Indicateurs de position *(suite)*

! Remarque :
Dans le cas d'une répartition en classes $[a_i ; b_i[$, on admet que l'effectif n_i de chaque classe est regroupé au **centre de la classe *i*** définie par $x_i = \dfrac{a_i + b_i}{2}$.
La moyenne calculée $\bar{x} = \dfrac{\Sigma n_i x_i}{N}$ est alors une « estimation » de la moyenne.

- **Médiane *Me* :** la valeur qui partage en deux groupes de même effectif l'ensemble des valeurs classées dans l'ordre croissant.

4 Indicateurs de dispersion

Un **indicateur de dispersion** est un nombre donnant la tendance qu'ont les valeurs d'une série quantitative à plus ou moins se regrouper de part et d'autre de la moyenne ou de la médiane.

- **Étendue *e*** : différence entre la plus grande et la plus petite valeur de la série : $e = x_{max} - x_{min}$.
- **Premier quartile Q_1** : plus petite valeur de la série, telle qu'au moins 25 % des valeurs sont inférieures ou égales à Q_1.
- **Troisième quartile Q_3** : est défini de la même façon que Q_1 avec 75 %.
- **Écart interquartile $Q_3 - Q_1$** : écart entre les valeurs de la moitié centrale de la série. Il représente 50 % des valeurs de la série. Plus l'écart interquartile est grand, plus la dispersion autour de la médiane est importante.
- **Écart type σ** : une valeur donnée par la calculatrice ou le tableur. Plus l'écart type est grand, plus la dispersion autour de la moyenne est importante.

Exemple

- Soit une série statistique de huit longueurs (en mètre) rangées dans l'ordre croissant :

2 4 | 5 8 10 13 | 14 20

25 % | 50 % | 25 %

$e = 20 - 2 = 18$ m ; $Q_1 = 4$ m et $Q_3 = 13$ m.

$\bar{x} = \dfrac{2+4+5+8+10+13+14+20}{8} = \dfrac{76}{8} = 9{,}5$ m

$\sigma = 5{,}6$ m

5 Diagramme en boîte à moustache

Ce diagramme, qui doit respecter une échelle, permet de visualiser graphiquement la dispersion de la série statistique autour de la médiane *Me*.

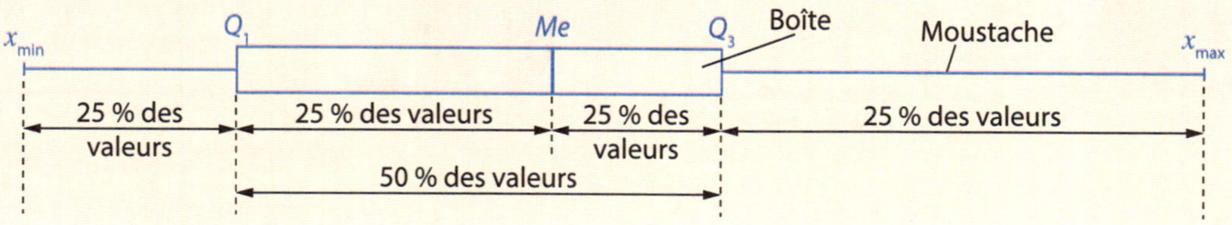

Exemple

- On a contrôlé la masse (en g) de 1 000 sacs de riz à la sortie de la chaîne de production.

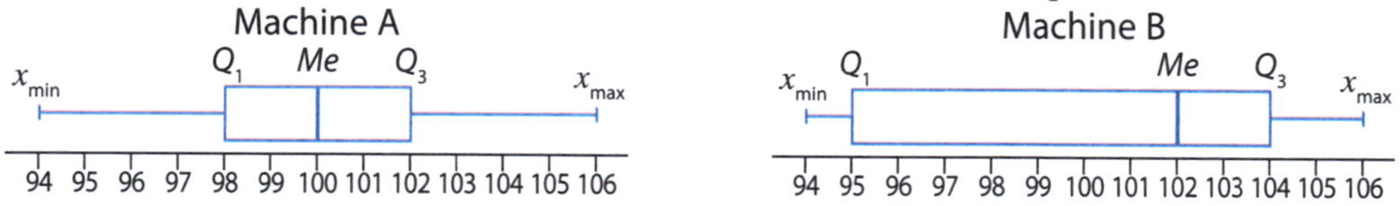

- Les boîtes ont des longueurs différentes : les masses des sacs produits par la machine A sont moins dispersées autour de la médiane que celles des sacs produits par la machine B.

Travaux pratiques

TP 1 La télévision est-elle menacée par l'ordinateur ?

30 min

Objectifs
- Extraire des informations d'une représentation.
- Choisir un mode de représentation adapté.
- Comparer deux séries statistiques.

Une enquête est réalisée en France auprès d'un échantillon représentatif de 1 000 hommes pour étudier le temps moyen quotidien qu'ils passent devant la télévision ou les supports numériques (ordinateur, tablette, téléphone).

1. Quelle est la population étudiée dans cette enquête ? S'agit-il d'un sondage ou d'un recensement ?

2. En vous aidant de la représentation graphique ci-dessous, complétez le tableau ci-contre.

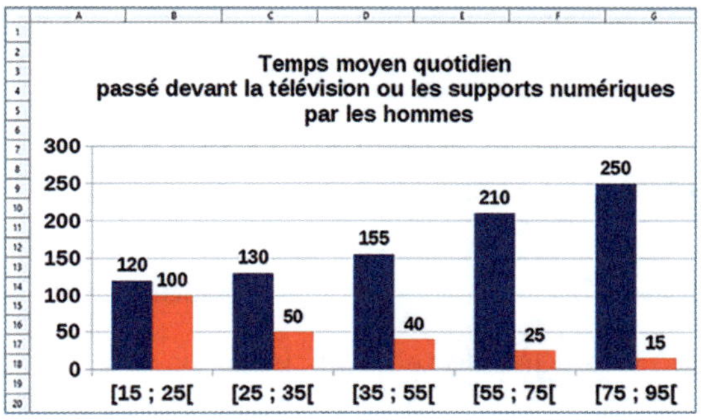

Classe d'âge des hommes (en années)	Temps passé devant la télévision (en min)	Temps passé devant les supports numériques (en min)
[15 ; 25[	120	
[75 ; 95[		15

3. L'évolution de 2015 à 2019 en France du temps moyen passé par les adultes d'au moins 18 ans devant la télévision ou les supports numériques est donnée dans le tableau ci-contre.
Avec un tableur-grapheur ou une calculatrice graphique, construisez le ou les diagramme(s) correspondant à ce tableau.

▶ **Logiciel** p. 147 à 160

Année	Temps moyen devant la télévision (en min)	Temps moyen devant un support numérique (en min)
2015	232	167
2016	228	196
2017	230	211
2018	230	226
2019	231	238

4. Analyse des deux séries statistiques

a. Commentez la distribution du temps moyen quotidien passé devant la télévision ou les supports numériques par les hommes en fonction de l'âge.

b. L'étude de 2015 à 2019 permet-elle de conclure que la télévision est menacée par l'ordinateur ? Justifiez votre réponse.

Travaux pratiques

TP 2 Quel groupe de nageurs est le plus assidu ?

30 min

Objectifs
- Construire un diagramme à moustache.
- Comparer deux séries statistiques à l'aide d'indicateurs.
- Comparer des diagrammes à moustache.

Un entraîneur compare l'assiduité des nageurs de son groupe lors des entrainements du mois de novembre par rapport au même mois de l'année précédente.

1. Calcul d'indicateurs avec une calculatrice graphique

Le nombre de nageurs lors de chaque entrainement des mois de novembre de deux années successives sont notés dans les tableaux ci-dessous :

Nageurs par entrainement 1re année					
16	18	18	11	16	14
17	12	13	14	18	12
13	16	18	12	14	11
18	14	16	9	13	15

Nageurs par entrainement 2de année					
16	9	15	13	15	18
14	14	13	13	14	14
15	18	16	14	15	13
18	14	16	13	14	14

a. Dans un tableur-grapheur, ou dans la partie statistique d'une calculatrice graphique, saisissez le nombres de nageurs présents lors des entrainements de la 1re année.
Recherchez les indicateurs statistiques de cette série.
Reportez dans le tableau ci-dessous les valeurs affichées.

▶ Logiciel p. 147 à 160

b. Procédez de la même façon pour compléter la dernière ligne du tableau ci-dessus.

	x_{min}	1er quartile Q_1	Médiane Me	3e quartile Q_3	x_{max}	Moyenne $\bar{x}$	Écart type
Novembre 1re année	....	....	....	....	....	....	....
Novembre 2de année	....	....	....	....	....	....	....

2. Représentation graphique

a. Représentez chacune des séries étudiées par une boîte à moustache.

....

....

b. À l'aide d'un logiciel, ou d'une calculatrice graphique, construisez les mêmes boîtes à moustaches et validez vos représentations ci-dessus.

3. Conclusion

Comparez les comportements des deux groupes d'entrainement.

....

....

....

Exercices

Testez-vous !

QCM interactif

Cochez la bonne réponse parmi les trois proposées.

1. Le total des fréquences d'une série statistique, exprimé en %, est égal à :

- ☐ 1
- ☐ la somme des effectifs
- ☐ 100 %

2. Dans un atelier de 10 salariés, le salaire moyen est de 2 000 €. Le montant total de ces salaires est :

- ☐ moins de 20 000 €
- ☐ 20 000 €
- ☐ plus de 20 000 €

3.

	x_{min}	x_{max}	e
1re série	1	10	9
2de série	3	8	5

- ☐ La 1re série est plus dispersée que la 2de.
- ☐ La 2de série est plus dispersée que la 1re.
- ☐ Les deux séries sont également dispersées.

4. x_{min}, Q_1, Me, Q_3, x_{max} et e :

- ☐ n'ont pas d'unité.
- ☐ ont des unités différentes.
- ☐ ont l'unité du caractère.

5.

	Q_1	Me	Q_3
Série A	8	10	12
Série B	5	10	15

- ☐ La série A est plus dispersée que la B autour de *Me*.
- ☐ La série B est plus dispersée que la A autour de *Me*.
- ☐ Les séries A et B sont également dispersées autour de *Me*.

6. L'écart type d'une série statistique :

- ☐ indique la dispersion autour de *Me*.
- ☐ est grand si les valeurs sont dispersées.
- ☐ est petit si les valeurs sont dispersées.

7. Deux séries A et B ont la même moyenne 90.
$\sigma_A = 30$ et $\sigma_B = 50$.

- ☐ Les valeurs de la série B sont plus dispersées autour de la moyenne, que celles de la série A.
- ☐ Les valeurs de la série A sont plus dispersées autour de la moyenne, que celles de la série B.
- ☐ Les valeurs de la série B sont plus resserrées autour de la moyenne, que celles de la série A.

8. Deux séries A et B ont le même écart interquartile et des médianes différentes.

- ☐ Les deux séries sont les mêmes.
- ☐ 50 % des valeurs autour de la médiane sont les mêmes.
- ☐ La différence entre Q_3 et Q_1 est la même pour ces deux séries.

9.

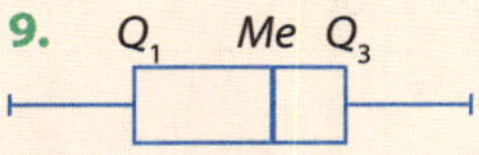

- ☐ Cette représentation est un diagramme en colonnes.
- ☐ Dans la boite, il y a 25 % de l'effectif entre Q_1 et *Me*, et 25 % entre *Me* et Q_3.
- ☐ La boîte et ses moustaches correspondent à l'écart interquartile.

Automatismes

Calcul mental

1 Calculez la valeur moyenne de la série suivante : 2, 7, 5, 6.

$\bar{x}$ = ...

2 Complétez le tableau.

Caractère : x_i	Effectif : n_i	Fréquence : f_i
Bleu	120	....
Vert	....	40 %
Total	$N = 200$	....

3 Calculez l'étendue *e* et $Q_3 - Q_1$ de la série.

x_{min}	Q_1	Q_3	x_{max}	e	$Q_3 - Q_1$
8	12	19	21	....	....

À l'oral

4 **a.** Quelle est la définition de la médiane ?

b. Quel est l'intérêt de calculer l'étendue *e* d'une série statistique ?

c. Comment les indicateurs Q_1, Q_3 et *Me* partagent-ils une série statistique ?

d. Qu'indique l'écart type σ ?

5 **Exercice corrigé**

On donne les deux boîtes à moustache ci-dessous :

Série A :

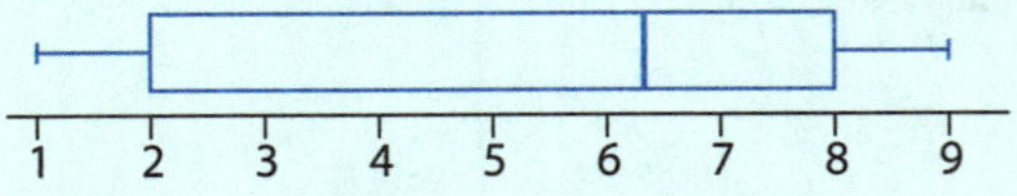

Série B :

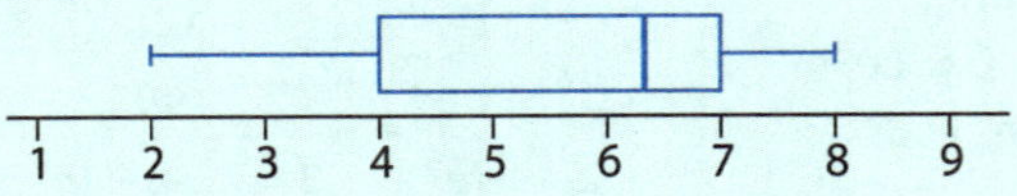

a. Pour chaque série, indiquez les valeurs de x_{min}, Q_1, Me, Q_3, x_{max}, e, $Q_3 - Q_1$.

b. Comparez la dispersion des valeurs de ces deux séries.

Corrigé

a.

	x_{min}	Q_1	Me	Q_3	x_{max}	e	$Q_3 - Q_1$
Série A	1	2	6,2	8	9	8	6
Série B	2	4	6,2	7	8	6	3

b. La série A est plus étendue et plus dispersée autour de *Me* que la série B.

Regroupement par classes

6 Le tableau ci-dessous contient les notes d'un devoir de mathématiques d'une classe de 2de.

1	5	9	12	13	17
12,5	6	14	15	17,5	19
14	18,5	7,5	10	8	6,5
10	12	10	5,5	11	9

Complétez le tableau suivant :

Caractère	Effectif
[0 ; 5[	....
[5 ; 10[	....
[10 ; 15[	....
[15 ; 20[	....
Total	....

7 Soit le tableau statistique suivant obtenu avec un tableur.

	A	B	C
1	x_i	n_i	f_i (en %)
2	[5 ; 8[	5	=B2*C$6/B$6
3	[8 ; 11[	9	
4	[11 ; 14[	12	
5	[14 ; 17[	4	
6	TOTAL	30	100

▶ Logiciel p. 147-148

a. Quelle formule faut-il saisir dans la cellule B6 pour calculer l'effectif total $N = 30$?

....

....

b. Quelle valeur numérique va s'afficher dans la cellule C2 ?

....

....

Représentations graphiques

8 Une enquête est réalisée auprès de 1 080 jeunes afin de connaître leur radio préférée. Les résultats sont présentés dans le diagramme à secteurs ci-dessous.

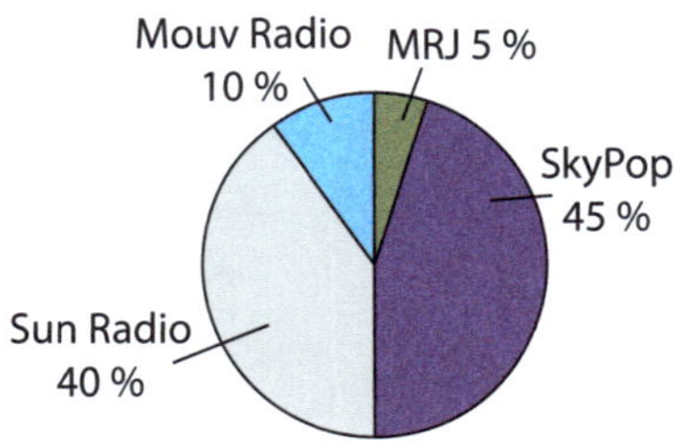

• Complétez le tableau suivant.

Station de radio	Nombre de jeunes	Fréquence
MRJ	$0{,}05 \times 1\,080 = 54$	0,05
Skypop		0,45
Sun Radio		
Mouv Radio		0,10
Total	$N = 1\,080$	**1**

9 Le diagramme de la série ci-dessous représente le nombre de pièces fabriquées en fonction de leur temps de fabrication.

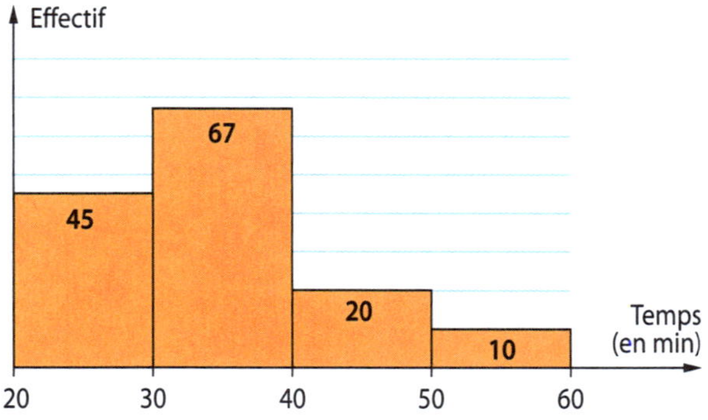

a. Calculez l'amplitude des classes.

....

....

....

b. Le responsable de la chaîne de fabrication estime qu'au moins 30 % des 142 pièces sont fabriquées en moins de 30 minutes.
Montrez par un calcul qu'il a raison.

Indicateurs de position

10 À l'aide d'un tableur, déterminez la moyenne et la médiane des séries suivantes. ▶ Logiciel p. 147-148

a.

Caractère	10	20	30	40
Effectif	30	52	36	22

$\overline{x}$ = ... *Me* = ...

b.

Caractère	[0 ; 20[	[20 ; 40[	[40 ; 60[	[60 ; 80[
Effectif	4	16	12	8

$\overline{x}$ = ... *Me* = ...

11 Un élève a eu 7 notes en mathématiques.
a. Sa moyenne est de 13/20.
Combien a-t-il eu de points en tout ?

b. Sa médiane est de 9/20.
Combien a-t-il eu de notes inférieures ou égales à 9 ?

c. Comment expliquez-vous que la moyenne soit supérieure à la médiane ?

12 **a.** Pour savoir si la richesse est bien répartie dans un pays, vaut-il mieux connaître la moyenne ou la médiane des revenus par habitant ? Justifiez.

b. Pour savoir si un pays est riche, vaut-il mieux connaître la moyenne ou la médiane des revenus par habitant ? Justifiez.

Indicateurs de dispersion

13 Les quatre graphiques représentent les notes obtenues à huit évaluations par quatre élèves.
- Déterminez x_{min}, Q_1, *Me*, Q_3, x_{max} et *e* dans chaque cas.

a.

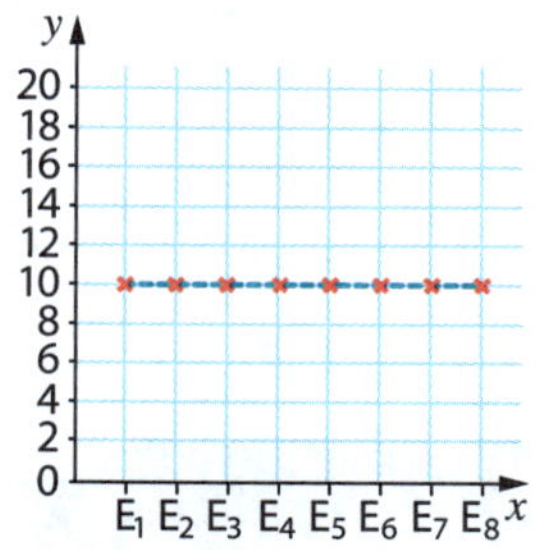

b.

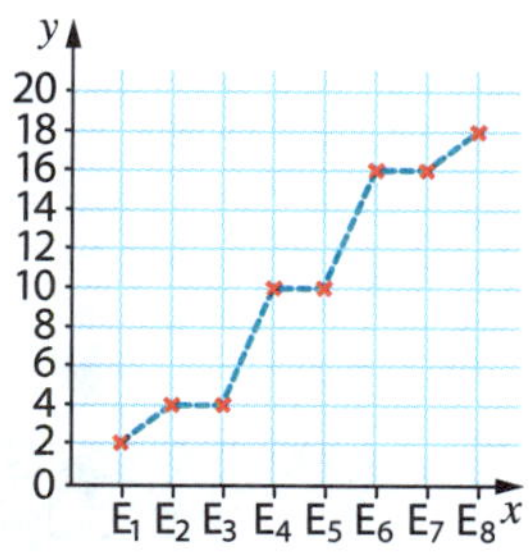

c.

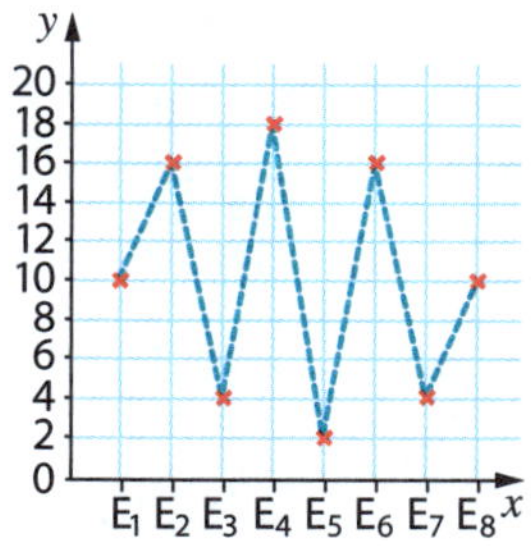

d.

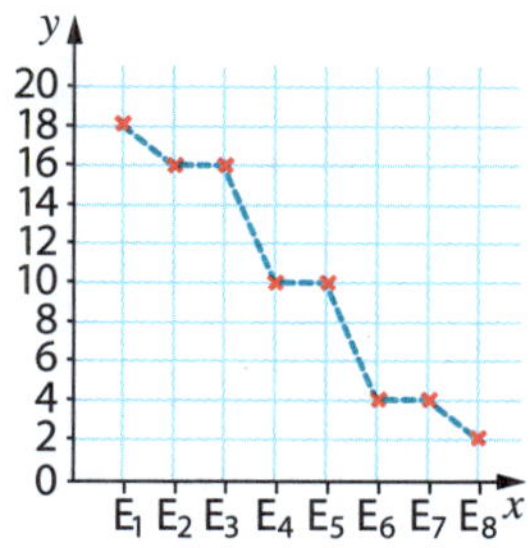

14 À l'aide d'une calculatrice, déterminez les valeurs de x_{min} ; Q_1 ; *Me* ; Q_3 et x_{max} pour la série donnée à l'exercice 9.

Diagramme en boîte à moustache

15 Le diagramme ci-dessous représente la répartition des vitesses en km/h mesurées par un radar automatique.

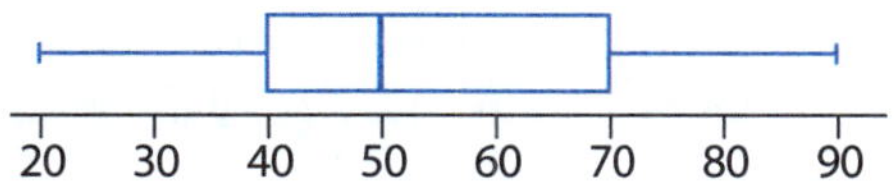

Complétez le tableau ci-dessous.

x_{min}	Q_1	*Me*	Q_3	x_{max}	*e*	$Q_3 - Q_1$
....	....	....	....	....	....	....

Problèmes

Problème corrigé

1 Quel plongeur faut-il choisir ?

Alex est plongeur professionnel. Les profondeurs maximales qu'il a atteintes cette année pour installer des ancrages sous-marins sont données ci-dessous.

−12	−25	−6	−17	−7	−22	−34	−25	−25	−24
−15	−32	−15	−34	−5	−25	−23	−32	−20	−21
−13	−12	−23	−25	−24	−35	−22	−41	−15	−34
−10	−34	−22	−12	−39	−12	−20	−54	−17	−30
−40	−42	−25	−11	−23	−24	−12	−6	−23	−21
−24	−34	−21							

1. S'approprier. Organisez les données d'Alex en les regroupant par classe d'amplitude 15.

Profondeur	....	....	....	....
Effectif	....	....	....	....

2. Analyser. Raisonner. Proposez une méthode de résolution pour déterminer, avec un tableur, la profondeur moyenne, la profondeur médiane et les indicateurs de dispersion de cette série de 53 plongées. ▶ **Logiciel** p. 147-148

3. Réaliser.

a. Exécutez votre protocole et présentez, dans un tableau, les indicateurs de cette série statistique.

b. Le tableau ci-dessous présente une partie des données concernant les 46 plongées de Lise.

N	$\overline{x}$ (m)	Me (m)	Q_1 (m)	Q_3 (m)
46	− 28,5	− 27	− 28	- 19

Comparez les deux séries de plongées. Indiquez notamment quel plongeur a cumulé le plus de profondeurs et lequel a effectué les plongées avec les profondeurs les plus variées. Justifiez votre réponse.

4. Valider. En fin d'année, un dernier chantier nécessite deux plongées à 60 mètres de profondeur.
Le responsable de l'entreprise souhaite que les deux plongeurs aient un bilan annuel assez similaire. Quel plongeur doit-il missionner ?

5. Communiquer. Rédigez, en quelques lignes, le compte rendu que le directeur du centre de plongée pourrait remettre aux plongeurs pour justifier son choix.

Corrigé

1.

Profondeur (m)	[0 ; 15[	[15 ; 30[	[30 ; 45[	[45 ; 60[
Effectifs	12	27	13	1

2. Pour obtenir des valeurs exactes, il faut saisir toutes les profondeurs dans les cellules d'un tableur et utiliser les formules permettant de calculer les indicateurs.
L'utilisation du tableau de la question 1 permet d'obtenir des valeurs approchées.

3. a.

x_{min}	Q_1	Me	Q_3	x_{max}	$\overline{x}$
− 54	−30	−23	−15	−5	−23

b.

	Alex	Lise
Profondeur cumulée	$-23 \times 53 = -1\,219$ m	$-28{,}5 \times 46 = -1\,311$ m
$Q_3 - Q_1$	− 15 + 30 = 15 m	− 19 + 27 = 9 m

Les plongées de Lise ont des profondeurs moins variées car l'écart interquartile est inférieur pour sa série de plongées. Même si elle a effectué moins de plongées, Lise a cumulé plus de profondeur car la profondeur moyenne de ses plongées est supérieure à celle d'Alex.

4. En ajoutant ces deux profondeurs (−60 m) dans le tableur, on constate que, à l'exception du nombre de plongées, les indicateurs de la série de plongées d'Alex se rapprochent des valeurs calculées pour Lise. Il faut donc missionner Alex.

5. Si Alex effectue ces deux plongées, la profondeur moyenne et la profondeur cumulée lors de ses sorties se rapprocheront de celles de Lise. C'est donc Alex qui effectuera cette mission.

2 Faut-il remplacer cette machine-outil ? CO-INTERVENTION

▶ **Problématique professionnelle**

Une étude statistique est réalisée sur la durée des arrêts d'une machine-outil dus à des opérations de maintenance. Les résultats obtenus, en minutes, sont regroupés dans le tableau suivant.

12	31	9	2	21	24	15	8	47	21
41	35	14	26	28	29	21	23	28	15
35	33	29	28	49	13	28	21	16	24
3	15	48	25	38	38	11	44	39	19

1. S'approprier.

a. Quel est le caractère étudié ? Quelle est sa nature ?

....

....

b. Quel est l'effectif total N ?

....

▶ En maths

2. Analyser. Raisonner. Proposez une méthode permettant de déterminer, avec un tableur, la durée moyenne d'arrêt, la durée médiane et les indicateurs de dispersion de cette série.

....

....

....

....

3. Réaliser. À partir de votre proposition, compléter le tableau.

x_{min}	Q_1	Me	Q_3	x_{max}	$\bar{x}$
....	....	....	....	....	....

▶ En enseignement professionnel

4. Valider. La machine-outil doit être remplacée si la durée totale d'arrêt dépasse 1 000 heures dans l'année ou si plus de 25 % des arrêts ont une durée supérieure à 40 minutes.

Le remplacement de cette machine doit-il être envisagé ? Justifiez votre réponse.

....

....

....

....

....

....

5. Communiquer. Représentez la boîte à moustache relative à cette série en utilisant l'échelle de votre choix. La commenter en quelques lignes.

....

....

....

....

....

3 Le réglage du four a-t-il été efficace ? CO-INTERVENTION

▶ Problématique professionnelle

Des contrôles de la température maximale t_{max} d'un four industriel sont réalisés lors des phases de séchage des productions. Les résultats des contrôles effectués au mois de février sont regroupés dans le tableau ci-dessous.

t_{max} (en °C)	110	111	112	113	114	115	116
Nombre de contrôles	2	5	28	45	13	4	3

Ces données sont saisies dans une calculatrice pour déterminer des indicateurs statistiques.
Les valeurs obtenues sont les suivantes.

x_{min}	Q_1	Me	Q_3	x_{max}	$\bar{x}$
110	112	113	113	116	112,86

1. S'approprier.

a. Quelle est la température moyenne du four ?

....

b. Quelle est la température médiane du four ?

....

c. Quelles sont les températures correspondant aux 1er et 3e quartiles ?

$Q_1 =$ .... $Q_3 =$ ....

▶ En maths

2. Analyser. Raisonner. Comment expliquez-vous que la médiane et la moyenne soient peu différentes ?

....

....

....

3. Réaliser. Réaliser la boîte à moustaches représentant la série des températures mesurées en février.

....

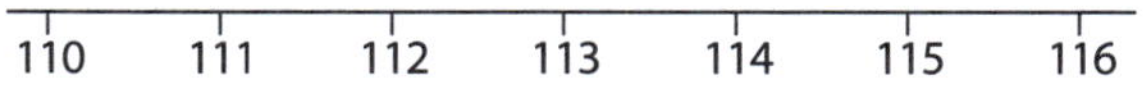

▶ En enseignement professionnel

4. Valider. La boîte à moustache ci-dessous représente les températures mesurées sur le même four au mois de janvier.

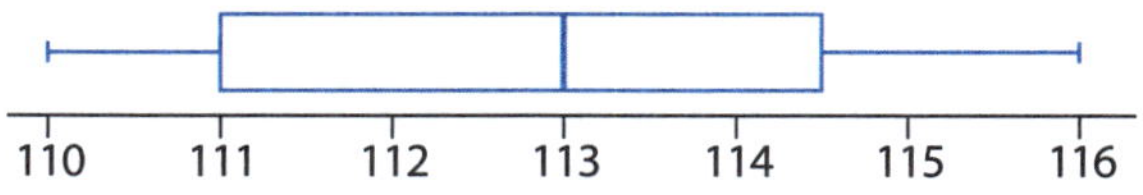

Le four est considéré comme bien réglé si :

- les températures moyennes et la médiane sont comprises entre 112,1 °C et 113,1 °C ;
- la température minimale est supérieure à 109 °C ;
- l'étendue des températures est inférieure à 7 °C ;
- 25 % au plus des températures relevées sont supérieures à 113 °C.

Le réglage effectué à la fin du mois de janvier a-t-il été efficace ? Justifiez votre réponse.

....

....

5. Communiquer. Indiquez en une phrase l'intérêt de l'étude statistique effectuée.

....

....

....

4 Un poste à mi-temps est-il suffisant ? CO-INTERVENTION

▶ Problématique professionnelle

Dans une entreprise, des mesures du temps nécessaire à la maintenance de différentes machines sont effectuées chaque mois. L'histogramme ci-dessous résume les résultats obtenus au cours du dernier mois.

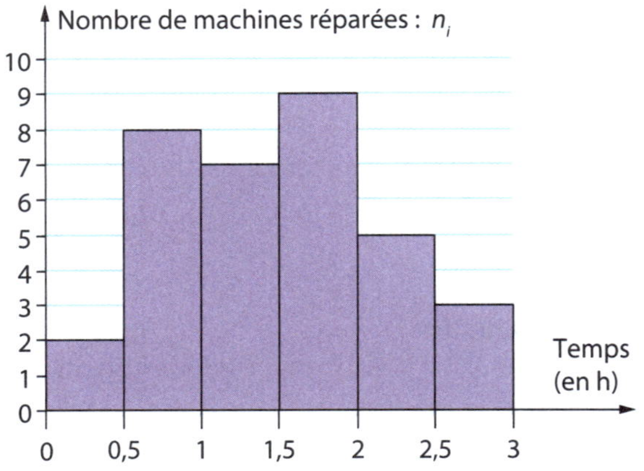

1. S'approprier. Recopiez et complétez le tableau ci-dessous à l'aide des informations contenues dans le diagramme.

Temps (en heure)	Centre de classes x_i	Nombre de machines réparées n_i
....	....	....
....	....	....
....	....	....
....	....	....
....	....	....
....	....	....

▶ En maths

2. Analyser. Raisonner. La moyenne et la médiane de cette série sont-elles très différentes ? Justifiez votre réponse à partir de la distribution de la série donnée par l'histogramme.

....

....

....

....

3. Réaliser.

a. À l'aide d'un tableur ou d'une calculatrice, déterminez des valeurs approchées de la moyenne et de la médiane de la série.

$\bar{x}$ = ...

Me = ...

Ces valeurs confirment-elles l'hypothèse formulée à la question 2 ?

....

....

b. En déduire la durée totale d'intervention lors du mois concerné par l'analyse.

....

▶ En enseignement professionnel

4. Valider. En considérant que le temps mensuel total d'intervention est stable au cours des 12 derniers mois, un poste de technicien de maintenance à mi-temps est-il suffisant pour répondre aux besoins de cette entreprise ? Justifiez votre réponse sachant que la durée légale mensuelle de travail à temps complet est de 151,67 h.

....

....

....

....

5. Communiquer. Rédigez, en quelques lignes, le compte rendu de l'étude statistique que l'agent de contrôle pourrait remettre au chef de service des ressources humaines.

....

....

....

....

5 Faut-il modifier les réglages ? CO-INTERVENTION

▶ Problématique professionnelle

Lors d'un contrôle de fabrication, on prélève au hasard un échantillon de 60 pièces usinées sur une machine à commande numérique. Un technicien vérifie que la longueur de chacune de ces pièces respecte la côte de 15,000 mm.

Le fichier EX05_USINAGE contient les valeurs mesurées. Tableur

▶ En maths

1. S'approprier.

a. Quel est le caractère étudié ?

....

b. Quel est l'effectif total N ?

....

2. Analyser. Raisonner. Proposez les formules à saisir dans le tableur et permettant de calculer la valeur moyenne et l'écart type de la série.

....

....

3. Réaliser. En utilisant les fonctionnalités du tableur, calculez $\overline{x}$ et s puis complétez le tableau en calculant les valeurs des deux dernières colonnes.

$\overline{x}$	σ	$\overline{x} - 2\sigma$	$\overline{x} + 2\sigma$
....	....	....	....

▶ **En enseignement professionnel**

4. Valider. ▶ **Logiciel** p. 147-148

a. Les réglages de la chaîne de fabrication ne sont pas modifiés si au moins 95 % des longueurs mesurées appartiennent à l'intervalle $[\overline{x} - 2\sigma ; \overline{x} + 2\sigma]$. En utilisant la fonction NB.SI, déterminer si le contrôle qualité est satisfaisant.

....

....

....

5. Communiquer. Rédigez, en quelques lignes, une conclusion mentionnant les étapes à suivre dans cette étude statistique avant de procéder à un éventuel réglage.

....

....

....

....

....

Démarche scientifique

6 La production est-elle de meilleure qualité ?

Une machine découpe des plaques métalliques de 35 kg. Les masses d'un échantillon de 100 plaques, prélevées au hasard, sont contrôlées. Le service technique effectue ensuite un réglage de la machine. Un second échantillon de 100 plaques est contrôlé après ce réglage. Les données relevées sont représentées graphiquement.

Premier échantillon : avant réglage

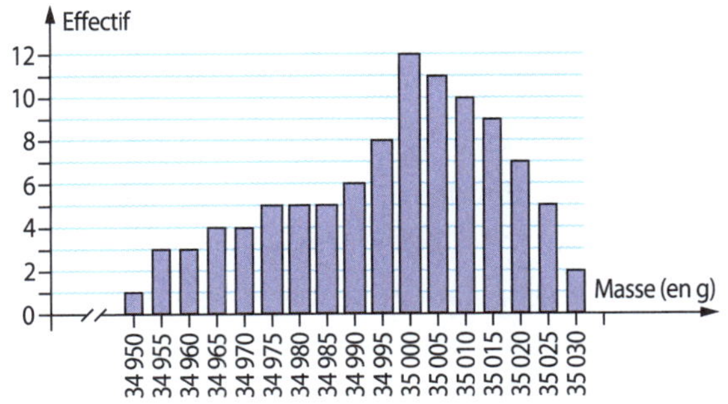

Second échantillon : après réglage

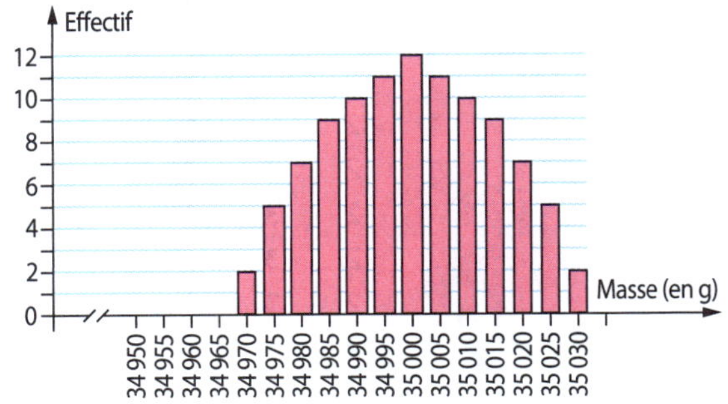

- Le réglage de la machine a-t-il amélioré la rentabilité ou la qualité de la production ? Justifiez votre réponse à l'aide d'indicateurs statistiques.

▶ **Calculatrice** p. 153 à 160 ▶ **Logiciel** p. 147-148

7 Le médicament est-il efficace ?

Une personne en bonne santé a une pression artérielle inférieure ou égale à 14 cmHg (centimètre de mercure).

Afin d'étudier l'efficacité d'un nouveau médicament censé lutter contre l'hypertension, 40 malades sont répartis équitablement en deux groupes :

- le 1er groupe est traité avec le médicament ;
- le 2de groupe est traité avec un placebo (inactif).

Les pressions artérielles des 40 malades mesurées à la fin du traitement sont présentées dans les tableaux ci-dessous.

Groupe 1 : traité avec le médicament				
15	12,5	11	11	14
16	17	13	14	15,5
14	11,5	12,5	14	15
12,5	13	11,5	14	16

Groupe 2 : traité avec le placebo				
16,5	16,5	12	13	14
15	16	16	15,5	15
16	15	16	15	16
11	15,5	13,5	12	14,5

Avant le traitement, les indicateurs statistiques des deux groupes étaient identiques :

$\overline{x} = 15{,}8$; $Me = 16$; $e = 2{,}5$; $Q_1 = 15$ et $Q_3 = 16{,}5$.

- Le médicament testé est-il efficace ? Justifiez mathématiquement votre réponse.

▶ **Calculatrice** p. 153 à 160 ▶ **Logiciel** p. 147-148

Pour bien démarrer ▶ **Déterminer les indicateurs statistiques des deux groupes.**

Algorithmique et programmation

Python

Tableur

1 Les baguettes de pain ont-elles la bonne masse ?

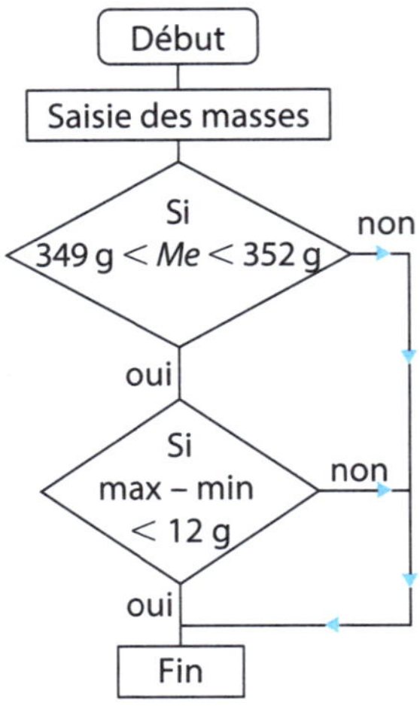

Une entreprise de production de pâte à pain fabrique des baguettes surgelées de 350 grammes.

Pour valider les réglages de la machine qui découpe les portions de pâte, le service qualité impose que les masses des portions aient une médiane comprise entre 349 et 353 grammes et une étendue inférieure à 12 grammes.

L'organigramme ci-dessus permet de vérifier si les portions d'un échantillon prélevé dans une production valident ces contraintes.

1. Rajouter dans l'organigramme les instructions d'affichage des défauts ci-dessous :

Afficher : «Défaut Médiane»	Afficher : «Défaut Étendue»

2. Le programme Python ci-dessous permet de vérifier que la médiane d'une série de masses de portions de pâte respecte la contrainte donnée plus haut.

Programme Python :

```
def test_mediane(liste) :
    if mediane(liste) >= 349 :
        if mediane(liste) <= 352 :
            test = "Médiane ok"
        else :
            test = "Médiane trop élevée"
    else :
        test = "Médiane trop basse"
    return test
```

On a noté ci-dessous dans le désordre les instructions du programme Python permettant de vérifier que l'étendue est inférieure à 12 grammes. En vous aidant de l'écriture du programme ci-dessus, mettez ces instructions dans l'ordre.

```
1     else :
2     if (max(liste) - min(liste) <= 12) :
3     return test
4 def test_etendue(liste) :
5       test = "Etendue trop grande"
6       test = "Etendue OK"
```

....

....

....

....

....

2 Comment obtenir des indicateurs sur les volumes de béton ?

1. Recopiez, dans les cellules K1 à L7 d'un tableur, le tableau ci-dessous. Il permet de calculer les indicateurs statistiques $\overline{x}$, x_{min}, Q_1, Me, Q_3, x_{max} et e d'une série de valeurs saisie dans les cellules A1 à J50.

K	L
moy	=MOYENNE(A1:J50)
xmin	=MIN(A1:J50)
Q1	=QUARTILE(A1:J50;1)
Me	=MEDIANE(A1:J50)
Q3	=QUARTILE(A1:J50;3)
xmax	=MAX(A1:J50)
e	=MAX(A1:J50)-MIN(A1:J50)

▶ **Logiciel** p. 147-148

Application

Du béton prêt à l'emploi est livré sur des chantiers avec des camions-toupie de 6 m^3.

Le tableau ci-dessous donne les volumes livrés sur 100 chantiers durant une semaine.

Volume (en m^3)	1	2	3	4	5	6
Nombre de chantiers	5	10	14	40	20	11

2. Saisissez **1**, **2**, **3**, **4**, **5** et **6** de A1 à F1 puis de A2 à F2.

3. Sélectionnez A1 et A2 et cliquez-glissez jusqu'en A5 pour faire apparaître 5 fois le **1** dans la colonne A.

4. Faites apparaître de même les autres volumes dans les colonnes B à F un nombre de fois correspondant au nombre de chantiers.

	A	B	C	D	E	F
1	1	2	3	4	5	6
2	1	2	3	4	5	6
3	1	2	3	4	5	
4	1	2	3	4	5	
5	1	2	3	4	5	
6		2	3	4	5	
7		2	3	4	5	
8		2	3	4	5	
9		2	3	4	5	
10		2	3	4	5	
11			3	4	5	
12			3	4	5	
13			3	4	5	

5. Quelles sont les valeurs d'indicateurs qui s'affichent ?

Évaluation

Nom : ....

Prénom : ....

Les réglages ont-ils été efficaces ?

20 min

Chaque semaine, un technicien qualité prélève un échantillon de pièces rectangulaires dans un lot de pièces usinées en série. Il contrôle ensuite la longueur et la largeur de chacune des pièces.
Le tableau ci-dessous indique les longueurs mesurées lors du contrôle de la semaine 26.

Contrôle de longueur – semaine 26					
159	164	165	167	164	164
162	166	165	164	162	166
163	164	166	164	163	164
164	163	163	164	164	165
164	165	161	163	165	164

Plan de la pièce

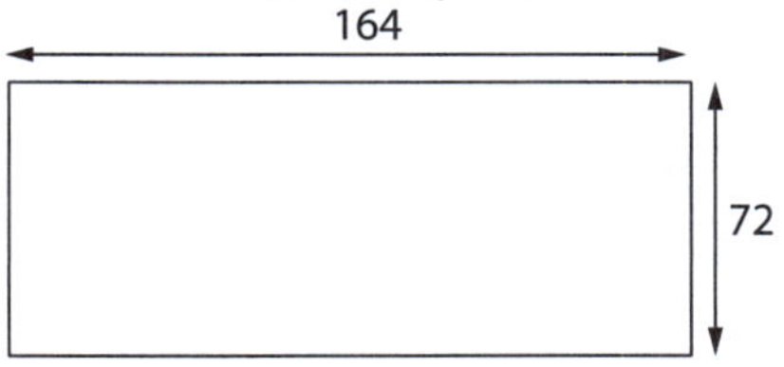

1. S'approprier. Quel est le caractère étudié ? Quelle est la taille de l'échantillon étudié ?

....

2. Analyser. Raisonner. Proposez une méthode mathématique pour organiser les données, déterminer les indicateurs statistiques associés et les représenter dans un diagramme.

....

....

3. Réaliser.

▶ **Logiciel** p. 147 à 160

a. À l'aide d'une calculatrice ou d'un tableur, complétez le tableau ci-dessous.

x_{min}	Q_1	*Me*	Q_3	x_{max}	$\bar{x}$	σ
....	....	....	....	....	....	....

b. Avec la calculatrice, construire le diagramme en boîte à moustache présentant les résultats ci-dessus. Reportez le résultat ci-contre :

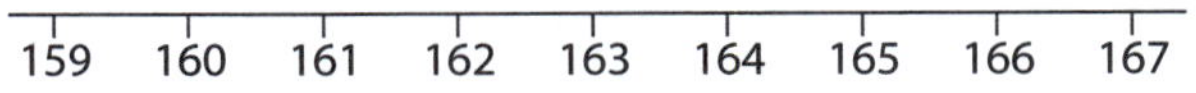

4. Valider. Le diagramme ci-contre présente les indicateurs de la série liés à l'échantillon prélevé la semaine 25.

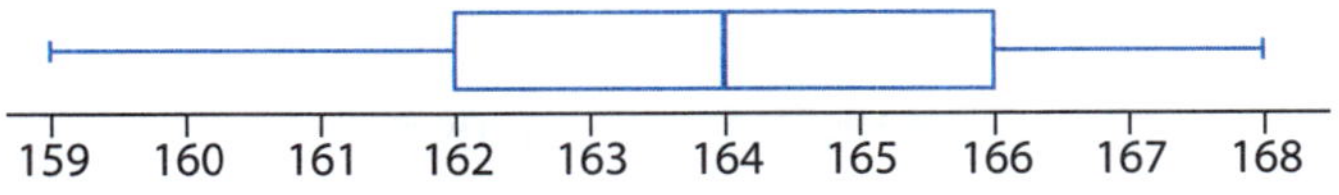

Les réglages effectués entre les deux fabrications ont-ils eu un effet sur la précision de l'usinage ? Justifier la réponse.

....

....

....

5. Communiquer. Rédigez une conclusion en utilisant les mots : dispersion, étendue et médiane.

....

....

....

Question	Capacités	Connaissances
1 - 2	Organiser des données statistiques en choisissant un mode de représentation adapté à l'aide des fonctions statistiques d'une calculatrice ou d'un tableur.	Indicateurs de position : moyenne, médiane, quartiles. Indicateurs de dispersion : écart type, écart interquartile $Q_3 - Q_1$.
3	Construire le diagramme en boîte à moustaches associé à une série statistique avec ou sans TIC.	Diagrammes en boîte à moustaches.
4-5	Comparer et interpréter des diagrammes en boîte à moustaches.	Diagrammes en boîte à moustaches.

Co-intervention

**Les statistiques sont utiles en enseignement professionnel !
En voici un exemple.**

Plus d'activités p. 121-126 !

Les statistiques et la présentation de bilans

Dans sa vie quotidienne ou pour présenter un bilan d'activité ou un bilan qualité, un technicien doit savoir interpréter ou réaliser des diagrammes statistiques.

Type de maintenance	Equivalent en nombre de jours ouvrés
Préventive	174
Curative systématique	65
Curative conditionnell	14
Total	253

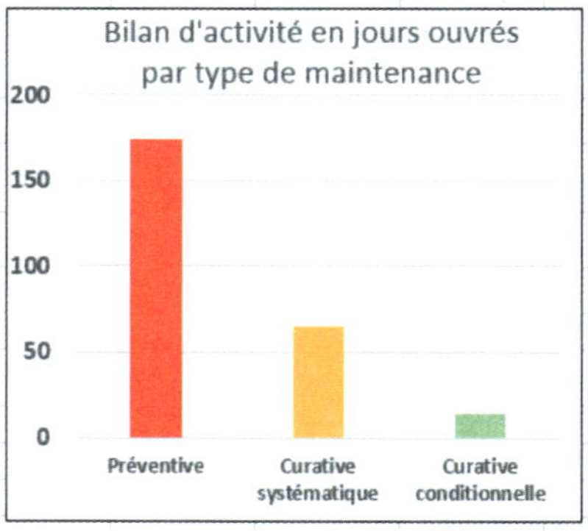

Découvrir le métier de conductrice de ligne
Lien vidéo
1 min 46

1. Recherchez un exemple de caractère statistique qui pourrait être étudié dans votre champ professionnel.

....

2. Quels outils mathématiques pouvez-vous mettre en œuvre pour présenter ce caractère ?

....

3. Comment pouvez-vous exploiter des résultats obtenus avec ces outils mathématiques ?

....

2 Probabilités

Activité 1 Combien de chances de tirer la bonne carte ?

Démarche scientifique Cycle 4

Calculer la probabilité dans le cas d'une situation aléatoire simple

5 min

Vous tirez une carte au hasard dans un jeu de 32 cartes.

- Avez-vous plus, moins, ou autant de chances, d'obtenir un « pique » ou d'obtenir un « as » ? Justifiez la réponse.

Pour bien démarrer ▶ Toutes les cartes ont la même chance d'être tirées.

Activité 2 Le nombre de saumons mâles est-il normal ?

Expérimenter pour observer la fluctuation des fréquences

15 min

Dans un élevage de saumons, dans des conditions normales, la **fréquence *p*** de mâles est égale à 0,50 (soit 50 %).
Dans un bassin de plusieurs milliers de poissons, on en prélève 10 au hasard. Dans cet échantillon, il n'y a pourtant que 3 mâles, soit 30 %.

1. a. Pour **simuler** expérimentalement cette situation, lancez 10 fois une pièce et comptez le nombre de « pile » obtenus. Recommencez 4 fois cette expérience et reportez, dans le tableau, l'effectif a_i de « pile » obtenus dans chacun des 5 **échantillons de taille** $n = 10$.
Calculez les **fréquences** f_i de « pile » correspondantes.

Échantillon : i	1	2	3	4	5
Effectif de « pile » : a_i	$a_1 =$	$a_2 =$	$a_3 =$	$a_4 =$	$a_5 =$ ....
Fréquence de « pile » : $f_i = \frac{a_i}{n}$	$f_1 =$	$f_2 =$	$f_3 =$	$f_4 =$	$f_5 =$ ....

b. Quelle est l'**étendue des fréquences** f_i de cette série d'échantillons ? ....

2. Les résultats expérimentaux permettent-ils de conclure qu'il est normal de n'avoir que 3 mâles dans les 10 poissons prélevés au hasard ? Serait-il possible de n'avoir que 3 mâles dans 50 prélevés ?

....

....

....

....

Reproduction des truites en pisciculture
Lien vidéo
2min 40 s

Activité 3 Comment évaluer la probabilité qu'une tablette ait le défaut sur l'écran tactile ?

Démarche scientifique

Estimer la probabilité d'un événement à partir des fréquences

20 min

Sur une chaîne de fabrication, 10 000 tablettes sont produites par jour.
Un défaut sur l'écran tactile est constaté sur certaines.
Un échantillon de tablettes est prélevé tous les jours durant une semaine pour évaluer la fréquence de celles ayant le défaut.

Les résultats sont donnés dans le tableau ci-dessous.

Jour	**1er jour**	**2e jour**	**3e jour**	**4e jour**	**5e jour**	**6e jour**	**7e jour**
Tablettes contrôlées : n_i	$n_1 = 100$	$n_2 = 200$	$n_3 = 300$	$n_4 = 400$	$n_5 = 500$	$n_6 = 600$	$n_7 = 700$
Tablettes avec défaut : a_i	$a_1 = 1$	$a_2 = 22$	$a_3 = 6$	$a_4 = 28$	$a_5 = 25$	$a_6 = 36$	$a_7 = 42$
Fréquence de tablettes avec défaut : $f_i = \frac{a_i}{n_i}$	$f_1 = 0{,}01$	$f_2 = 0{,}11$	$f_3 = 0{,}02$	$f_4 = 0{,}07$	$f_5 = 0{,}05$	$f_6 = 0{,}06$	$f_7 = 0{,}06$

- Évaluez, à partir des résultats des 7 contrôles réalisés, et par la méthode de votre choix, graphique ou numérique, la probabilité p de prélever une tablette avec le défaut dans la production du 8e jour.

Pour bien démarrer ▶ Le risque qu'une tablette ait le défaut est le même tous les jours.

Appelez votre professeur pour une aide, ou lui montrer votre proposition.

L'essentiel

1 Échantillon aléatoire

- La **population** est l'ensemble des **individus** (personnes, ou objets, ou faits…) étudiés.
- Un **échantillon aléatoire** est une partie prise au hasard de la population. Sa **taille *n*** est le nombre d'individus qui le constitue.
- Il y a **remise** si un individu prélevé est réintroduit dans la population pour le prélèvement suivant.
- L'ensemble de toutes les issues possibles d'une expérience aléatoire est appelé l'**univers**.

! Remarque :
Lorsqu'un échantillon est réalisé **sans remise**, si sa taille est faible par rapport à la taille de la population entière, il peut être considéré comme un échantillon réalisé **avec remise**.

Exemple

- On réalise 100 lancers de deux pièces de monnaie. La taille de l'échantillon est $n = 100$ lancers.
- Les 4 issues possibles (P et P, P et F, F et P, F et F) peuvent être dénombrées à l'aide d'un tableau à double entrée (doc. 1) ou avec un arbre (doc. 2).

Doc. 1 Tableau à double entrée.

		Pièce n° 2	
		Pile	**Face**
Pièce n° 1	**Pile**	*P* et *P*	*P* et *F*
	Face	*F* et *P*	*F* et *F*

Doc. 2 Arbre de probabilité

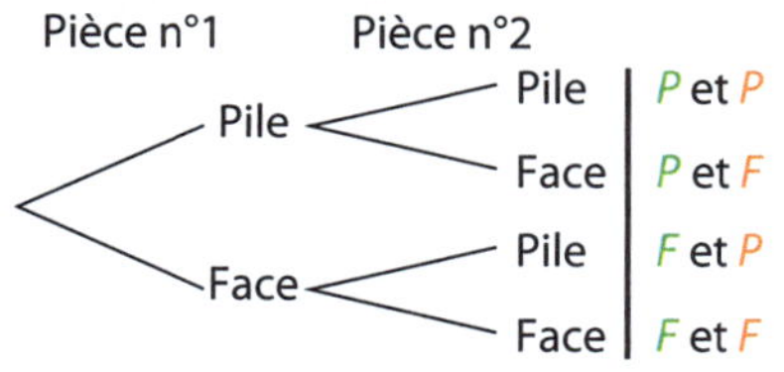

Si on considère les combinaisons de pile et face sans tenir compte de l'ordre, il n'y a que 3 événements possibles : *P et P, P et F, F et F.*

2 Fluctuation d'une fréquence

- Si ***a*** est l'**effectif** de la valeur étudiée du caractère dans un échantillon de taille *n*, la **fréquence *f*** correspondante est $f = \frac{a}{n}$, soit $\left(\frac{a}{n} \times 100\right)$ %.
- On note ***p*** la **fréquence** de cette valeur réellement constatée dans la population.
- Les fréquences f_i obtenues avec une série de *i* échantillons aléatoires de même taille *n* peuvent être différentes. On dit qu'il y a **fluctuation de la fréquence**.
- **L'étendue des fréquences** d'une valeur du caractère est la différence entre la plus grande fréquence f_{max} et la plus petite f_{min} d'apparition de cette valeur dans la série d'échantillons de même taille *n*.

Exemple

- On réalise 10 échantillons aléatoires de 50 lancers d'une pièce de monnaie. La taille de chaque échantillon est la même $n = 50$.
- On étudie l'événement « obtenir pile ». Les résultats obtenus sont représentés ci-dessous.

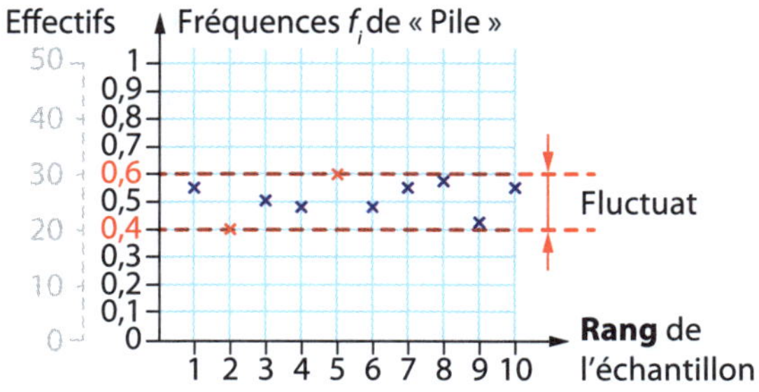

- On remarque que les fréquences de l'événement « obtenir pile » varient, il y a fluctuation des fréquences. On en déduit l'étendue : 0,6 – 0,4 = 0,2.

3 Expérience ou simulation

Lorsque l'on veut étudier une population, il n'est pas toujours possible d'y avoir accès. Il faut alors produire des échantillons aléatoires, que l'on peut obtenir en réalisant :

- une **expérience concrète** avec une **pièce de monnaie**, un **dé** (à 4, 6, 8, 10 ou 20 faces) ou une **urne** contenant des boules (en couleur ou numérotées) ;

- une **expérience** à l'aide de la fonction *Random* d'une **calculatrice** qui fournit un nombre décimal aléatoire dans l'intervalle]0 ; 1[, avec une dizaine de chiffres après la virgule ;
- une **simulation** à l'aide de la fonction ALEA d'un **tableur informatique**.
  =ENT(ALEA()+(*a*/*n*)) tend à afficher, de façon aléatoire, ($a/n \times 100$) % de **1** et ($(1 - a/n) \times 100$) % de **0**.

Exemples

- Un entraîneur d'une équipe de football veut choisir au hasard l'entrée sur le terrain d'un des six remplaçants. Pour simuler ce choix, il peut utiliser un dé à six faces.
- Si l'on simule une situation à l'aide d'un tableur avec la formule =ENT(ALEA()+(14/100)), celle-ci tend à afficher de façon aléatoire 14 % de 1 et 86 % de 0.

4 Probabilité

La **probabilité *p*** d'un **événement** peut être :

- **calculée**, dans les cas simples, à l'aide de la formule $p = \frac{\text{Nombre de cas favorables}}{\text{Nombre de cas possibles}}$;
- **estimée** en recherchant la valeur *f* vers laquelle tendent à se stabiliser les fréquences f_i d'apparition de cet événement dans une expérience aléatoire, à partir d'échantillons de tailles n_i de plus en plus importantes. Pour *n* très grand, on estime que $p \approx f$.

Exemples

- 12 échantillons de tailles *n* variant de 10 à 120 lancers sont réalisés en lançant une pièce de monnaie. On étudie l'événement « obtenir pile ». Les résultats obtenus sont représentés ci-dessous.

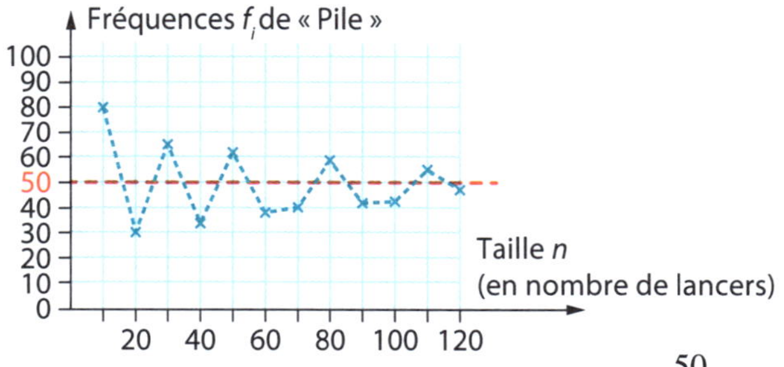

- Lorsque *n* augmente, les fréquences de « pile » se stabilisent vers 50 % $= \frac{50}{100} = 0{,}50$.
  La probabilité peut donc être estimée : $p \approx 0{,}50$.

Travaux pratiques

TP 1 Le tirage au sort est-il équitable ?

30 min

Objectifs
- Réaliser une simulation permettant la prise d'échantillons aléatoires de taille n fixée, extraits d'une population où la fréquence p relative à un caractère est connue.
- Déterminer l'étendue des fréquences de la série d'échantillons.

Au cours d'un tournoi de rugby, le choix de l'équipe qui donne le coup d'envoi d'un match est déterminé par un tirage au sort au moyen d'une pièce de monnaie. Le capitaine d'une des équipes a toujours choisi le côté « pile » mais, sur les dix matchs joués, il n'a bénéficié du tirage au sort que deux fois.

1. Simulation avec la calculatrice

La fonction *Random* (hasard en anglais) de la calculatrice permet d'afficher un nombre aléatoire dans l'intervalle]0 ; 1[avec dix décimales (chiffres après la virgule).

Pour simuler le tirage au sort, on utilise la convention suivante : une décimale paire correspond à P (pile) et une décimale impaire à F (face).

Exemple : 0,**1234567890** correspond à FPFPFPFPFP.

a. Simulez avec votre calculatrice 8 nombres aléatoires, et comptez le nombre de décimales paires dans les $n = 10$ décimales de chacun d'eux. ▶ **Calculatrice** p. 153 à 160

Notez dans le tableau ci-dessous vos résultats, et calculez les fréquences correspondantes.

Échantillon : i	1	2	3	4	5	6	7	8
Effectif de décimales paires : a_i	....	....	....	....	....	....	....	....
Fréquence de décimales paires : $f_i = \frac{a_i}{n}$	....	....	....	....	....	....	....	....

b. Quelle est l'étendue des fréquences f_i de votre série d'échantillons ?

....

....

2. a. Le capitaine pense que le « hasard » aurait dû lui faire bénéficier du tirage au sort au moins cinq fois sur dix, le côté « pile » d'une pièce de monnaie ayant une chance sur deux d'apparaître.
Partagez-vous son opinion ? Justifiez votre réponse.

....

....

....

b. Si 80 matchs ont été joués au cours du tournoi, à combien pouvez-vous estimer la fréquence d'apparition du coté « pile » ? Justifiez votre réponse.

....

....

....

....

TP 2 Combien de juments ?

30 min

Objectifs
- Réaliser une simulation informatique permettant la prise d'échantillons aléatoires.
- Estimer la probabilité d'un événement à partir des fréquences.

Le prix de vente d'une jument est plus cher que celui d'un cheval. Un éleveur a calculé qu'il lui faudra au moins 24 % de femelles sur les 100 prochaines naissances pour rentabiliser son haras, sachant que la probabilité d'obtenir à la naissance une femelle est égale à 0,48 (soit 48 %).

Vous allez vérifier, en simulant 100 naissances avec un tableur-grapheur, dans une situation de « hasard » avec deux issues possibles, s'il est raisonnable d'envisager que l'une d'elle apparaisse au moins 24 fois sur 100.

1. a. Dans la cellule A1, saisissez la formule =ENT(ALEA()+**0,48**) qui tend à afficher de façon aléatoire 48 % de **1** et 52 % de **0**. Faites apparaître la croix noire en bas à droite de cette cellule et cliquez-glissez jusqu'en A100. Pour afficher la quantité de nombre **1** dans cet échantillon, saisissez =NB.SI(A1:A100;1) dans la cellule A102.

▶ **Logiciel** p. 147-148

b. Pour créer 9 échantillons de plus, sélectionnez les cellules A1 à A102, faites apparaître la croix noire en bas à droite de A102 et cliquez-glissez jusqu'en J102.
Appuyez plusieurs fois sur la touche F9 du clavier.
Donnez un encadrement des valeurs aléatoires qui s'affichent dans les cellules A102 à J102.

....

c. Pour calculer les fréquences f_i d'apparition du nombre **1** dans les 10 échantillons, saisissez dans la cellule A103 la formule =NB.SI(A1:A100;1)/100. Sélectionnez A103 et cliquez-glissez jusqu'en J103. Appuyez plusieurs fois sur la touche F9 du clavier.
Donnez l'étendue des fréquences f_i qui s'affichent dans les cellules A103 à J103.

....

d. À l'aide de l'assistant graphique, représentez par un nuage de points les valeurs affichées dans les cellules A103 à J103. Appuyez plusieurs fois sur la touche F9 du clavier.
Évaluez la fréquence p vers laquelle tendent les fréquences f_i.

....

2. Conclusion

On admet qu'une naissance de femelle est assimilable à l'apparition du nombre **1** avec le tableur. L'éleveur peut-il raisonnablement penser qu'il aura au moins 24 % de femelles dans les 100 prochaines naissances ? Justifiez votre réponse.

....
....
....
....
....
....
....
....

Exercices

Testez-vous !

QCM interactif

Cochez la bonne réponse parmi les trois proposées.

1. Lequel de ces échantillons n'est pas aléatoire ?

- ☐ 500 lancers d'un dé truqué.
- ☐ 1 objet sur 100, prélevé dans la production.
- ☐ Des auditeurs d'une radio qui téléphonent pour un sondage.

2. Deux échantillons sont réalisés en lançant un dé à six faces. Les fréquences de « **5** » obtenues sont $f_1 = 0{,}08$ et $f_2 = 0{,}25$. Quelle est l'étendue des fréquences ?

☐ $f_1 - f_2$ ☐ 0,17 ☐ $\frac{1}{6}$

3. Au cinéma, vous hésitez entre trois films. Avec quel « outil » choisir au hasard ?

- ☐ Un dé à 6 faces.
- ☐ Une pièce de monnaie.
- ☐ Deux allumettes différentes.

4. Pour afficher dans une cellule d'un tableur de façon aléatoire les nombres **0** ou **1**, il vous faut saisir :

- ☐ =ALEA()+0,5
- ☐ =ALEA()
- ☐ =ENT(ALEA()+0,5)

5. Dans une urne, il y a 80 boules bleues et 20 vertes. Quelle est la probabilité p que vous tiriez au hasard une boule verte ?

☐ 0,20 ☐ 0,8 ☐ $\frac{20}{80}$

6. Dans un lot de 1 000 objets, il y en a 40 avec un défaut. Quelle est la fréquence p d'objets avec le défaut ?

☐ 0,40 ☐ 4 % ☐ $\frac{1\,000}{40}$

7. Dans le graphe, la fréquence p, vers laquelle tendent à se stabiliser les fréquences lorsque la taille des échantillons augmente, est :

- ☐ 120
- ☐ 0,30
- ☐ 0,8

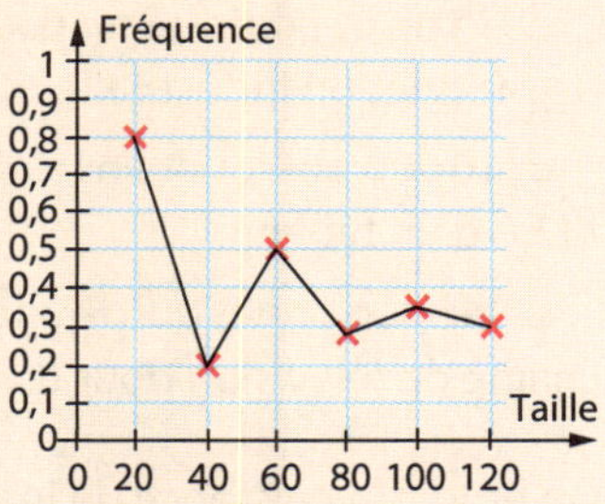

8. Si une pièce de monnaie est lancée 10 000 fois, quelle sera la fréquence de « pile » ?

- ☐ 10 000.
- ☐ peu différente ou égale à 0,50 soit 50 %.
- ☐ peu différente de 5 000.

9. Une pièce de monnaie est lancée 2 fois de suite. Le côté « pile » apparaît les 2 fois. Si la même pièce est lancée une nouvelle fois, vous avez :

- ☐ plus de chance d'obtenir pile.
- ☐ plus de chance d'obtenir face.
- ☐ autant de chances d'obtenir pile que face.

Automatismes

Calcul mental

1 Calculez les probabilités suivantes :

$p_1 = \frac{1}{2}$ $p_2 = \frac{5}{20}$ $p_3 = 1 - 0{,}97$

2 Donnez un ordre de grandeur des probabilités suivantes :

$p_4 = \frac{30}{105}$ $p_5 = \frac{51}{503}$ $p_6 = \frac{40}{213}$

À l'oral

3 **a.** Donnez la définition d'un échantillon aléatoire.

b. Quand peut-on dire qu'il y a fluctuation d'échantillonnage ?

c. Comment peut-on déterminer une probabilité ?

d. Quelle est la probabilité d'obtenir 1 lors d'un lancer d'un dé à 6 faces ?

4 **Exercice corrigé**

Un dé à 6 faces est lancé 400 fois. La face « 5 » est obtenue 67 fois.

- Calculez sa fréquence d'apparition.
- Estimez, au dixième près, la probabilité p_1 « d'obtenir au hasard la face 5 ».
- Calculez la probabilité p_2 de « ne pas obtenir au hasard la face 5 ».

Corrigé

- $f = \frac{67}{400} = 0{,}167\,5$ soit 16,75 %
- $p_1 = \frac{1}{6} = 0{,}17$
- $p_2 = 1 - 0{,}17 = 0{,}83$

Échantillon aléatoire

5 Parmi les situations suivantes, cochez les cases de celles correspondant au prélèvement d'un échantillon aléatoire (pris au hasard dans toute la population étudiée).

☐ **a.** 1 000 lancers d'un dé pour vérifier qu'il n'est pas truqué.

☐ **b.** 30 élèves d'une classe pour une étude sur les élèves d'un lycée.

☐ **c.** Un objet fabriqué sur dix, prélevé sur une chaîne de production industrielle.

☐ **d.** 10 000 « zéros et uns » obtenus avec la fonction ALEA d'un tableur.

☐ **e.** 147 personnes qui décident de téléphoner à une chaîne de télévision pour un sondage d'opinion.

6 On étudie la naissance de jumeaux.

a. Complétez le tableau suivant :

	Fille	Garçon
Fille	....	F et G
Garçon	....	....

b. Combien y a-t-il d'issues correspondant à l'événement « obtenir une fille et un garçon » ?

....

....

7 On étudie deux lancers successifs d'une pièce de monnaie.

a. Complétez l'arbre de dénombrement suivant :

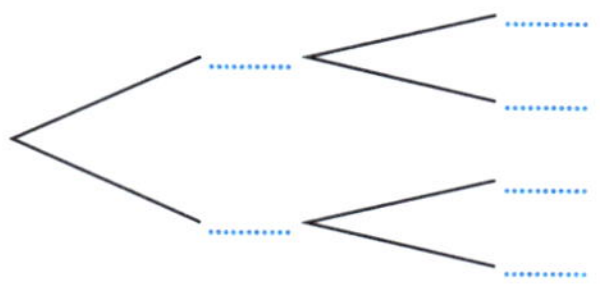

b. Combien y a-t-il d'issues correspondant à l'événement « obtenir au moins une fois pile » ?

....

Fréquence et fluctuation

8 Trois échantillons de $n = 100$ lancers sont réalisés avec un dé à 4 faces.
Les fréquences obtenues sont données dans le tableau ci-après.

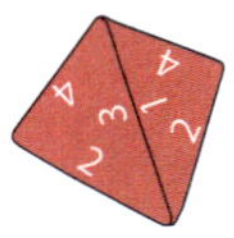

Échantillon	1	2	3
Face 1	0,16	0,28	0,13
Face 2	0,32	0,24	0,33
Face 3	0,24	0,25	0,26
Face 4	0,28	0,23	0,28
Total	1	1	1

- Calculez l'étendue des fréquences de « face 2 » dans cette série de trois échantillons.

....

....

....

....

9 Dix-huit échantillons sont réalisés en lançant une pièce de monnaie. Voici les résultats obtenus.

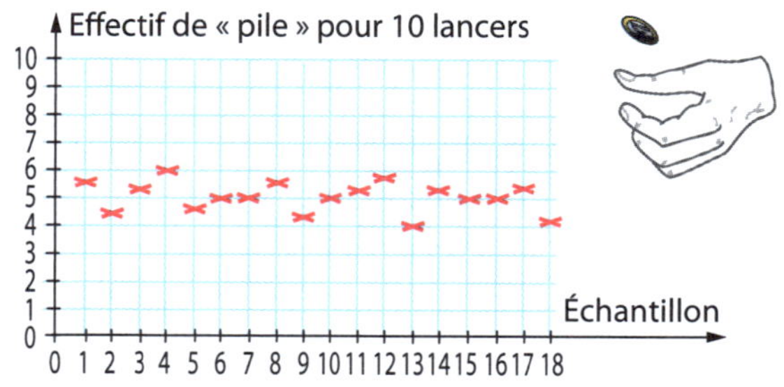

- Calculez l'étendue des fréquences.

....

....

....

10 Douze échantillons sont réalisés en lançant une pièce de monnaie.

- Évaluez la valeur p vers laquelle tendent à se stabiliser les fréquences lorsque la taille des échantillons augmente, sachant que les résultats obtenus sont les suivants.

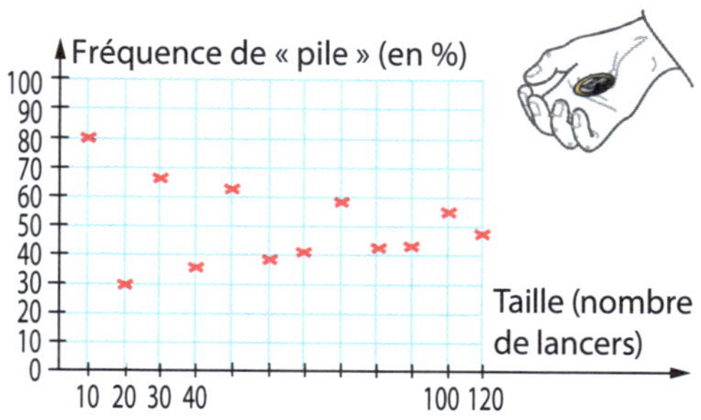

....

....

....

Simulation

11 Une pièce de monnaie, un dé (à 4, 6, 8, 10 ou 20 faces) ou une urne contenant des boules (en couleur ou numérotées) sont des outils permettant de réaliser des expériences simulant des situations aléatoires.

- Cochez la (ou les) case(s) de l'outil pouvant permettre de simuler la situation proposée.

a. Pour une randonnée, Zoé doit choisir au hasard entre deux itinéraires.

☐ Pièce ☐ Dé ☐ Urne

b. Un entraîneur d'une équipe de football doit choisir au hasard l'entrée sur le terrain d'un des six remplaçants.

☐ Pièce ☐ Dé ☐ Urne

c. Huit binômes doivent être constitués par tirage au sort dans un groupe de seize employés.

☐ Pièce ☐ Dé ☐ Urne

12 À l'aide d'un tableur, déterminez les nombres que fait apparaître la formule : =ENT(ALEA()+0,50)

▶ Logiciel p. 147-148

....

....

....

13 Dans un tableur, la formule =ENT(ALEA()+0,48) tend à afficher de façon aléatoire 48 % de **1** et 52 % de **0**. En déduire ce que tendent à afficher les formules suivantes dans une cellule. ▶ Logiciel p. 147-148

a. =ENT(ALEA()+0,06)

....

....

b. =ENT(ALEA()+(99/100))

....

....

c. =ENT(ALEA()+(1–0,2))

....

....

14 Des échantillons aléatoires, constitués de n = 1 000 « zéros et uns », sont obtenus à l'aide d'un tableur avec la formule =ENT(ALEA()+0,70).
Les résultats sont donnés dans la copie d'écran suivante.

▶ Logiciel p. 147-148

	A	B	C	D
997	1	1	1	0
998	1	1	1	1
999	1	0	1	1
1000	1	1	1	1
1001				
1002				
1003	677	741	681	699
1004	0,677	0,741	0,681	0,699
1005				
1006	1	2	3	4
1007				

La ligne 1003 donne les effectifs de **1** par échantillon.

- Calculez l'étendue des fréquences de **1** de ces quatre échantillons.

....

....

Probabilité

15 Vingt échantillons aléatoires, constitués de **1**, **2**, **3**, **4**, **5** et **6**, sont obtenus à l'aide d'un tableur-grapheur avec la formule =ENT(ALEA()*6+1).
Les tailles n_i de ces 20 échantillons augmentent régulièrement de 10 à 200.
La distribution des fréquences f_i de **5** dans les 20 échantillons est donnée dans la copie d'écran ci-contre.

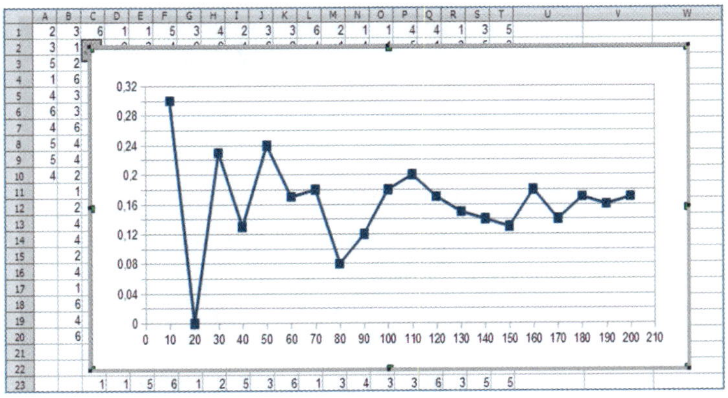

a. Évaluez la fréquence p vers laquelle tendent à se stabiliser les fréquences de **5** lorsque la taille augmente.

....

b. Si ces 20 échantillons simulent des lancers d'un dé à six faces, à quoi correspond la valeur de p ?

....

Problèmes

Problème corrigé

1 Le lot de smartphones est-il acceptable ?

L'application de déverrouillage de l'écran par reconnaissance de l'empreinte digitale est contrôlée sur un échantillon de 500 smartphones prélevés au hasard dans un lot de 5 000 appareils, 4 présentent le défaut de lecture de l'empreinte. Le fabricant garantit que la probabilité que l'application fonctionne est égale à 0,997.

1. **S'approprier.** Quelle est la fréquence f de téléphones présentant le défaut ?
2. **Analyser. Raisonner.** Proposez une méthode mathématique (sans calculs) permettant de vérifier que le lot est acceptable.
3. **Réaliser.** Estimez la probabilité p qu'un téléphone prélevé au hasard dans le lot ait l'application qui fonctionne.
4. **Valider.** Le lot des 5 000 smartphones est-il acceptable ?
5. **Communiquer.** Rédigez une note à l'attention de la responsable des achats pour commenter la proportion probable du nombre de smartphones sans le défaut dans le lot.

Corrigé

1. $f_1 = \dfrac{1}{500} = 0,002$ soit 0,2 %.
2. La taille de l'échantillon est suffisamment importante. On peut donc estimer la probabilité de prélever au hasard dans le lot un téléphone sans le défaut à partir de la fréquence avec défaut dans l'échantillon, et la comparer avec la garantie du fabricant.
3. $1 - 0,002 = 0,998$. Donc : $p \approx 0,998$.
4. $p > 0,997$: le lot est acceptable.
5. Madame la responsable des achats, la probabilité qu'un téléphone n'ait pas le défaut de lecture de l'empreinte, estimée à partir d'un échantillon représentatif, est supérieure à celle donnée par le fabricant. Le lot des 5 000 appareils est probablement conforme à la garantie.

2 Le lot de cartes magnétiques est-il acceptable ? CO-INTERVENTION

▶ **Problématique professionnelle**

Un lycée reçoit un lot de 2 000 cartes magnétiques neuves. Sur les 640 premières cartes distribuées aux élèves, 2 ont été rapportées après la première utilisation. Elles présentaient le défaut d'être « muettes » et donc de ne pas être reconnues par le lecteur du portique à l'entrée de l'établissement. Le fabricant des cartes garantit que la probabilité qu'une carte n'ait pas de défaut est $p = 0,996$.

▶ **En maths**

1. **S'approprier.** Complétez le tableau des effectifs et des fréquences (à 0,0001 près) des cartes « muettes » et des cartes reconnues par le lecteur.

Empreinte	Effectif de cartes	Fréquence (à 10^{-3} près)
Non reconnue	$n_1 =$	$f_1 =$ ....
Reconnue	$n_2 =$	$f_2 =$ ....
Total	$n =$	....

2. **Analyser. Raisonner.** Proposez une méthode mathématique (sans calculs) permettant de vérifier que le nombre de cartes muettes est acceptable.
3. **Réaliser.** Estimez, à partir des fréquences, la probabilité p_1 qu'une carte soit reconnue par le lecteur.

▶ **En enseignement professionnel**

4. **Valider.** Déduisez-en si l'étude réalisée durant le premier mois permet d'affirmer que le lot de 2 000 cartes est acceptable.
5. **Communiquer.** Rédigez une note à l'attention de la Proviseure pour commenter la proportion probable du nombre de cartes muettes dans le lot des 2 000 cartes reçues.

3 De quel côté tombe la tartine de confiture ?

Vous devez disposer de dix punaises qui peuvent s'immobiliser soit la pointe vers le haut, soit la pointe vers le bas.

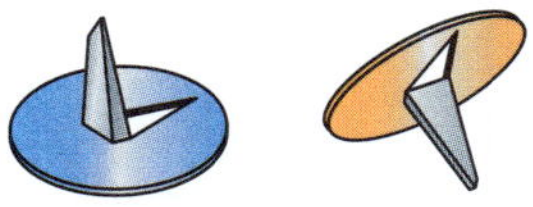

Position 1 Position 2

En l'absence de confiture, intuitivement, on devine qu'il n'y a pas de raison qu'une tranche de pain tombe plus d'un côté que de l'autre. Il est plus difficile de conclure lorsqu'un côté de la tartine, recouvert de confiture, est plus lourd.

1. **S'approprier.** Pourquoi est-il plus difficile de conclure lorsqu'un côté de la tartine est recouvert de confiture ?

2. **Analyser. Raisonner.** Proposez un protocole expérimental permettant de simuler avec les punaises la chute aléatoire d'une centaine de tartines de confiture.

3. **Réaliser.** Réalisez le protocole que vous avez proposé et relevez les résultats obtenus.

4. **Valider.** Justifiez mathématiquement le choix de votre protocole.

5. **Communiquer.** Que pouvez-vous déduire de cette expérimentation pour répondre à la question suivante : « De quel côté la tartine de confiture a-t-elle le plus de chance de tomber ? »

4 Le dé est-il équilibré ?

Lorsqu'un dé équilibré à quatre faces est lancé, chaque face à la même probabilité d'apparaître : on dit qu'il y a équiprobabilité.

1. **S'approprier.** Calculez la probabilité p pour une face d'apparaître.

2. **Analyser. Raisonner.** Décrivez un protocole expérimental permettant de vérifier qu'un tableur-grapheur permet de simuler 20 000 lancers aléatoires d'un dé à 4 faces.

3. **Réaliser.** Logiciel p. 147-148

a. Création d'un échantillon aléatoire de taille $n = 20\,000$

- Dans la cellule A1 d'un tableur, saisissez =ENT(ALEA()*4+1) qui permet d'afficher de façon aléatoire les quatre nombres **1**, **2**, **3** et **4**.
- Sélectionnez la cellule A1, faites apparaître la croix noire en bas à droite de cette cellule et cliquez-glissez jusqu'en A20000.

b. Présentation des résultats

- Saisissez **Face** en C2, **Effectif** en D2 et **Fréquence** en E2.
- Saisissez les nombres **1**, **2**, **3** et **4** de C3 à C6.

c. Calcul des fréquences

- Pour compter la quantité de **1**, **2**, **3** et **4** dans l'échantillon, saisissez de D3 à D6 les formules ci-dessous :

=NB.SI(A1:A20000;1)

=NB.SI(A1:A20000;2)

=NB.SI(A1:A20000;3)

et

=NB.SI(A1:A20000;4)

- Pour calculer les fréquences, saisissez =D3/20000 en E3. Sélectionnez la cellule E3 et cliquez-glissez jusqu'en E6.

	A	B	C	D	E
1	1				
2	2		Face	Effectif	Fréquence
3	1		1		
4	3		2		
5	3		3		
6	1		4		
7	3				
8	2				

4. **Valider.** Comparez les quatre fréquences f_1, f_2, f_3 et f_4 obtenues.

5. **Communiquer.** Rédigez un texte pour justifier qu'un tableur permet de simuler les lancers d'un dé équilibré.

....

....

....

....

....

5 Comment varie l'ensoleillement ? CO-INTERVENTION

▶ Problématique professionnelle

En Espagne, la centrale électrique solaire *Gemasolar* a un ensoleillement moyen de 325 jours par année de 365 jours.

1. **S'approprier.** Calculez, à 10^{-3} près, la fréquence p moyenne de jours d'ensoleillement.

....

....

▶ En maths

2. **Analyser. Raisonner.** Proposez une méthode pour estimer avec un tableur l'étendue des fréquences de jours d'ensoleillement durant 10 années, si on admet que la situation est aléatoire.

....

....

....

....

....

3. **Réaliser.** Avec un tableur-grapheur, vous allez simuler 10 années d'ensoleillement dans lesquelles le nombre de jours d'ensoleillement est aléatoire.

a. Créez 10 échantillons de taille $n = 365$ à l'aide de la formule `=ENT(ALEA()+(325/365))` qui tend à afficher de façon aléatoire [(325/365) × 100] % de **1** et [(1 – 325/365) × 100] % de **0**.

▶ **Logiciel** p. 147-148

b. Déterminez l'effectif de **1** dans chaque échantillon.

....

....

c. Calculez la fréquence de **1** dans chaque échantillon.

....

....

d. Représentez graphiquement la distribution des 10 fréquences de **1** obtenues.

....

....

....

....

....

....

▶ En enseignement professionnel

4. **Valider.** Appuyez plusieurs fois sur la touche F9 du clavier. Évaluez graphiquement l'étendue des fréquences de **1** ?

....

....

5. **Communiquer.** Rédigez un texte de quelques lignes pour commenter la variation du nombre de jours d'ensoleillement sur 10 années.

....

....

....

....

....

....

6 La proportion homme-femme est-elle équitable ?

Dans une commune de 319 064 habitants, il y a 165 945 femmes. Le conseil municipal de cette commune est composé de 65 personnes, dont 10 femmes.

1. **S'approprier.** Calculez la fréquence p de femmes dans la commune et la fréquence f de femmes dans le conseil municipal.

....

2. **Analyser. Raisonner.** À votre avis, pour quelle raison la proportion d'hommes et de femmes n'est-elle pas la même dans la commune et dans le conseil municipal ?

....

....

3. **Réaliser.** Avec un tableur-grapheur, vous allez simuler dix conseils municipaux dans lesquels la proportion d'hommes et de femmes est aléatoire.

a. Créez 10 échantillons de taille $n = 65$ à l'aide de la formule `=ENT(ALEA()+(165945/319064)`. Celle-ci tend à afficher de façon aléatoire [(165 945/319 064) × 100] % de **1** et le reste de **0**.

▶ **Logiciel** p. 147-148

b. Calculez à l'aide de la formule :

=SOMME(*1re cellule:65e cellule*)/65)

la fréquence de **1** dans chaque échantillon.

4. **Valider.** Appuyez plusieurs fois sur la touche F9 du clavier. Quelle est l'étendue des fréquences de **1** que vous obtenez ?

....

5. **Communiquer.** On admet que, dans la simulation informatique, les **1** représentent les femmes.

Rédigez un texte de quelques lignes pour commenter le fait que la parité hommes femmes, dans ce conseil municipal, ne soit pas respectée.

....

....

....

....

....

....

....

Démarche scientifique

7 Le nombre de défauts est-il normal ? CO-INTERVENTION

Dans une usine de production de cadres de moto, dans des conditions normales, 14 % des cadres ont un défaut de soudure.
Lors du contrôle d'un échantillon aléatoire de 50 cadres, on en compte 10 avec un défaut de soudure.

- Est-ce normal ou faut-il s'inquiéter ? Justifiez votre réponse.

Pour bien démarrer ▶ **La formule =ENT(ALEA()+ 0,14) tend à afficher de façon aléatoire 14 % de 1 et (100 – 14) % de 0.**

....

....

....

....

....

....

....

8 Le nombre d'asthmatiques est-il normal ? CO-INTERVENTION

En France, un adolescent sur sept est asthmatique. Dans un lycée professionnel, il y a 495 élèves. L'infirmière a comptabilisé 78 élèves qui se sont déclarés comme asthmatique sur leur fiche médicale.

- Si les élèves de ce lycée professionnel sont considérés comme un échantillon pris dans la population des adolescents français, le hasard peut-il expliquer la proportion d'élèves asthmatique dans cet établissement ? Justifiez votre réponse.

Pour bien démarrer ▶ **La formule =ENT(ALEA()+(1/7)) tend à afficher de façon aléatoire [(1/7) × 100] % de 1 et [(1 – 1/7) × 100] % de 0.**

....

....

....

....

....

....

9 Le lot de cartes est-il conforme ?

Une banque reçoit un lot de cartes bancaires à puce électronique, commandé à un fabriquant qui garantit que la probabilité qu'une carte ait un défaut est $p = 0{,}001$ (soit 99,9 % de chance qu'elle soit sans défaut).
Sur les 5 000 premières cartes distribuées aux clients, 7 présentaient le défaut d'être « muettes », soit une fréquence $f = 0{,}0014 > p$.

- Proposez et réalisez une simulation informatique permettant de vérifiez que ces 5 000 cartes sont tout de même conformes à la garantie donnée par le fabricant.

....

....

....

....

....

....

....

....

Algorithmique et programmation

Scratch
Python

1 Simuler avec Scratch

Le script ci-dessous permet de simuler un échantillon aléatoire de taille $n = 10\,000$ lancers d'un dé à huit faces et de comptabiliser le nombre de fois où le **5** apparaît.

▶ Logiciel p. 140 à 144

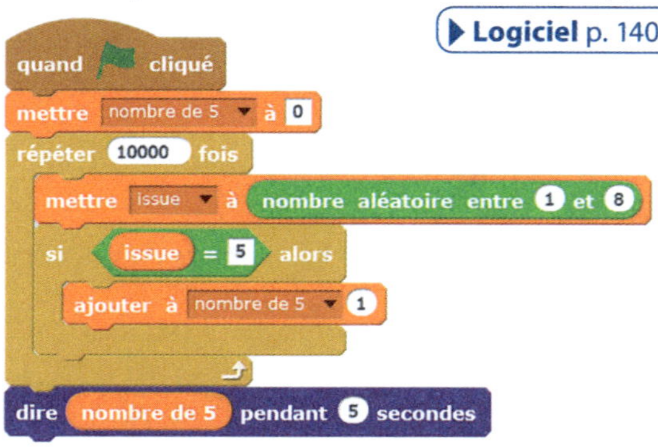

Résultat affiché : nombre de 5 1285

Ce résultat permet de vérifier que la fréquence $f = \dfrac{1\,242}{10\,000} = 0{,}124\,2$ de **5** obtenus est peu différente de la probabilité $p = \dfrac{1}{8} = 0{,}125$ d'obtenir dans la réalité un **5** avec un dé à huit faces.

- Notez sur le dessin de l'organigramme ci-dessous les modifications à apporter pour qu'il corresponde à un script permettant de vérifier que la probabilité $p = 0{,}05$ d'obtenir un **3** avec un dé à 20 faces est peu différente de la fréquence de **3** dans un échantillon aléatoire de taille $n = 15\,000$.

Organigramme

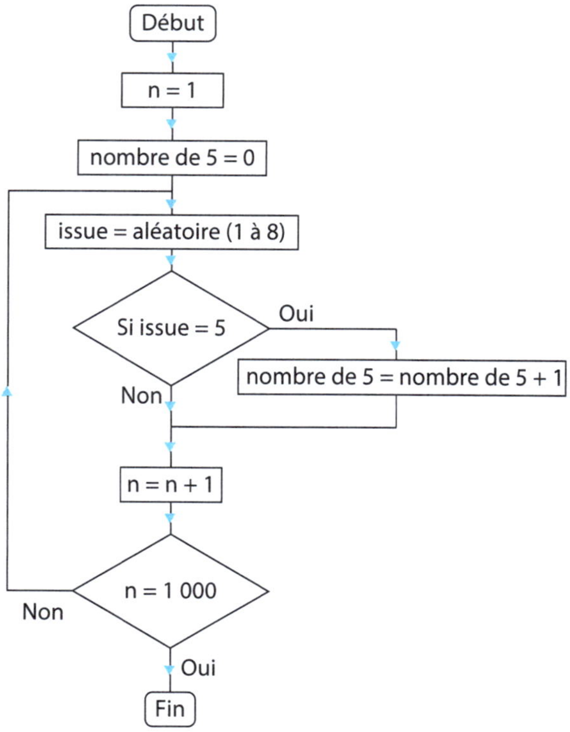

2

On donne ci-dessous l'algorithme et le programme pour simuler la naissance d'un enfant (fille ou garçon) avec le langage Visual Basic pour tableur et le langage Python.

▶ Avec Visual Basic

- **Algorithme**

1 En A1 : obtenir 0 ou 1 de manière aléatoire et équiprobable
2 En A2 : si le nombre en A1 est égal à 0 écrire « garçon » sinon écrire « fille »

- **Programme**

1 =ENT(ALEA()*2)
2 =SI(A1=0; «garçon»; «fille»)

▶ Avec Python

- **Algorithme**

1 Importer l'instruction nombre aléatoire 0 ou 1
2 Création de la fonction naissance
3 Obtenir 0 ou 1 de manière aléatoire et équiprobable
4 Création d'une variable naissance de type chaîne de caractères
5 Si nb est égal à 0
6 alors naissance prend la valeur « garçon »
7 sinon
8 naissance prend la valeur « fille »
9 La fonction retourne la valeur de la variable naissance
10 Afficher la variable naissance

- **Programme**

```
from random import randint
def naissance():
    nb=randint(0,1)
    naissance=""
    if(nb==0):
        naissance="garçon"
    else:
        naissance="fille"
    return naissance
print(naissance())
```

1. Avec un ordinateur, simulez un échantillon aléatoire de 50 naissances avec chacun des deux langages. Comptez le nombre de fois qu'apparaît « fille ».

2. Les deux résultats obtenus sont-ils comparables avec la probabilité $p = 0{,}50$ d'avoir une fille ? Justifiez.

....

....

....

Évaluation

Nom : ....

Prénom : ....

Trouver de l'eau, chance ou don ?

20 min

Un sourcier pense qu'il a un don pour détecter les sources d'eau avec une baguette en bois de noisetier. Un scientifique lui propose une expérience : il doit trouver parmi 3 récipients (dont il ne peut voir le contenu) celui qui contient de l'eau.
L'expérience est répétée 30 fois et le sourcier identifie 15 fois celui contenant de l'eau.

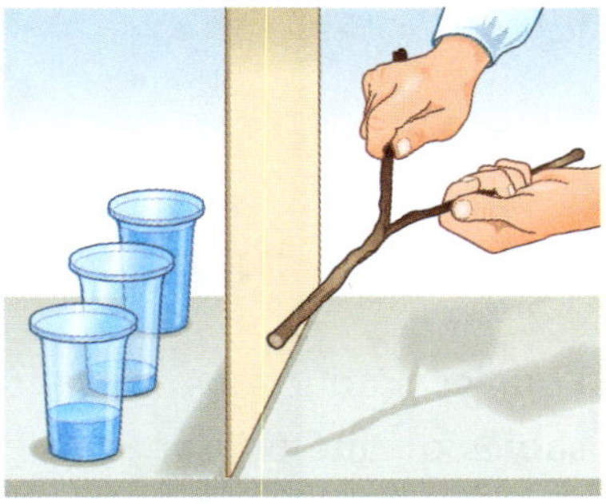

1. S'approprier.

Quelle est, sous forme décimale à 10^{-2} près, la fréquence *f* de réussite du sourcier ? Déduisez-en sa valeur en pourcentage.

....

....

2. Analyser-Raisonner.

Proposez une méthode mathématique permettant de déterminer si la fréquence *f* de réussite du sourcier est due au hasard ou à son don.

....

....

3. Réaliser.

a. Dans une expérience, quelle est la probabilité *p* que le récipient choisi au hasard soit celui qui contient de l'eau ?

....

b. Avec un tableur informatique :

- dans la colonne A, créez un échantillons de taille $n = 30$ avec la formule `=ENT(ALEA()+(1/3))` qui tend à afficher, de façon aléatoire, $\frac{1}{3}$ de 1 et $\frac{2}{3}$ de 0 ;
- à l'aide de la formule `=SOMME(A1:A30)`, calculez l'effectif de 1 dans l'échantillon ;
- tapez une dizaine de fois sur la touche F9 du clavier. Relevez l'effectif minimal et l'effectif maximal de 1 que vous obtenez.

Effectif minimal = ... Effectif maximal = ...

4. Valider.

Dans le tableur, si on associe la valeur 1 à la découverte au hasard du récipient contenant de l'eau, la fréquence *f* de réussite du sourcier peut-elle être due au hasard ? Justifiez.

....

....

5. Communiquer.

Rédigez une conclusion en utilisant les mots fréquence et probabilité.

....

....

Question	Capacités	Connaissances
1, 2, 3a et 5	Réaliser une simulation informatique, dans des cas simples, permettant la prise d'échantillons aléatoires de taille *n* fixée, extraits d'une population où la fréquence *p* relative à un caractère est connue.	Échantillon aléatoire de taille *n* pour une expérience à deux issues (avec remise). Notion de tirage au hasard et avec remise de *n* éléments dans une population où la fréquence *p* relative à un caractère est connue.
2, 3b, 4 et 5	Déterminer l'étendue des fréquences, relatives à un caractère, de la série d'échantillons de taille *n* obtenus par expérience concrète ou simulation.	Fluctuation d'une fréquence relative à un caractère, sur des échantillons de taille *n* fixée.

Co-intervention

Les probabilités sont utiles en enseignement professionnel !
En voici un exemple.

Plus d'activités p. 121 à 126 !

Les probabilités et le contrôle qualité

Pour les productions en grande quantité, les responsables qualité utilisent des logiciels comme outils d'aide à la décision. Ils permettent, à partir des mesures sur une gamme de contrôles, d'effectuer des calculs de statistiques et de probabilités.

Contrôle qualité
Lien vidéo
1 min

Vous êtes concernés par cette problématique si vous exercez les métiers de : technicien des procédés de la chimie, d'usinage, du bâtiment, etc.

1. Recherchez un exemple de contrôle de qualité (ou de fabrication) dans votre champ professionnel.

2. Quels outils mathématiques pouvez-vous mettre en œuvre pour réaliser ce contrôle ?

3. Comment pouvez-vous exploiter des résultats obtenus avec ces outils mathématiques ?

3 Problèmes du premier degré à une inconnue

Activité 1 Quel doit être le prix de vente pour ces perceuses ?

Démarche scientifique Cycle 4

Résoudre une équation

10 min

Le responsable du rayon *Bricolage* reçoit un lot de 15 perceuses sans fil équipées de batteries ordinaires au nickel et un lot de 10 perceuses équipées de batteries au lithium.

Pour des raisons commerciales, les perceuses au lithium doivent être vendues 45 € de plus que les autres, et le prix de vente de l'ensemble des perceuses doit être de 1 750 €.

- Dans ces conditions, quel doit être le prix de vente d'une perceuse au nickel ?

Pour bien démarrer ▶ **Le prix d'une perceuse au lithium est égal au prix d'une perceuse au nickel auquel il faut ajouter 45 €.**

Activité 2 Quel est le temps minimal pour être le meilleur ?

15 min

Résoudre une inéquation

Tom et Julian s'inscrivent aux *Six heures de Nogaro*, une course cycliste en relais par équipe de 2 sur un circuit automobile. Ils souhaitent battre leur précédent record de 228 km parcourus en 6 h sur ce même circuit.
On admet que Tom peut maintenir une vitesse moyenne de 37,5 km/h et Julian de 38,3 km/h.

1. Julian effectue un relais de 3,5 h. Les deux amis pourront-ils battre leur record ?

....

Pour bien démarrer ▶ **Une distance se calcule en multipliant la vitesse par le temps.**

2. Si la lettre t représente le temps de course de Julian, quelle est, des deux inéquations suivantes, celle qui traduit les conditions pour que le record soit battu ? Cochez la bonne réponse.

☐ $228 < 37{,}5 \times t + 38{,}3 \times (6 - t)$ ☐ $228 < 37{,}5 \times (6 - t) + 38{,}3 \times t$

3. Résolvez l'inéquation choisie, et déduisez du résultat le temps minimal que Julian doit assurer pour établir un nouveau record.

....

....

....

Activité 3 Smartphone d'occasion : quel était le prix du neuf ?

Démarche scientifique

20 min

Traduire un problème à l'aide d'une équation et le résoudre

Les fabricants de smartphones rivalisent de haute technologie dans la conception de leurs nouveaux modèles.

Les prix sont en conséquence : plusieurs centaines d'euros au minimum !

Devant de tels prix, les ventes de smartphones d'occasion se développent. Un site Internet propose les deux modèles ci-dessous.

- Quel est des deux modèles le smartphone le moins cher au prix du neuf ?

Pour bien démarrer ▶ **Calculer un pourcentage indirect en construisant un tableau de proportionnalité.**

Appelez votre professeur pour une aide, ou lui montrer votre proposition.

L'essentiel

1 Équations à une inconnue

- Les **équations à une inconnue** sont constituées de deux membres séparés par le **signe d'égalité** dont un membre au moins contient une lettre, généralement x, désignant le **nombre inconnu**.
- Toute équation peut être ramenée à sa forme réduite $\boldsymbol{ax = b}$ avec $\boldsymbol{a \neq 0}$, qui admet pour solution unique le nombre $x = \dfrac{b}{a}$.
- La forme réduite s'obtient en transposant un terme d'un membre dans l'autre à condition de changer son signe.
  - $x + m = n \Leftrightarrow x = n - m$
  - $x - m = n \Leftrightarrow x = n + m$

! Remarque :

Remplacer dans l'équation initiale l'inconnue par le nombre trouvé permet de vérifier que ce nombre est bien la solution de l'équation.

Exemple

- $8x + 6 = 10$

  Calculs : $8x = 10 - 6 \Leftrightarrow$ Forme réduite : $8x = 4 \Leftrightarrow x = \dfrac{4}{8} \Leftrightarrow x = 0{,}5$

  Vérification : $8 \times 0{,}5 + 6 = 10$

  La solution de l'équation est bien 0,5.

- $7 = 3x - 23$

  Calculs : $7 + 23 = 3x \Leftrightarrow$ Forme réduite : $30 = 3x \Leftrightarrow \dfrac{30}{3} = x \Leftrightarrow x = 10$

  Vérification : $3 \times 10 - 23 = 7$

  La solution de l'équation est bien 10.

2 Inéquations à une inconnue

- Les **inéquations à une inconnue** sont constituées de deux membres séparés par un **signe de comparaison** ($<$, $>$, $\leqslant$ ou $\geqslant$) dont un membre au moins contient une lettre, généralement x, désignant le **nombre inconnu**.
- On applique les mêmes règles de transpositions que pour les équations afin d'obtenir la forme réduite.

! Attention

Si dans la forme réduite, le coefficient a de l'inconnue x est un nombre négatif, alors l'expression de la solution s'accompagne du changement de sens de l'inégalité.

- Si $\boldsymbol{a > 0}$ alors l'inéquation $\boldsymbol{ax < b}$ a pour solution $x < \dfrac{b}{a}$

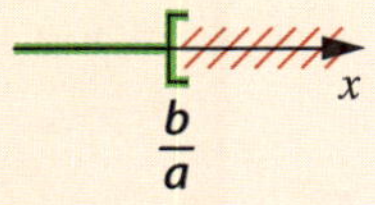

- Si $\boldsymbol{a < 0}$ alors l'inéquation $\boldsymbol{ax < b}$ a pour solution $x > \dfrac{b}{a}$

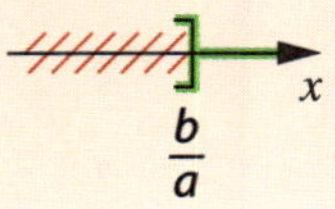

Exemple

- $2x - 6 < 20$

  Calculs : $2x < 20 + 6 \Leftrightarrow$ Forme réduite : $2x < 26 \Leftrightarrow x < \dfrac{26}{2} \Leftrightarrow x < 13$

  Vérification : $2 \times 13 - 6 = 20$

  Tous les nombres inférieurs à 13 sont solutions de l'inéquation.

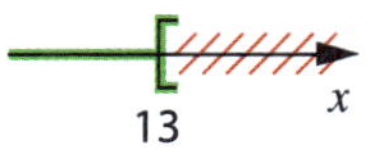

- $x + 4 \geqslant 3x + 13$

  Calculs : $x - 3x \geqslant 13 - 4 \Leftrightarrow$ Forme réduite : $-2x \geqslant 9 \Leftrightarrow x \leqslant \dfrac{9}{-2} \Leftrightarrow x \leqslant -4{,}5$

  Vérification : $-4{,}5 + 4 = -0{,}5$ et $3 \times (-4{,}5) + 13 = -0{,}5$

  Tous les nombres inférieurs ou égaux à $-4{,}5$ sont solutions de l'inéquation.

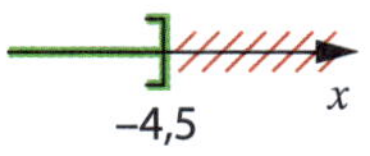

3 Résolution d'un problème à l'aide d'une équation ou d'une inéquation à une inconnue

Les différentes étapes de la résolution d'un problème sont :

1. Identifier la grandeur inconnue qui sera représentée par une lettre de l'alphabet x, y, z…
2. Utiliser les données connues et inconnues de l'énoncé pour traduire le problème par l'écriture d'une équation ou d'une inéquation.
3. Résoudre par le calcul cette équation ou inéquation.
4. Répondre à la question posée en contrôlant que la solution trouvée est une réponse possible au problème.

Exemple

- Lorsque l'on verse 45 L de carburant dans un réservoir vide de voiture, la jauge à essence indique qu'il est plein à plus des trois quarts.
Quelle peut-être la contenance maximale de ce réservoir ?

1. Identifier la grandeur inconnue.

C'est la contenance maximale qui est demandée, on la note x.

2. Utiliser les données connues et inconnues de l'énoncé pour traduire le problème par une inéquation.

On peut écrire l'inéquation $\frac{3}{4}x < 45$

3. Résoudre par le calcul.

$3x < 45 \times 4 \Leftrightarrow 3x < 180 \Leftrightarrow x < \frac{180}{3} \Leftrightarrow x < 60$

4. Répondre à la question posée en contrôlant que la solution trouvée est une réponse possible au problème.

Le réservoir contient moins de 60 L de carburant.

Travaux pratiques

TP 1 Fréquence cardiaque à l'entraînement

30 min

Objectif
- Résoudre une équation du premier degré à l'aide d'un tableur-grapheur et d'un solveur.

La **fréquence cardiaque** f_c d'un sportif en battements par minute (bpm), à un instant donné lors d'un effort, est donnée par la formule :

$$f_c = f_{min} + \frac{f_{max} - f_{min}}{100} \times i$$

- i est l'**intensité de l'effort** en pourcentage (%).
- f_{min} est la **fréquence cardiaque au repos** pour $i = 0$ %.
- f_{max} est la **fréquence cardiaque maximale** pour $i = 100$ %.

Les caractéristiques de deux triathlètes, Tom et Nacer, mesurées lors d'un test sont données dans le tableau ci-contre.

	f_{min} (bpm)	f_{max} (bpm)
Tom	60	180
Nacer	42	192

Déterminez quelle est l'intensité de l'effort que doit fournir Nacer pour avoir la même fréquence cardiaque que Tom.

1. Analyse du problème

a. À quoi correspond l'expression **60 + 1,3 *i*** ?

....

b. À quoi correspond l'expression **42 + 1,5 *i*** ?

....

2. Résolution par un tableau de valeurs

Logiciel p. 147-148

a. Ouvrez une feuille d'un tableur et recopiez le tableau ci-contre.

	A	B	C
1	*i* (%)	fc de Tom (bpm)	fc de Nacer (bpm)
2	55		

b. En B2, saisissez =60+1.3*A2 puis =42+1.5*A2 en C2.
En A3, saisissez =A2+1.

c. Sélectionnez la cellule A3, faites apparaître la croix noire, cliquez-glissez dans la colonne jusqu'à A22 pour obtenir une intensité d'effort de 100 %.
Faites de même pour les cellules B2 et C2 jusqu'à B22 et C22.

d. Déduisez des résultats affichés la valeur de l'intensité d'effort pour laquelle Nacer et Tom ont la même fréquence cardiaque.

....

....

3. Visualisation graphique de la solution

a. Sélectionnez les colonnes A, B et C, cliquez sur **Diagramme** puis sélectionnez **XY(Dispersion)** et **Points et lignes**.

b. Quelle est l'équation algébrique dont la solution est la valeur de *i* au point d'intersection des deux droites obtenues ?

....

4. Vérification avec le solveur d'équation

a. Ouvrez le menu de **Outils** et sélectionnez **Solveur.** Saisissez C2 dans **Cellule cible,** B2 dans **Valeur** et A2 dans **Par modification des cellules**. Cliquez sur **Résoudre** puis sur **Conserver le résultat.**

b. Vérifiez les résultats obtenus aux questions précédentes.

Travaux pratiques

TP 2 Rentable ou non ?

30 min

Objectif

- Résoudre une équation du premier degré à l'aide d'une calculatrice.

Deux familles, composées de quatre personnes chacune, doivent se rendre ensemble à un mariage situé à l'autre bout de la France et s'interrogent : « Est-il plus avantageux pour nous de louer un minibus que de se déplacer avec nos deux voitures ? »
Elles disposent des informations suivantes :

- **location du minibus 9 places :** 312 € pour 4 jours et 3 800 km maximum ;
- **coût autoroute :** 75 € par véhicule pour « l'aller-retour » (voiture ou minibus) ;
- **coût du carburant :** 0,10 €/km parcouru (voiture ou minibus).

1. Résolution avec une calculatrice graphique

▶ Calculatrice p. 153 à 160

a. Pour construire le tableau de valeurs correspondant à cette situation :

- dans le menu où il faut saisir les expressions des fonctions étudiées, saisissez Y1= 2×(75+0.1X) et Y2= 0.1X+312+75 ;
- dans le menu où il faut saisir les paramètres du tableau, saisissez **100** comme 1re valeur du tableau et **100** comme écart entre deux valeurs successives. Si la dernière valeur est demandée, saisissez **3 800**.

Calculatrice CASIO

X	Y1	Y2
100	170	397
200	190	407
300	210	417
400	230	427

100

FORM DEL ROW EDIT G-CON G-PLT

Calculatrice TI

X	Y1	Y2
100	170	397
200	190	407
300	210	417
400	230	427
500	250	437
600	270	447
700	290	457

X=100

NUMWORKS

Fonctions Graphique Tableau

Regler l'intervalle

x	f(x)	g(x)
100	170	397
200	190	407
300	210	417
400	230	427
500	250	437
600	270	447
700	290	457

b. Répondez à la question que se posent les deux familles en exploitant le tableau obtenu.

....

....

....

2. Résolution par la méthode algébrique

a. Justifiez que pour déterminer la distance à partir de laquelle le coût de déplacement avec les deux voitures est supérieur à celui en minibus, il faut résoudre l'inéquation $0{,}2x + 150 > 0{,}1x + 387$.

....

....

b. Quel est le nombre précis de kilomètres pour lequel il est plus avantageux de louer un minibus ?

....

....

Exercices

Testez-vous !

QCM interactif

Cochez la bonne réponse parmi les trois proposées.

1. L'équation $2(x + 1) = 18$ est équivalente à :

☐ $2x = 18$ ☐ $2x = 17$ ☐ $2x = 16$

2. L'équation $4x + 3 = 10$ a pour solution :

☐ $x = 2{,}5$ ☐ $x = 7$ ☐ $x = \frac{7}{4}$

3. L'équation $\frac{x}{2} = \frac{45}{3}$ a pour solution :

☐ $x = 13$ ☐ $x = 30$ ☐ $x = 90$

4. L'inéquation $2x - 1 > x + 3$ est équivalente à :

☐ $x > 4$ ☐ $2x > 4$ ☐ $3x > 4$

5. L'inéquation $x + 1 \leqslant 4x - 14$ a pour solution :

☐ $x \leqslant 5$ ☐ $x \geqslant -5$ ☐ $x \geqslant 5$

6. L'inéquation $x - 8 < 0$ a pour solution :

☐ $x < 8$ ☐ $x > 8$ ☐ $x > -8$

7. L'inéquation $-2x + 1 \leqslant 14$ a pour solution :

☐ $x \leqslant \frac{13}{2}$ ☐ $x \geqslant -\frac{13}{2}$ ☐ $x \geqslant -\frac{15}{2}$

8. En 5 ans, la population d'une ville a augmenté de 10 % et atteint les 22 000 habitants. Il y a 5 ans, le nombre d'habitants était de :

☐ 20 000 ☐ 22 000 ☐ 24 200

9. Un article soldé à 20 % est vendu 100 €. Son prix initial était de :

☐ 80 € ☐ 120 € ☐ 125 €

10. « En ajoutant 10 au double du nombre inconnu, j'obtiens un nombre inférieur à 30 » se traduit par :

☐ $10 + 2x > 30$ ☐ $10 + 2x < 30$ ☐ $10 + 2x = 30$

Automatismes

Calcul mental

1 **a.** Déterminez la valeur de l'expression $5x + 24$ pour $x = 8$.

b. Déterminez la (ou les) équation(s) pour dont la solution est $x = 10$.

$x + 5 = 15$ $\qquad$ $2x + 6 = 26$

c. Déterminez l'inéquation pour laquelle la solution $x = 5$ est vérifiée.

$x + 8 < 12$ $\qquad$ $3x + 6 > 17$

À l'oral

2 **a.** Énoncez, dans l'ordre, les quatre étapes à suivre pour résoudre un problème du premier degré à une inconnue.

b. Que doit-on faire lorsque l'on divise chacun des membres d'une inégalité par un nombre négatif ?

c. Comment calculer une baisse de 10 % ?

d. Comment calculer une augmentation de 10 % ?

Exercices

3 **Exercice corrigé**

Résolvez les équations suivantes :

a. $x + 4 = 30$ et $x - 6 = 12$

b. $3x = 60$ et $5x = 85$

c. $3x + 1 = 124$ et $6x + 2 = 20$

Corrigé

a. $x = 26$ et $x = 18$

b. $x = 20$ et $x = 17$

c. $x = 41$ et $x = 3$

Équations à une inconnue

4 Cochez les cases des équations pour lesquelles la solution $x = 10$ est vérifiée.

☐ **a.** $x + 5 = 15$ ☐ **b.** $2x + 6 = 26$

☐ **c.** $40 - x = 20$ ☐ **d.** $\frac{x}{5} + 7 = 9$

5 Résolvez les équations suivantes :

a. $x + 4 = 30$

b. $x - 6 = 12$

c. $3x = 60$

d. $\frac{x}{4} = 8$

6 Résolvez les équations suivantes :

a. $3(x + 1) = 123$

b. $4(2x - 5) = 84$

c. $6x = 2x + 9$

d. $13x + 40 = 8x + 90$

7 Résolvez les équations suivantes :

a. $\frac{3}{5}(x + 15) = 66$

b. $6(2x - 12) = 24$

c. $6x = 2(x + 9)$

d. $3(x + 4) = 8x + 9$

Inéquations à une inconnue

8 Cochez les cases des inéquations pour lesquelles la solution $x = 3$ est vérifiée.

☐ **a.** $x + 15 < 9$ ☐ **b.** $2x + 6 > 8$

☐ **c.** $4 - 10x < 20$ ☐ **d.** $12 > \frac{2x}{6} + 9$

9 Résolvez les inéquations suivantes et représentez les solutions sur un axe.

a. $x + 6 < 21$

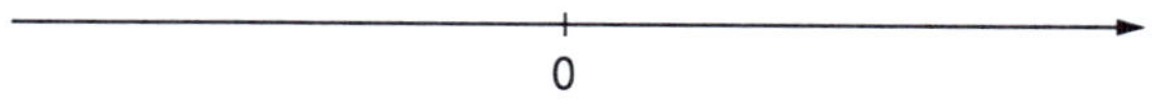

b. $x - 2 > 17$

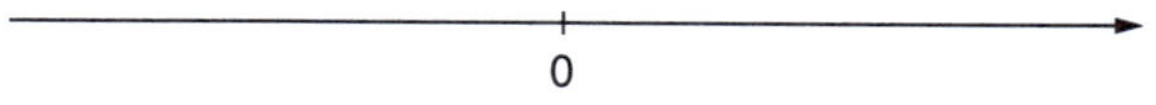

c. $3 - x < 26$

....

....

....

0

d. $6 - 0{,}5x \geqslant 15$

....

....

....

0

10 Résolvez les inéquations suivantes :

a. $2(x + 6) < 28$

....

b. $-0{,}25(x - 18) > 24$

....

c. $20(3 + 2x) \leqslant 16$

....

d. $\dfrac{2(1-x)}{5} \geqslant 8$

....

Résolution d'un problème à l'aide d'une équation ou d'une inéquation à une inconnue

11 Justifiez que les conditions indiquées sur le triangle ci-contre correspondent toujours và un triangle rectangle.

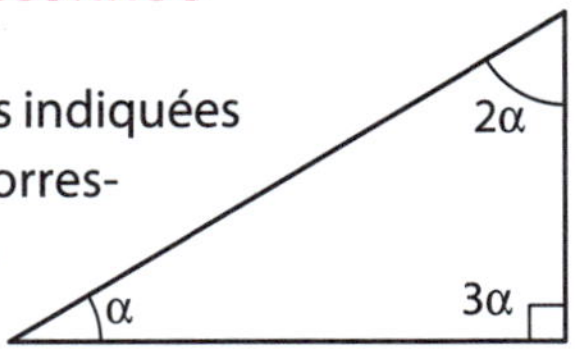

....

12 Les nouvelles chaudières à condensation consomment en moyenne 25 % de fuel en moins. Une chaudière de ce type a consommé 850 litres de fuel.

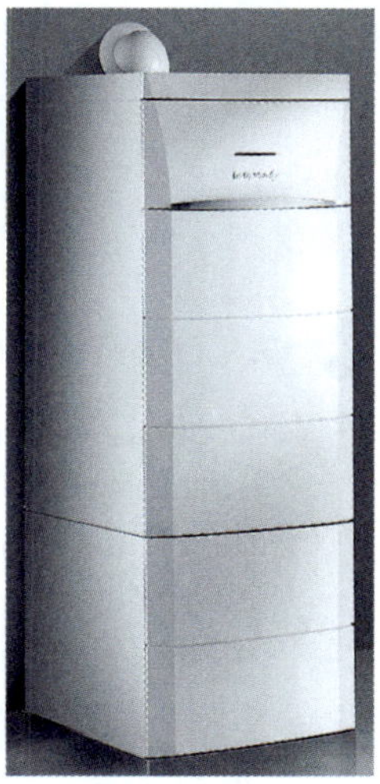

• Quelle quantité de fuel aurait été nécessaire avec une chaudière différente ?

....

13 Pour l'animation d'une soirée, on dispose d'un amplificateur qui nécessite 4,5 A pour fonctionner, et de plusieurs jeux de lumières qui nécessitent chacun 1,3 A.

Le branchement électrique se fait sur une multiprise pour laquelle il ne faut pas dépasser une intensité électrique de 16 A.

• Combien de jeux de lumière est-il possible de connecter avec l'amplificateur sur la multiprise ?

....

14 50 cL d'un dégraissant liquide sont dilués dans 450 cL d'eau. La solution obtenue est donc diluée à 10 % :

$$\frac{\text{volume de dégraissant}}{\text{volume total}} = \frac{50}{(450+50)} = 0{,}10 \text{ (soit 10 \%)}.$$

• Quel est le volume d'eau qu'il faut ajouter pour obtenir une solution à 0,04 (soit 4 %) ?

....

Problèmes

Problème corrigé

1 Quel pourcentage de remise appliquer ?

Louli vend 2 modèles de housses de téléphone portable. Le premier uni à 20 € et le second avec des motifs à 25 €. Elle applique une remise de 25 % au modèle uni et souhaite accorder une remise d'un même montant en euros à l'autre modèle.

1. **S'approprier.** Déterminez le montant de la remise de la housse unie.
2. **Analyser. Raisonner.** On note $\frac{x}{100}$ le pourcentage de remise appliqué à la housse avec motifs. Identifiez l'équation qui correspond au problème posé. Justifiez votre réponse.
   - $25 \times \frac{x}{100} = 5$
   - $20 \times \frac{x}{100} = 5$
3. **Réaliser.** Résolvez l'équation choisie.
4. **Valider.** Louli s'interroge : « Comme 25 % de 20 € est égal 20 % de 25 €, alors de la même façon 22 % de 30 € est-il égal à 30 % de 22 € ? ».
   Vérifiez l'hypothèse de Louli.
5. **Communiquer.** Expliquez en quelques lignes l'astuce que vient de découvrir Louli.

Corrigé

1. On calcule 25 % de 20 € soit $\frac{25}{100} \times 20 = 5$.
   Le montant de la remise de la housse unie est de 5 €.
2. L'équation qui traduit le problème est $25 \times \frac{x}{100} = 5$
   car on applique le pourcentage de remise $\frac{x}{100}$ à 25 € pour obtenir une remise de 5 €.
3. Résolution de l'équation.
   $25 \times \frac{x}{100} = 5 \Leftrightarrow 0{,}25 \times x = 5 \Leftrightarrow x = \frac{5}{0{,}25} \Leftrightarrow x = 20.$
   Il faut appliquer une remise de 20 %.
4. Vérification l'hypothèse de Louli.
   $30 \times \frac{22}{100} = 6{,}60$ €
   $22 \times \frac{30}{100} = 6{,}60$ €
   L'hypothèse de Louli est juste.
5. Calculer *a* % d'un nombre *b* revient à calculer *b* % de *a*. Il est ainsi plus facile de calculer mentalement 10 % de 37,5 que 37,5 % de 10.

2 Quelle est la charge maximale ? CO-INTERVENTION

▶ Problématique professionnelle

Tout transport de charge doit être effectué en respectant les règles de sécurité établies.
Dans le cas de la situation ci-dessous, il est évident que ces règles n'ont pas été respectées !

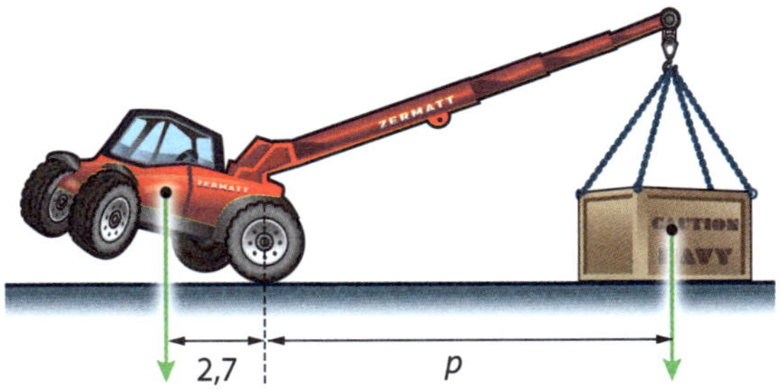

Avec ce type d'engin élévateur, la charge maximale *C*, exprimée en tonne à soulever, est fonction de la portée *p* en mètre. La relation est :

$$p(1\,000 \times C + 300) \leqslant 8\,000 \times 2{,}7$$

1. **S'approprier.** Dans la relation, quel nombre correspond à la masse de l'engin élévateur ?

....

▶ En maths

2. **Analyser. Raisonner.** Le conducteur d'engin peut-il transporter une charge *C* de 3 tonnes avec une portée *p* de 8 mètres ?

....

....

3. **Réaliser.** Déterminez la charge maximale qui peut être soulevée avec une portée de 8 mètres.

....

....

▶ En enseignement professionnel

4. **Valider.** Le conducteur estime que pour transporter une charge de 4 tonnes, il ne faut pas dépasser une portée de 4 mètres. Que pouvez-vous lui répondre ?

....

....

5. **Communiquer.** Rédigez une fiche de sécurité sur les conditions de transport de charge avec un engin élévateur.

....

....

....

....

3 Quel tarif est le plus intéressant ?

Un Conseil départemental dans la Région Occitanie a décidé de favoriser le développement durable en mettant en place une politique basée sur l'utilisation des transports en commun.
Voici un extrait de la plaquette publicitaire.

- Prenez le bus ! • 2 € pour 1 voyage
- Prenez le bus ! • 15 € pour 10 voyages
- Prenez le bus ! • 40 € abonnement mensuel
- Prenez le bus ! • 396 € abonnement annuel

1. S'approprier. Quelle formule proposée n'est pas adaptée à un vacancier qui vient passer le mois d'août dans ce département ?

....

....

2. Analyser. Raisonner. Proposez une méthode pour déterminer le nombre de voyages à partir duquel il est préférable de choisir l'abonnement mensuel plutôt que le tarif à l'unité.

....

....

....

....

3. Réaliser. Déterminez dans quel intervalle de valeurs se situe le nombre de voyages pour lequel il est préférable de choisir le tarif à l'unité.

....

....

....

....

4. Valider. Un vacancier du mois d'août a acheté 2 carnets de 10 tickets et effectué seulement 17 voyages.
A-t-il choisi la formule la plus avantageuse ?

....

....

....

5. Communiquer. Composez une note de synthèse pour conseiller aux usagers la formule la plus avantageuse en fonction de leurs besoins.

....

....

....

4 Pourquoi les coureurs sont-ils décalés ?

Lors de l'épreuve du 400 mètres, contrairement à un 100 m, les coureurs ne partent pas sur la même ligne mais en décalé, alors que l'arrivée est sur la même ligne.

1. S'approprier. Ce décalage est-il mis en place pour permettre à chaque coureur de voir ceux situés à sa droite et/ou pour une raison technique que vous préciserez ?

....

....

....

2. Analyser. Raisonner. En vous aidant du schéma et des données ci-dessous, proposez une méthode pour calculer le décalage entre les départs en A (couloir 1) et B (couloir 2) pour que les coureurs effectuent bien tous les deux une course de 400 m.

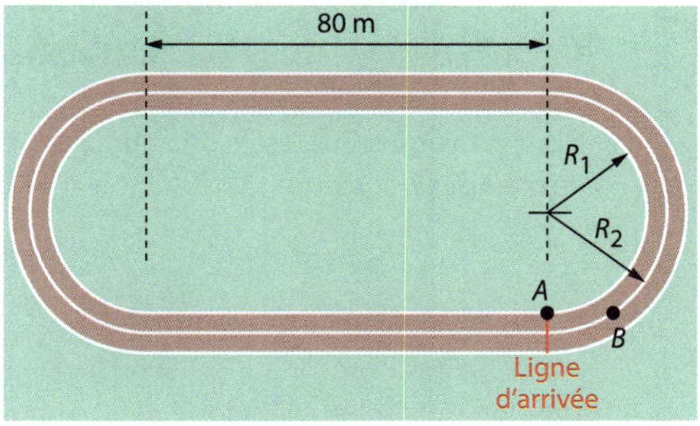

- Longueur de chaque demi-cercle du couloir 1 : 120 m.
- Longueur d'un tour de piste dans le couloir 1 : 400 m.
- Distance entre les couloirs 1 et 2 : 1,12 m.

Pour bien démarrer ▶ Longueur d'un cercle : $L = 2\pi R$.

....

....

....

....

3. Réaliser.

a. Calculez R_1 puis R_2 en mètre et à 10^{-2} près.

....

....

b. Calculez le décalage entre les deux premiers couloirs.

4. Valider. Le décalage des différents couloirs par rapport au point A est donné par l'équation : $160 + 6{,}28R_n - x = 400$, avec R_n le rayon du couloir n et x le décalage entre le couloir 1 et le couloir n. Vérifiez, à l'aide de l'équation, le résultat trouvé à la question **3.**

5. Communiquer. Présentez, dans un tableau, les décalages pour une piste à 8 couloirs.

5 Quel est le prix après deux remises ?

Un site de vente en ligne déstocke sa collection hiver à – 30 %.
Pénélope, une fidèle cliente, dispose en plus d'un « code privilège » donnant droit à 20 % de réduction sur les prix des articles déstockés.

Destokage
– 30 %

Code privilège
– 20 %

1. S'approprier. Pénélope sélectionne 45 € d'articles au prix catalogue. Quel est le prix à payer après les deux remises ?

2. Analyser. Raisonner. Pénélope ajoute un autre article à son panier et paie finalement 75,60 €. Proposez une méthode pour déterminer le prix qu'elle aurait payé sans ces deux remises.

3. Réaliser. Appliquez votre méthode pour retrouver le prix catalogue de ses achats.

4. Valider. Deux remises successives de 20 % et 30 % sont-elles équivalentes à une seule remise de 50 % ?

5. Communiquer. Présentez vos conclusions sous forme d'un tweet à Pénélope.

6 Quelle est la part de la dilatation des océans dans la montée du niveau marin ?

De 1993 à 2015, le niveau des mers a augmenté d'environ 7,1 cm.
Trois paramètres principaux ont joué :
– la dilatation des océans ;
– la fonte des glaces ;
– l'écoulement des eaux continentales.
L'augmentation du niveau des mers liée à la fonte des glaces représente 1,5 fois celle de la dilatation des océans. L'écoulement des eaux est responsable d'une élévation du niveau marin de 0,6 cm.

1. S'approprier. Relevez parmi les trois phénomènes responsables de la montée des mers celui qui a eu la plus grande influence.

2. Analyser. Raisonner. Proposez une méthode pour déterminer l'élévation du niveau marin liée à la dilatation des eaux.

3. Réaliser. Appliquez votre méthode.

4. Valider. Vérifiez que la fonte des glaces a provoqué une montée du niveau des mers de 3,9 cm.

5. Communiquer. Informez, en quelques lignes, vos camarades de lycée sur la montée du niveau des océans liée au réchauffement climatique.

Démarche scientifique

7 Quelle est la hauteur du mur ?

Une échelle est posée verticalement contre un mur ; elle dépasse alors de 20 cm. Il faut écarter de 80 cm le pied de l'échelle du mur pour que le sommet de l'échelle coïncide avec celui du mur.

- Proposez une équation permettant de déterminer la hauteur du mur et résolvez-la.

Pour bien démarrer ▶ Appliquer le théorème de Pythagore.

8 Quel est le prix du tee-shirt ?

Une boutique spécialisée dans la vente de tee-shirts, unis ou sérigraphiés, propose des lots de cinq tee-shirts avec au choix :

– 5 tee-shirts unis et 3 tee-shirts sérigraphiés (2 couleurs et 5 mots maximum) pour 38 € ;
– ou 3 tee-shirts unis et 2 tee-shirts sérigraphiés pour 32 €.

- Mettez en équation ce problème pour calculer le prix d'un tee-shirt sérigraphié.

9 Combien de lampes pour un bénéfice ?

Alice, une artiste en céramique, crée des lampes. Elle revend ses œuvres dans deux galeries d'art à Paris et New York au tarif de 850 €/pièce. Chaque galerie d'art s'engage à lui en acheter 5 chaque mois.
Alice évalue ses charges à 6 800 € par mois (salaire, loyer de l'atelier, amortissement du matériel…).
Le coût de revient d'une lampe est de 280 €.

- Mettez en inéquation ce problème pour calculer le nombre minimum de lampes qu'Alice doit créer par mois pour dégager un bénéfice.

10 Quel est le partage le plus équitable ?

Ce schéma, dont les côtes sont en mètres, représente un terrain dont la superficie est égale à 1 710 m^2.

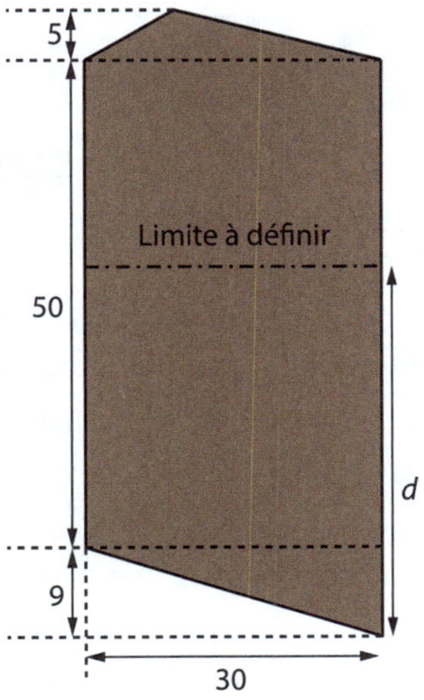

Pour bien démarrer ▶ Calculer l'aire d'un triangle à partir de l'aire du rectangle dans lequel il est inscrit.

Son propriétaire décide de le partager en deux suivant le trait mixte afin de donner un lot à chacun de ses deux enfants.

- À quelle distance d doit-on fixer la limite pour que le partage soit égal ?

1 Résoudre toutes les équations

Le script ci-dessous, réalisé avec Scratch, permet de résoudre une équation de la forme $ax = b$.

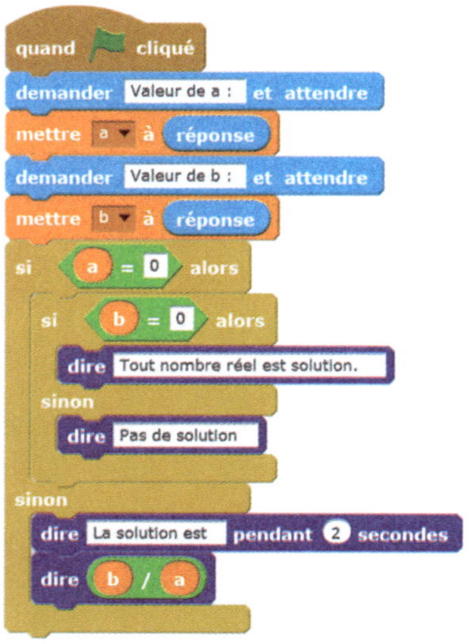

▶ **Logiciel** p. 140 à 144

Ce programme permet de répondre aux trois situations possibles :

- si $a = 0$ et $b = 0$, alors tout nombre réel est solution car cela revient à résoudre l'équation $0x = 0$;
- si $a = 0$ et $b \neq 0$, alors il n'y a pas de solution car x serait égal à $\frac{b}{a}$ mais il est impossible de diviser par 0 ;
- si $a \neq 0$, alors la solution est égale à $\frac{b}{a}$.

1. Ouvrez le logiciel Scratch, saisissez ce script et vérifiez que l'équation $81x = 202{,}5$ a pour solution $x = 2{,}5$.

2. Quelles modifications faut-il apporter à ce script pour résoudre une équation de la forme $ax + b = c$?

Aide Il faut identifier *a, b et c.*

2 L'IMC

L'algorigramme ci-dessous permet de résoudre une inéquation de la forme $ax < b$.

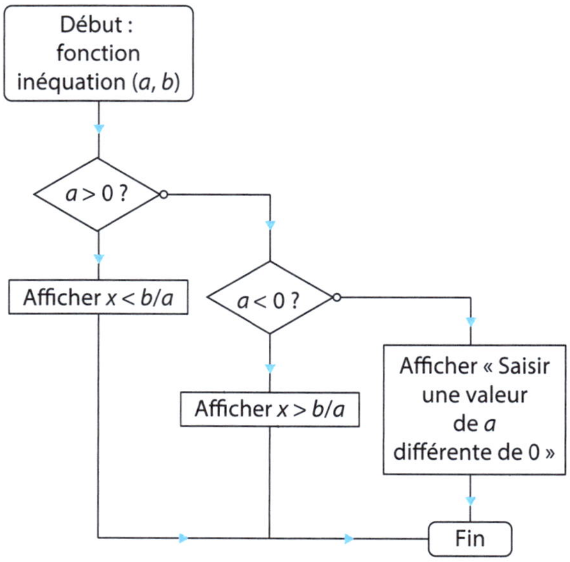

1. Mettez les instructions suivantes dans l'ordre pour coder l'algorithme en langage Python.

```
else:
print("x<",b/a)
def inequation(a,b):
print("a doit être différent de 0")
if a>0:
print("x>",b/a)
elif a<0:
else:
```

▶ **Logiciel** p. 140 à 144

2. Appliquer ce programme à la situation suivante :

L'Indice de Masse Corporelle est calculé à l'aide de la formule $\text{IMC} = \frac{masse}{taille^2}$ (masse en kg et taille en *m*).

Une personne n'est pas en surpoids si son IMC est inférieur à 25.

Retrouvez la condition sur sa masse sachant qu'elle mesure 1,80 m.

Évaluation

Nom : ....

Prénom : ....

Consommation d'un camion de déménagement

30 min

La consommation en carburant d'un camion est plus importante en ville qu'en zone rurale. Sur la fiche technique du véhicule, il est noté : consommation • en ville : 35 L pour 100 km ; • en dehors de la ville : 30 L pour 100 km.

Un camion roule 1 300 km et consomme de 400 L de carburant.

Recherchez le nombre de km effectués en ville et en zone rurale.

1. S'approprier.

Quelle est la consommation pour 1 km en ville ? Et en zone rurale ?

....

....

2. Analyser. Raisonner.

On note Q la quantité d'essence consommée pour un voyage de 250 km, et x la distance parcourue en ville. Quelle formule permet de calculer Q ?

a. $Q = \frac{35}{100} \times x + \frac{30}{100} \times (250 - x)$

b. $Q = \frac{35}{100} \times (250 - x) + \frac{30}{100} \times x$

....

Appelez le professeur et justifiez votre choix.

3. Réaliser.

a. Calculez x, la distance parcourue en ville pour un trajet de 1 300 km et une consommation $Q = 400$ L. Arrondissez le résultat à l'unité.

....

b. Calculez la consommation moyenne de ce voyage en litres d'essence pour 100 km.

....

4. Valider.

Sur la fiche technique, il est aussi noté : « consommation mixte : 32,5 L pour 100 km ». Une consommation mixte correspond-t-elle à des distances égales parcourue en ville et en zone rurale ?

....

....

5. Communiquer.

Pour compléter la fiche technique, à l'aide d'un tableur-grapheur ou de la calculatrice graphique, représentez graphiquement la consommation en ville, en zone rurale et mixte.

Appelez le professeur et justifiez votre choix.

Le point sur ce que je sais

Question	Capacités	Connaissances
1	Rechercher extraire et organiser l'information	Proportionnalité
2	Traduire un problème par une équation du premier degré à une inconnue	Équation du premier degré à une inconnue
3a	Résoudre algébriquement, graphiquement une équation du premier degré à une inconnue	Méthode de résolution algébrique d'une équation du 1er degré à une inconnue
3b, 4	Calculer une quatrième proportionnelle. Valider ou invalider un modèle, une hypothèse	Proportionnalité
5	Rendre compte d'un résultat en utilisant un vocabulaire adapté et des modes de représentation appropriés	

Co-intervention

Le premier degré est utile en enseignement professionnel !
En voici un exemple.

Plus d'activités p. 121 à 126 !

Le premier degré et la construction d'un escalier

Lors de la conception d'un escalier, deux caractéristiques sont essentielles :

- la hauteur h des marches comprise entre 17 et 21 cm ;
- le giron g des marches (largeur de la marche) compris entre 21 et 27 cm.

Le confort d'un escalier est défini par la loi de Blondel : $60 \leq 2h + g \leq 64$.

Connaissant la hauteur et le reculement, il est alors possible de déterminer le nombre de marches et leurs dimensions.

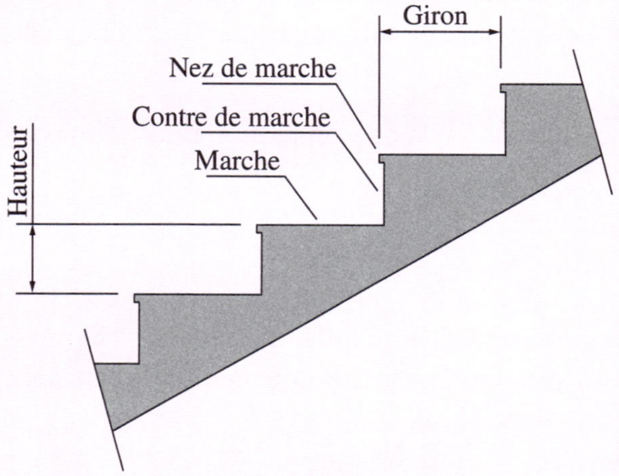

1. Recherchez un exemple de problème du premier degré dans votre champ professionnel.

2. Quels outils mathématiques pouvez-vous mettre en œuvre pour résoudre ce problème ?

3. Comment pouvez-vous exploiter des résultats obtenus avec ces outils mathématiques ?

4 Notion de fonction

Activité 1 À quelle altitude y a-t-il mise en danger ?

Démarche scientifique Cycle 4

15 min

Exploiter l'équation $y = f(x)$ d'une courbe

Les variations de la pression atmosphérique p en fonction de l'altitude x sont modélisées par une fonction f dont la représentation graphique $\mathscr{C}_f$ est donnée ci-contre.

Les variations de la température T en fonction de l'altitude x sont modélisées par une fonction g définie par $g(x) = 15 - 0{,}006\,5\,x$.

Un être humain ne peut survuvre si $p < 600$ hPa ou si $T < -20°$ C.

- Lors d'un vol à 11 000 mètres d'altitude, un avion subit un accident dû à un problème d'étanchéité. Les passagers sont-ils en danger ?

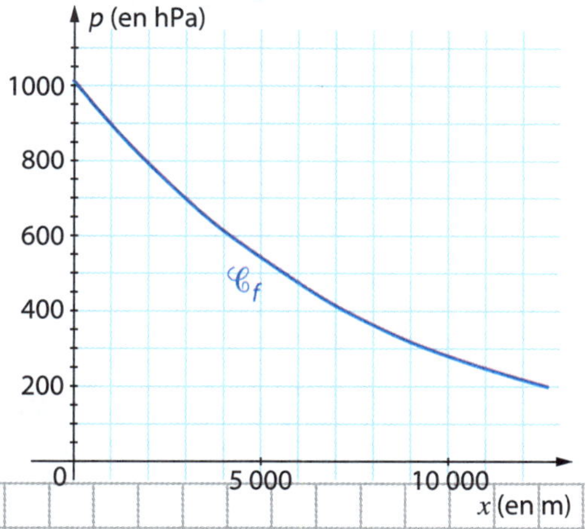

Activité 2 Quel effet le sport a-t-il sur la condition physique ?

15 min

Relier courbe et tableau de variation et déterminer graphiquement les extremums

Les courbes $\mathscr{C}_f$ et $\mathscr{C}_g$ ci-contre représentent les fonctions f et g donnant les variations du $V_{O_2\,max}$ (volume d'oxygène maximal consommé) en fonction de l'âge x pour une personne sportive ou sédentaire.

1. Complétez les tableaux de variation ci-dessous.

x	....	....	....
Sens de variation de f	40 ↗	64	↘ 15

x	0	20	65
Sens de variation de g			

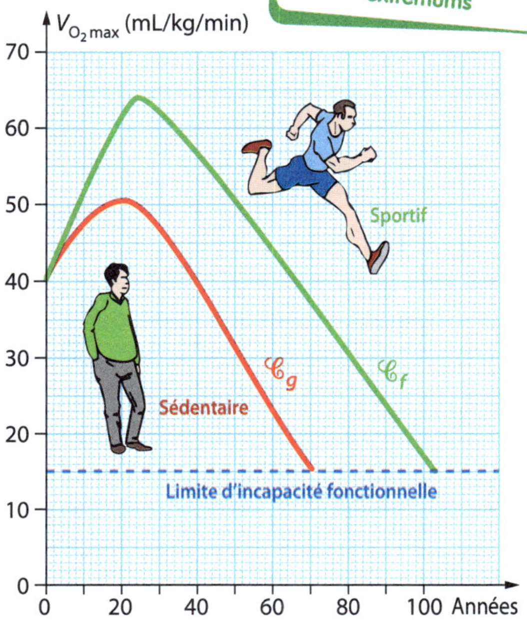

2. Pourquoi vaut-il mieux pratiquer un sport ?

....

....

Activité 3 Combien de temps les coureurs ont-ils pour effectuer la course contre la mer ?

Démarche scientifique

Utiliser une calculatrice ou un tableur-grapheur pour obtenir une courbe et exploiter l'équation $y = f(x)$

20 min

Le passage du Gois est une chaussée qui n'est praticable qu'à certaines heures de la journée car, à marée haute, elle est totalement recouverte par l'océan.

C'est sur ce chemin submersible que des sportifs courent la « course contre la mer ».

Le départ est toujours donné deux heures après une marée basse (niveau de la mer le plus bas).

Pour organiser un départ entre 10 h et 16 h, on admet que la hauteur d'eau (en m) par rapport au niveau zéro de la chaussée, est modélisée sur l'intervalle [10 ; 16] par la fonction f qui dépend du temps t (en h) : $f(t) = 0{,}36\,t^2 - 9t + 54{,}8$.

On considère qu'à partir d'une hauteur de 60 cm d'eau, les coureurs ne peuvent plus continuer la course.

- Combien de temps les coureurs ont-ils pour effectuer cette course ?

▶ **Calculatrice** p. 153 à 160 ▶ **Logiciel** p. 147-148

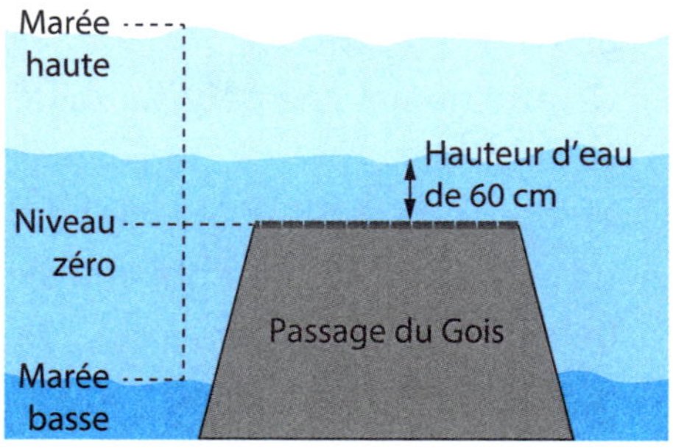

Pour bien démarrer ▶ **Avec une calculatrice ou un tableur-grapheur, déterminer à quelle heure est la marée basse, c'est-à-dire le minimum de la fonction.**

Appelez votre professeur pour une aide, ou lui montrer votre proposition.

L'essentiel

1 Antécédent et image

- Définir une **fonction** f sur un intervalle $[a\,;b]$, c'est associer à chaque nombre x de $[a\,;b]$ un nombre unique noté $f(x)$.
- On dit que x est un **antécédent** de $f(x)$ par la fonction f et que $f(x)$ est l'**image** de x par la fonction f.

Une fonction f est définie par son **expression algébrique**, c'est-à-dire par une formule dépendant de x et permettant de calculer $f(x)$.

! Remarques :

- $f(x)$ se lit « f de x ».
- x est un nombre variable qu'on peut remplacer par une autre lettre, par exemple t.
- $f(x)$ est un nombre, alors que f est une fonction, c'est-à-dire un processus permettant de passer d'un ensemble de nombres (les antécédents) à un autre (les images).

Exemple :

- On considère la fonction f définie sur $[-2\,;3]$ par $f(x) = -0{,}5x^2 + 2x$.

$f(-2) = -0{,}5 \times (-2)^2 + 2 \times (-2) = -6$

L'image de -2 par f est -6, car $f(-2) = -6$.

Les antécédents de 1,5 par f sont 1 et 3, car $f(1) = 1{,}5$ et $f(3) = 1{,}5$.

2 Différentes représentations d'une fonction

- **Représentation graphique**

Dans un plan muni d'un repère (O, I, J), la courbe $\mathscr{C}_f$ représentative de la fonction f définie sur l'intervalle $[a\,;b]$ est l'ensemble des points $M(x_M\,;y_M)$ tels que :

– l'**abscisse** x_M appartient à l'intervalle $[a\,;b]$;

– l'**ordonnée** y_M est l'image de x_M par f : $f(x_M) = y_M$.

$y = f(x)$ est l'**équation de la courbe** $\mathscr{C}_f$ représentative de f.

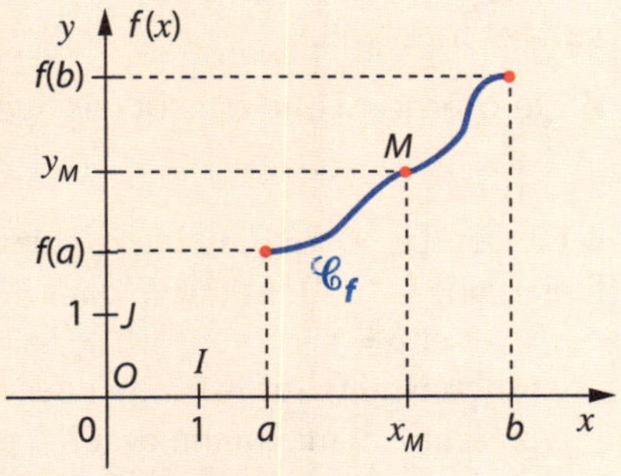

- **Tableau de valeurs**

Pour chaque valeur de x, on note les images $f(x)$ correspondantes dans un tableau.

Exemple :

La représentation graphique est :

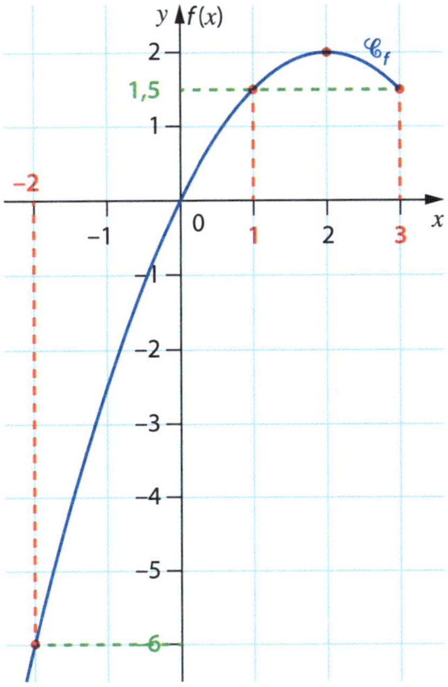

Le tableau de valeurs est :

Antécédent : x	-2	-1	0	1	2	3
Image : $f(x)$	-6	$-2{,}5$	0	1,5	2	1,5

3 Sens de variation

- Une fonction f est **croissante** lorsque x **et** $f(x)$ **varient dans le même sens.**
- Une fonction f est **décroissante** lorsque x **et** $f(x)$ **varient en sens contraire.**
- Une fonction f est **constante** lorsque $f(x)$ prend toujours **la même valeur** quel que soit x.

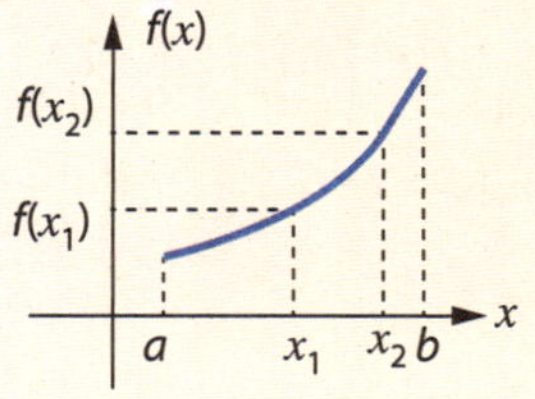

f est croissante sur $[a ; b]$

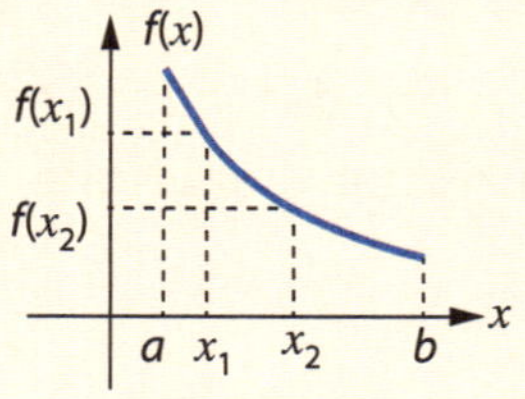

f est décroissante sur $[a ; b]$

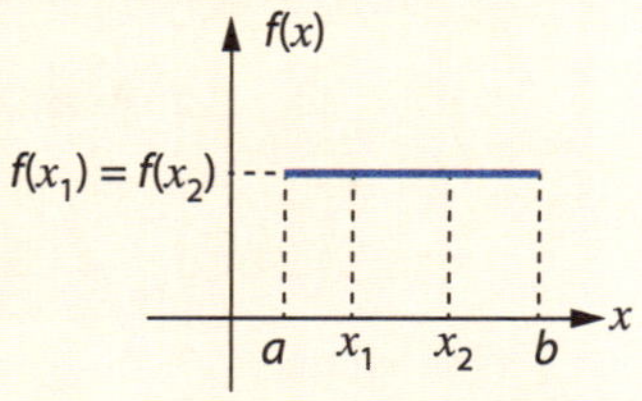

f est constante sur $[a ; b]$

- Les variations d'une fonction peuvent être récapitulées dans un **tableau de variation.**
- Dans le tableau de variation, le sens de variation d'une fonction est indiqué par une flèche.

4 Extremum : maximum et minimum

- Si une fonction est croissante puis décroissante sur un intervalle $[a ; b]$, alors elle admet un **maximum** sur cet intervalle.
- De même, si elle est successivement décroissante puis croissante, elle admet un **minimum.**

Exemple :

- La courbe $\mathscr{C}_g$ représentative de la fonction g sur l'intervalle $[-1 ; 4]$ est tracée dans le repère ci-dessous.

$a = -1$ et $b = 4$.

g est croissante sur $[-1 ; 2[$ et décroissante sur $]2 ; 4]$.

g présente un maximum égal à 8 pour $x = 2$.

x	−1		2		4
Sens de variation de *g*		↗	8	↘	
	−10				0

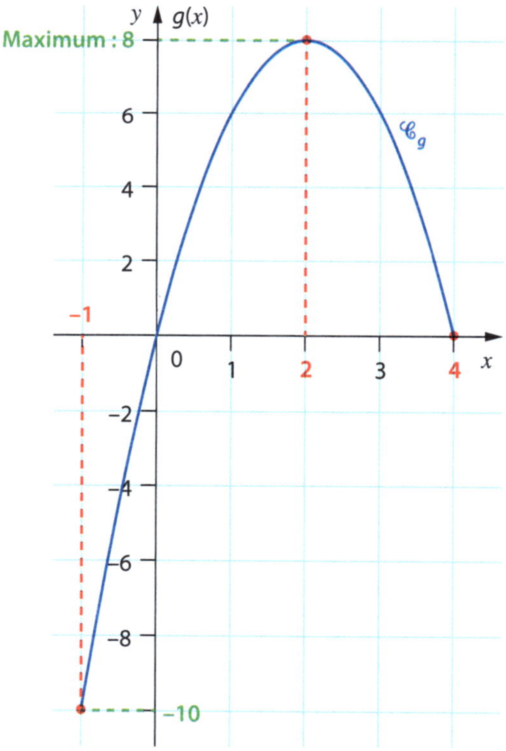

Travaux pratiques

TP 1 Comment modéliser une trajectoire ?

30 min

Objectifs

- Modéliser une situation à l'aide d'une fonction.
- Exploiter l'équation $y = f(x)$ d'une courbe afin de vérifier l'appartenance d'un point à une courbe et de calculer les coordonnées d'un point de la courbe.

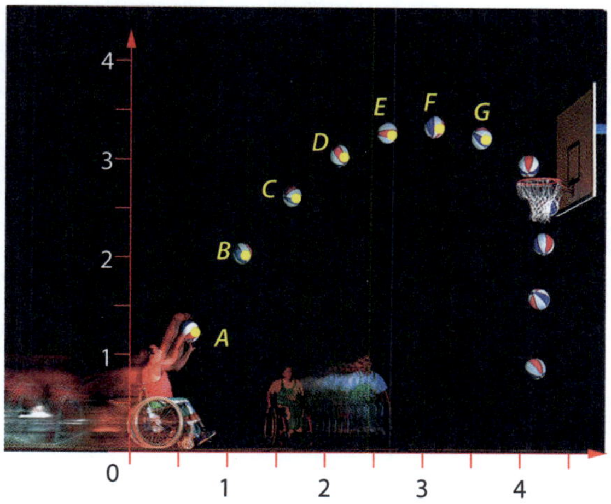

1. Comment modéliser la trajectoire d'un ballon

La chronophotographie ci-contre permet de visualiser la trajectoire du ballon.

a. Ouvrez le logiciel de géométrie 2D et créez les points suivants, qui correspondent aux différentes positions du ballon :

$A(0{,}63 ; 1{,}23)$ $B(1{,}14 ; 2{,}03)$ $C(1{,}66 ; 2{,}63)$
$D(2{,}14 ; 3{,}04)$ $E(2{,}63 ; 3{,}26)$ $F(3{,}12 ; 3{,}34)$ $G(3{,}6 ; 3{,}22)$

▶ **Logiciel** p. 149 à 152

b. Dans la barre de saisie, tapez : **AjustPoly(A,B,C,D,E,F,G,2)**
Quelle est l'expression de la fonction modélisant la trajectoire donnée par le logiciel ?

....

2. Quelle est la meilleure trajectoire de la boule de pétanque ?

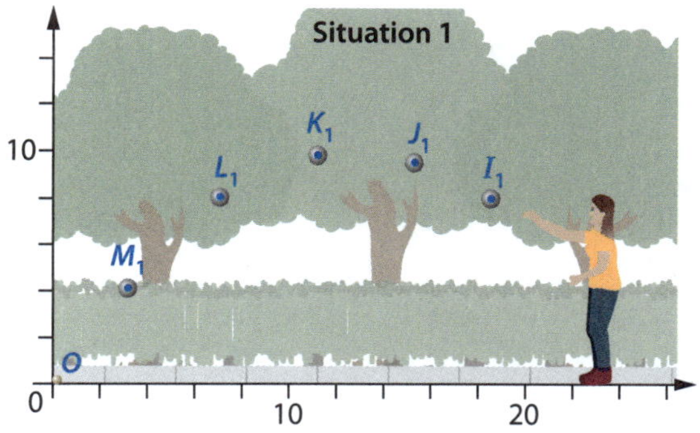

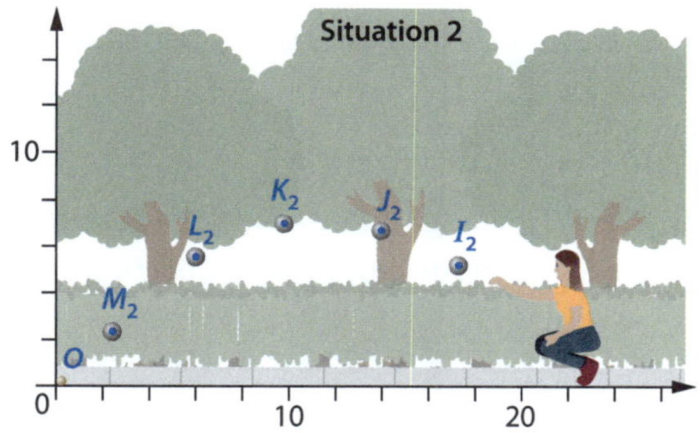

Dans les deux situations, la joueuse de pétanque vise le cochonnet, situé au point $O(0 ; 0)$ du repère. Les positions de la boule sont repérées par les points suivants.

Situation 1 :

$I_1(18{,}64 ; 7{,}98)$ $J_1(15{,}38 ; 9{,}48)$ $K_1(11{,}26 ; 9{,}76)$
$L_1(7{,}1 ; 8{,}01)$ $M_1(3{,}2 ; 4{,}09)$

Situation 2 :

$I_2(17{,}2 ; 5{,}17)$ $J_2(13{,}9 ; 6{,}71)$ $K_2(9{,}73 ; 6{,}99)$
$L_2(5{,}94 ; 5{,}55)$ $M_2(2{,}36 ; 2{,}31)$

a. Avec un logiciel de géométrie 2D, modélisez les deux situations par leur courbe représentative.

b. Recherchez graphiquement dans quelle situation la courbe passe par le point $O(0 ; 0)$ pour savoir si la boule touche le cochonnet.

....

c. À l'aide des expressions des deux fonctions obtenues lors de la modélisation, vérifiez par le calcul si le point $O(0 ; 0)$ appartient à la courbe.

....

....

....

Travaux pratiques

TP 2 Quelle sera la température moyenne en France en 2031-2040 ?

30 min

Objectifs :
- Modéliser une situation à l'aide d'une fonction.
- Exploiter l'expression d'une fonction.

Logiciel p. 147-148

Les résultats suivants donnent l'évolution de la température en France de 1901 à 2010.

Année	1901 à 1910	1911 à 1920	1921 à 1930	1931 à 1940	1941 à 1950	1951 à 1960	1961 à 1970	1971 à 1980	1981 à 1990	1991 à 2000	2001 à 2010
Décennie	1	2	3	4	5	6	7	8	9	10	11
Température moyenne (en °C)	11,4	11,6	11,8	11,9	11,9	11,8	11,7	11,8	12,1	12,6	13,2

Pour prévoir la température moyenne dans la décennie 2031 à 2040, une société pétrolière et une ONG environnementale choisissent deux modélisations mathématiques différentes.

1. Modélisation choisie par la société pétrolière

Ouvrez une feuille de calcul d'un tableur-grapheur et saisissez les deux dernières lignes du tableau. Sélectionnez ces deux lignes. Cliquez sur l'outil **Diagramme** puis, dans le menu, **Choisissez un type de diagramme**, sélectionnez **XY(dispersion)**. Faites un clic droit sur l'un des points obtenus et, dans le menu déroulant, sélectionnez **Insérer une courbe de tendance.** Dans **Type de régression**, choisissez le modèle **Linéaire** et dans **Options**, cochez **Afficher l'équation**.

a. Quelle est l'expression affichée de la fonction *f* associant à chaque décennie une température moyenne ?

....

b. À l'aide de l'expression de *f*, déterminez, par le calcul, quelle sera la température moyenne que prévoit ce modèle pour la décennie 14 (2031 à 2040).

....

....

2. Modélisation choisie par l'ONG environnementale

Procédez de la même façon en choisissant (après avoir sélectionné **Insérer une courbe de tendance**) le modèle **Polynomial** et en saisissant le nombre **3** dans la fenêtre **Degré**.

a. Quelle est l'expression affichée de la fonction *g* associant à chaque décennie une température moyenne ?

....

b. À l'aide de l'expression de *g*, déterminez, par le calcul, quelle sera la température moyenne que prévoit ce modèle pour la décennie 14 (2031 à 2040).

....

....

3. Comparaison des modèles

Des deux modèles mathématiques étudiés, quel est celui qui donne la température moyenne dans la décennie 2031 à 2040 la plus vraisemblable ? Justifiez votre réponse.

....

....

Exercices

Testez-vous !

QCM interactif

Cochez la bonne réponse parmi les trois proposées.

On considère les fonctions :

- f définie sur l'intervalle [–2 ; 20] par $f(x) = -4x + 3$;
- g définie sur l'intervalle [–2 ; 5] dont la représentation graphique est donnée ci-contre.

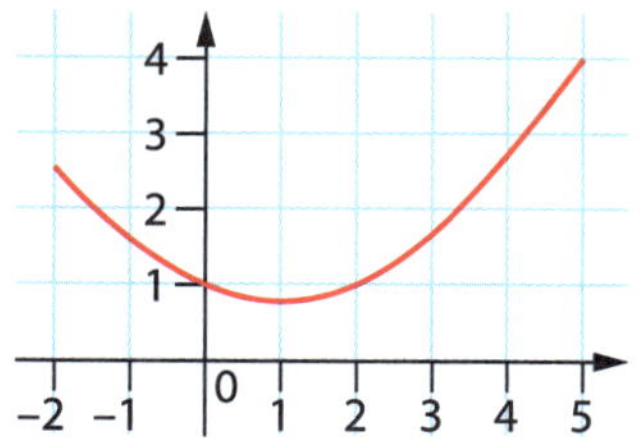

1. L'antécédent de –3 par la fonction f est :

- ☐ –1,5
- ☐ 1,5
- ☐ 15

2. L'image de 1 par la fonction f est :

- ☐ –1
- ☐ 0,5
- ☐ 1

3. L'antécédent de 15 par la fonction f :

- ☐ est –57
- ☐ n'existe pas
- ☐ est 15

4. L'image de –1 par la fonction g :

- ☐ est 5
- ☐ est 1,5
- ☐ n'existe pas

5. Les antécédents de 1 par la fonction g :

- ☐ sont –2 et 2
- ☐ sont 0 et 2
- ☐ n'existent pas

6. L'antécédent de 5 par la fonction g :

- ☐ est 4
- ☐ n'existe pas
- ☐ est –2

7. La fonction f sur l'intervalle [–2 ; 20] est :

- ☐ décroissante
- ☐ constante
- ☐ croissante

8. La fonction f (n')admet sur l'intervalle [–2 ; 20] :

- ☐ un minimum
- ☐ un maximum
- ☐ aucun extremum

9. La fonction g sur l'intervalle [–2 ; 1] est :

- ☐ décroissante
- ☐ constante
- ☐ croissante

10. La fonction g (n')admet sur l'intervalle [–2 ; 5] :

- ☐ un minimum
- ☐ un maximum
- ☐ aucun extremum

Automatismes

Calcul mental

1 **a.** On considère la fonction f définie par : $f(x) = 2x - 6$.
Calculez l'image par f de : 0 ; 4 ; - 3.

b. Soit $g(x) = 3x^2$. Calculez x, l'antécédent de $g(x) = 75$.

c. Soit $h(x) = 1{,}7x^2 - 1{,}7x$. Quelles sont les deux valeurs de x pour lesquelles $h(x) = 0$.

À l'oral

2 **a.** Sur quel axe se lisent les antécédents d'une fonction ?

b. Comment reconnaît-on une fonction décroissante ?

c. Qu'est-ce que le maximum d'une fonction ?

3 Exercice corrigé

On considère la fonction f définie sur l'intervalle [-5 ; 3] par $f(x) = x^2 + 4x - 1$.

- Déterminez le minimum de la fonction f.
- Dressez le tableau de variation sur l'intervalle [-5 ; 3].

Corrigé

- Le minimum est –5.
- Le tableau de variation est :

x	–5	–2	3
Sens de variation de f	4 ↘	–5	↗ 20

Antécédent et image

4 À partir des représentations graphiques des fonctions f, g et h (fig. 1), donnez, si elle existe, l'image :

a. de –3 par f : ……………

b. de 0 par g : ……………

c. de 4 par h : ……………

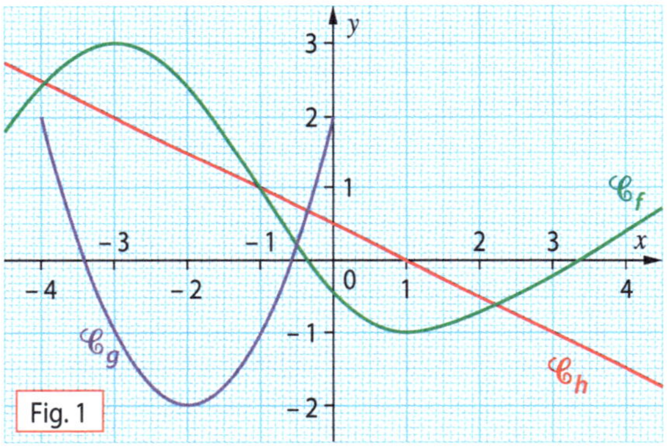

Fig. 1

5 À partir de la représentation graphique de la fonction g (fig. 1), complétez le tableau de valeurs ci-dessous.

x	………	………	………	………	………
$g(x)$	2	0	–2	0	2

6 À partir des représentations graphiques des fonctions f, g et h (fig. 1), donnez le (ou les) antécédent(s) de :

a. –1 par f : ……………

b. –2 par g : ……………

c. 0 par h : ……………

d. 0,5 par f : ……………

7 On considère la fonction f définie sur [–3 ; 6] par $f(x) = 0{,}5x^2 - 3x + 2$. Calculez les images par f des valeurs de x données, puis reportez-les dans le tableau.

a. $f(0)$ = ……………

b. $f(3{,}5)$ = ……………

c. $f(-3)$ = ……………

d. $f(5{,}2)$ = ……………

x	–3	0	3,5	5,2
$f(x)$	………	………	………	………

Différentes représentations d'une fonction

8 On considère la fonction f définie sur l'intervalle [–2 ; 4] par $f(x) = x^2 - 2x + 1$.

- Avec une calculatrice graphique, dressez un tableau de valeurs puis représentez graphiquement la fonction f.

▶ **Calculatrice** p. 153 à 160

9 On considère la fonction f définie sur l'intervalle [–4 ; 5]. Les images par la fonction f sont données dans le tableau ci-dessous.

x	–4	–3	–2	–1	0	1	2	3	4	5
$f(x)$	5	4	3	2	1	0	–1	–2	–3	–4

- En utilisant un tableur-grapheur, représentez graphiquement la fonction f et donnez l'expression de cette fonction.

▶ **Logiciel** p. 147-148

10 Les fonctions f et g sont définies sur [1 ; 5] par $f(x) = 4x - 2{,}5$ et $g(x) = x^2 - 1{,}3$.

a. Représentez graphiquement les fonctions f et g à l'aide d'un logiciel de géométrie 2D.

▶ **Logiciel** p. 149 à 152

b. Déterminez graphiquement les coordonnées du point d'intersection des deux représentations.

……………

11 On considère les fonctions f et g définies respectivement sur [–10 ; 10] par :

$$f(x) = (x - 1)^2 - 1 \quad \text{et} \quad g(x) = \frac{1}{x-1}$$

a. Déterminez par un calcul si les courbes représentatives de f et g passent par l'origine $O(0 ; 0)$ du repère.

……………

……………

b. À l'aide d'un tableur-grapheur ou d'un logiciel 2D, représentez graphiquement f et g, puis vérifiez votre réponse à la question précédente.

▶ **Logiciel** p. 147 à152

Tableau de variation, maximum et minimum

12 On considère la représentation graphique $\mathscr{C}_f$ d'une fonction f sur l'intervalle [–4 ; 4] (fig. 3).

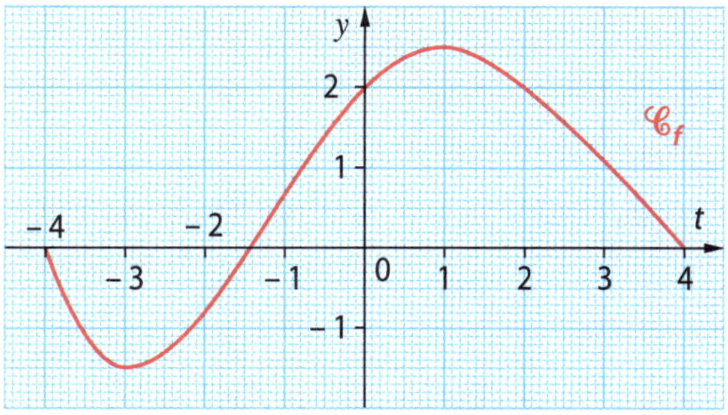

a. Dans quels intervalles cette fonction est-elle croissante ? décroissante ?

....

....

....

b. Dressez le tableau de variation de la fonction f.

13 Les figures ci-après donnent les représentations graphiques de quatre fonctions f, g, h et i définies sur [0 ; 5].

- Associez à chaque courbe la fonction correspondante sachant que :
- f est croissante sur [0 ; 1] et décroissante sur [1 ; 5] ;
- g est croissante sur [0 ; 5] et $g(5) = 2$;
- h présente un minimum pour $x = 1$;
- i est croissante sur [0 ; 5] et l'antécédent de 4 par i est 5.

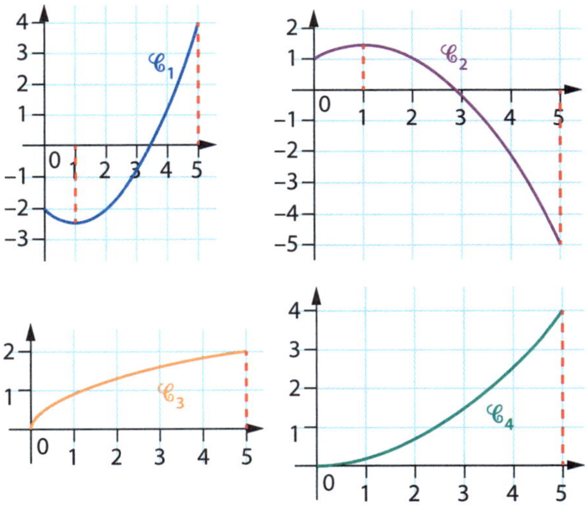

....

....

14 On considère la fonction f définie sur l'intervalle [–2 ; 2] par $f(x) = 2x^2 + 4x - 2$.

a. Avec une calculatrice graphique, d'un tableur grapheur ou d'un logiciel de géométrie 2D, représentez graphiquement cette fonction.

▶ **Calculatrice** p. 153 à 160

b. Complétez le tableau de variation de cette fonction.

x	
Sens de variation de f	

c. Déterminez pour quelle valeur de x la fonction admet un minimum et donnez sa valeur.

....

....

15 On donne les représentations graphiques de trois fonctions f, g et h.

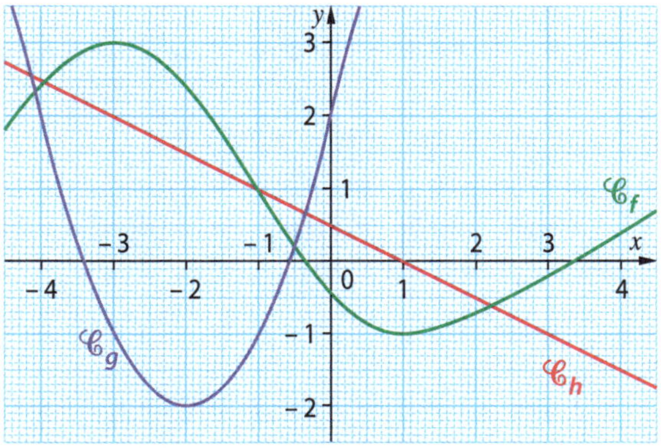

a. Dressez le tableau de variation de chacune d'elles sur l'intervalle [–4 ; 0,5].

x	
Sens de variation de f	

x	
Sens de variation de g	

x	
Sens de variation de h	

b. Donnez les valeurs des maximums et minimums des trois fonctions f, g et h lorsqu'ils existent.

....

....

....

....

....

Problèmes

Problème corrigé

1 Quel est le volume maximum du bassin ? CO-INTERVENTION

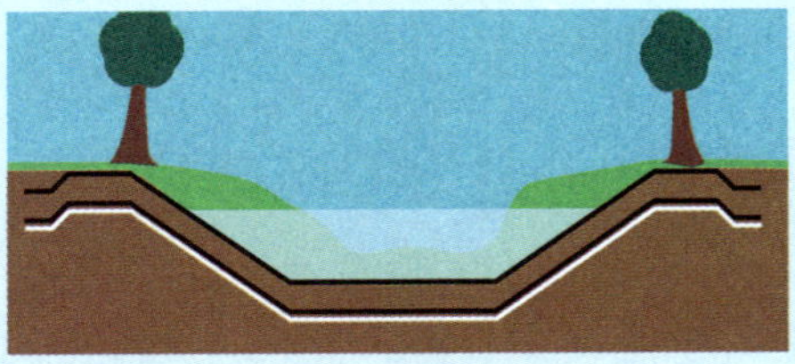

▶ Problématique professionnelle

Un bassin de rétention des eaux pluviales est une zone de stockage destinée à provisoirement stocker de l'eau pour éviter des inondations et à récupérer les eaux pluviales polluées.

Une société a fait un appel d'offre pour des travaux publics afin de creuser un bassin dont le cahier des charges est le suivant :

- La mesure d'un côté de la parcelle est de 30 mètres.
- Une distance de sécurité *d*, est imposée autour du bassin. Elle doit être au moins égale à 2 m.
- La profondeur du bassin est égale à la distance de sécurité *d*, qui ne peut dépasser 10 m.

Aire trapèze = ((*grande base* + *petite base*)/2) × *hauteur*

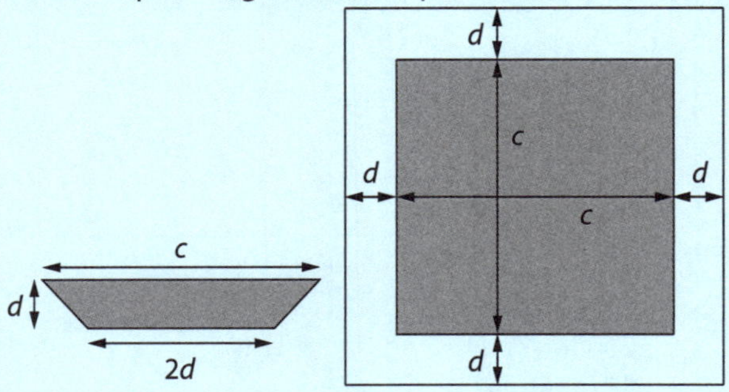

- Comment obtenir un volume maximal en respectant le cahier des charges ?

▶ En maths

1. **S'approprier.** Donnez l'expression du volume *V* du bassin en fonction de la distance *d*.
2. **Analyser. Raisonner.** Proposez une méthode mathématique permettant de déterminer le volume maximal en respectant le cahier des charges.
3. **Réaliser.** Déterminez le volume maximal.
4. **Valider.** Pour quelle valeur de *d* a-t-on le volume maximal ?

▶ En enseignement professionnel

5. **Communiquer.** Rédigez le texte de l'appel d'offre décrivant le bassin à réaliser.

Corrigé

1. Le volume du bas sin est
$$V = \frac{(c+2d)}{2} \times d \times c = \frac{(30-2d)+2d}{2} \times d \times (30-2d)$$
$$= 450d - 30d^2$$
2. À l'aide de la calculatrice, on trace la représentation graphique de la fonction *f* définie sur [2 ; 10] par $f(x) = 450x - 30x^2$. Ensuite on détermine le maximum de la fonction *f*. On en déduit le volume maximum.
3. On obtient $V_{max} = 1\,687{,}5$ m^3
4. La valeur de *d* est 7,5 m.
5. Le bassin a réalisé a pour hauteur 7,5 m. La longueur de son côté est de 15 m.

2 Comment réaliser une boîte de volume maximal ?

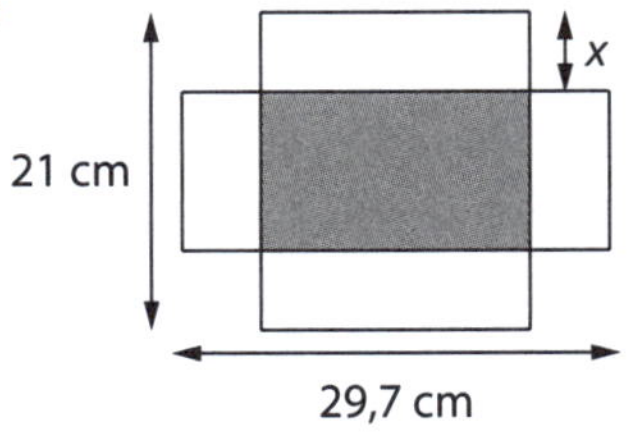

Dans les coins d'une feuille A4 de papier cartonné, on découpe quatre carrés identiques. On obtient le patron d'une boîte sans couvercle.

Quelles sont les dimensions des carrés qu'il faut découper pour obtenir une boîte de volume maximum ?

1. **S'approprier.** Donnez l'expression du volume *V* du bassin en fonction de la distance x.

....

2. **Analyser. Raisonner.** Proposez une méthode mathématique permettant de déterminer les dimensions des carrés à découper pour avoir un volume maximal de la boite.

....

....

3. **Réaliser.** Déterminez les dimensions des carrés.

....

....

4. **Valider.** Quel est le volume maximal de la boîte ?

....

5. **Communiquer.** Rédigez le protocole de construction de la boîte.

....

....

....

3 Quel délai avant de reprendre la voiture ?

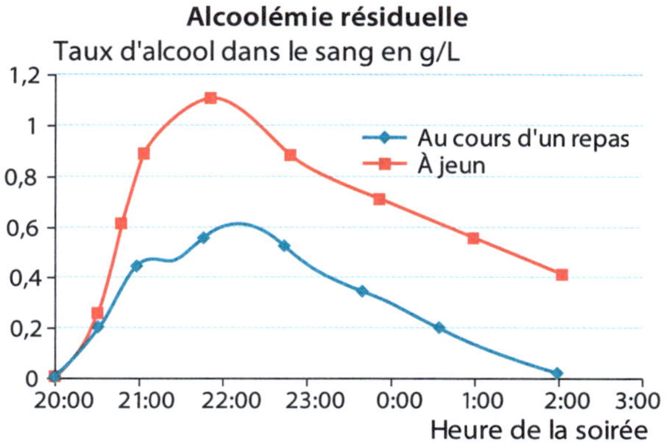

Les courbes ci-dessus décrivent la variation du taux d'alcoolémie (en g/L de sang) en fonction du temps chez deux hommes ayant ingéré cinq verres de vin, l'un à jeun, l'autre au cours d'un repas.

La réglementation en France est la suivante :

- un conducteur est en **infraction** s'il conduit avec un taux d'alcool supérieur ou égal à 0,5 g/L ;
- conduire avec un taux d'alcool compris entre 0,5 et 0,79 g/L constitue une **contravention** ;
- conduire avec un taux d'alcool supérieur ou égal à 0,8 g/L constitue un **délit**.

1. **S'approprier.** Quel est le taux d'alcoolémie maximal atteint par chaque conducteur ?

....

2. **Analyser. Raisonner.** Proposez une méthode permettant de répondre à la problématique suivante : « À quelle heure un conducteur peut-il reprendre le volant sans risque ? »

....

....

....

3. **Réaliser.** Déterminez l'heure à laquelle chacun des deux conducteurs peut reprendre le volant sans risque.

....

4. **Valider.** Le temps écoulé entre l'absorption d'alcool et le moment où le conducteur peut reprendre le volant, est-il deux fois plus important lorsque le conducteur est à jeun ?

....

....

5. **Communiquer.**

a. Présentez, dans un tableau, les intervalles de temps pour lesquels chacun des deux hommes a un taux d'alcoolémie le mettant en situation d'infraction, de contravention ou de délit.

b. Rédigez un texte pour commenter ce tableau.

....

....

4 Les conditions de sécurité sont-elles respectées ? CO-INTERVENTION

▶ Problématique professionnelle

Lors d'une course automobile, les mécaniciens changent les pneumatiques à l'avant. Cette opération nécessite de soulever la voiture à l'aide d'un chariot.

On étudie la force $\vec{R}$, réaction du sol sur le chariot. Pour des raisons de sécurité, la valeur de cette réaction ne doit pas excéder 2 650 N lors de la manipulation qui fait varier l'angle x de 0 à 90°.

Des mesures ont permis d'établir le tableau ci-dessous qui donne les valeurs de R, en newtons, pour différentes valeurs x de l'angle $\widehat{BAC}$, en degrés.

x (en °)	0	15	30	45	60	75
R (en N)	2 476	2 587	2 642	2 642	2 586	2 474

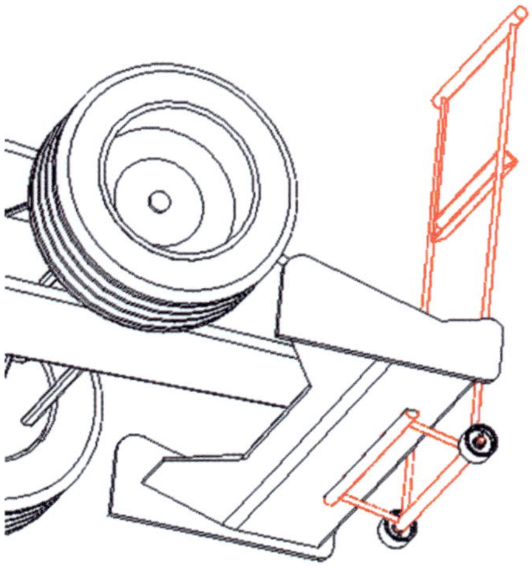

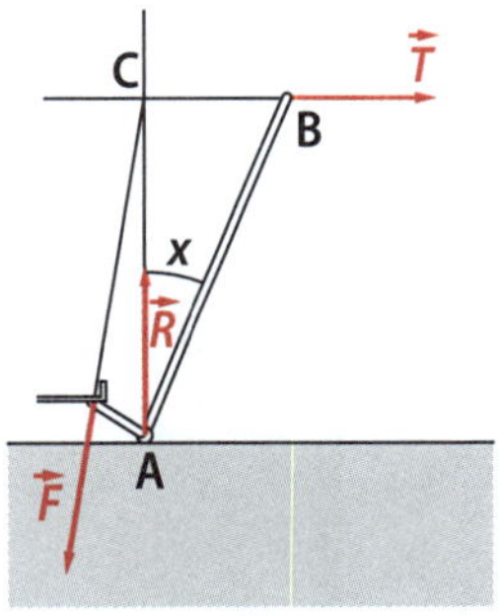

L'ingénieur chargé de l'étude affirme que la fonction f définie sur l'intervalle [0 ; 75] par :

$$f(x) = -0{,}124x^2 + 9{,}267x + 2\,476$$

est une modélisation fiable des variations de la valeur de R.

▶ En maths

1. **S'approprier.** Comment varient les valeurs de R en fonction des valeurs de x ?

....

2. **Analyser. Raisonner.** Proposez une méthode pour vérifier si la fonction f modélise les valeurs de R données dans le tableau.

....

....

....

3. Réaliser.

a. Utilisez une calculatrice graphique, un tableur-grapheur ou un logiciel de géométrie 2D pour obtenir l'expression algébrique d'une fonction qui modélise R. ▶ **Logiciel** p. 149 à 152

b. Construisez le tableau de variation de cette fonction et relevez les coordonnées du sommet de la courbe.

4. Valider.

a. La fonction obtenue à la question **3.** correspond-elle à la fonction f ?

b. La valeur de R peut-elle être supérieure à 2 650 N ?

▶ **En enseignement professionnel**

5. Communiquer. Rédigez le rapport du contrôleur de sécurité présent sur cette course quant à l'utilisation du chariot.

5 Usain Bolt aurait-il pu franchir la barre des 9,50 s au 100 m ?

Le Jamaïcain Usain Bolt a remporté la médaille d'or aux JO de 2008 à Pékin en courant le 100 m en 9,69 s. Il a établi le record du monde en 9,58 s aux championnats du monde de 2009 à Berlin. Lors des deux courses, la vitesse instantanée v de Usain Bolt a été mesurée tous les 10 m. Les mesures obtenues sont notées dans le tableau ci-après.

Distance x (en m)	10	20	30	40	50	60	70	80	90	100
v (en m/s) à Pékin en 2008	6,06	8,22	11,26	11,45	11,76	11,41	11,42	11,22	10,30	10,10
v (en m/s) à Berlin en 2009	6,92	10,58	11,42	11,83	11,97	12,27	12,42	12,12	12,04	12,04

1. S'approprier. Quelle est, en m/s et en km/h, la vitesse maximale atteinte dans chaque course par Usain Bolt ?

2. Analyser. Raisonner. Comparez les deux courses à partir des vitesses instantanées v données dans le tableau.

3. Réaliser. On modélise par la fonction f la vitesse v en 2008 en fonction de x et par la fonction g la vitesse en 2009 en fonction de x.

a. À l'aide d'une calculatrice graphique, d'un tableur grapheur ou d'un logiciel de géométrie 2D, représentez graphiquement les fonctions f et g.

▶ **Logiciel** p. 149 à 152

b. Établissez les tableaux de variation de f et g.

4. Valider. Certains journalistes prétendent que si Usain Bolt n'avait pas relâché son effort dans les derniers 20 m à Pékin, il serait passé sous la barre des 9,50 s. Validez-vous cette hypothèse ?

5. Communiquer. Rédigez un communiqué de presse qui pourrait être celui donné par l'entraîneur de Usain Bolt pour commenter et comparer les deux courses.

Démarche scientifique

6 Quelles sont les caractéristiques du vol parabolique ?

Le vol parabolique, exécuté par l'airbus A310 Zéro-G permet de créer des conditions de micropesanteur à l'intérieur de l'avion. À 8 000 m d'altitude, les pilotes inclinent l'appareil à 47° vers le haut et coupent la propulsion des moteurs. L'avion continue de monter puis finit par redescendre pour revenir à 8 000 m.

La trajectoire de l'avion pendant cette phase de micropesanteur est modélisée par la fonction f définie par $f(x) = -4{,}48x^2 + 112x + 8\,000$.

La variable x est le temps en secondes et $f(x)$ est l'altitude en mètres.

- Quelle est l'altitude maximale atteinte par l'airbus et combien de temps dure cette phase de micropesanteur ?

7 Quelle distance peut être parcourue en gyropode ?

La documentation technique fournie par un fabricant avec un de ses modèles de gyropode (ou monocycle électrique) contient les graphes ci-dessous.

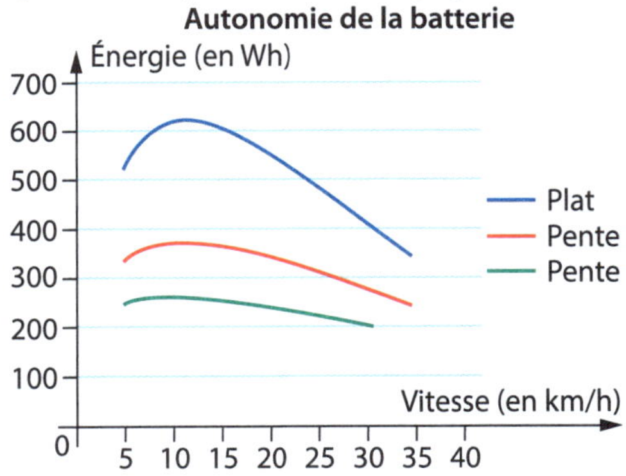

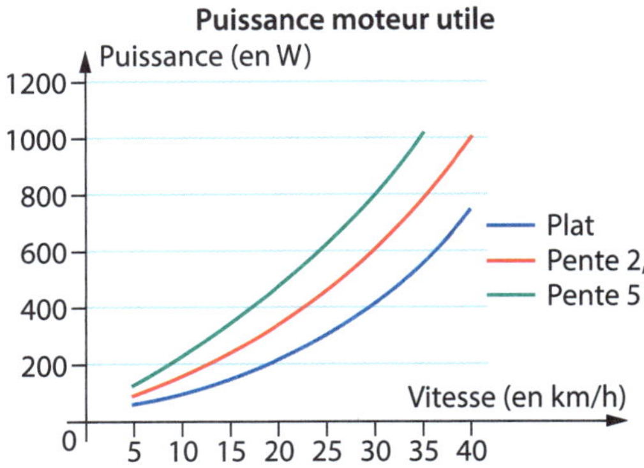

Les tests ont été effectués sans vent par un pilote adulte de 80 kg.

- Combien de kilomètres peut-on faire au maximum avec ce gyropode, en roulant sur un terrain plat et à 35 km/h, avant que la batterie soit totalement déchargée ?

Pour bien démarrer ▶ $E = P \times t$ avec E l'énergie (en Wh), P la puissance (en W) et t le temps (en h).

8 Quelle est le consommation du moteur hors-bord ? CO-INTERVENTION

Sur la fiche technique d'un moteur hors-bord de 130 chevaux se trouve le tableau ci-dessous donnant sa consommation de carburant en fonction de la vitesse du bateau.

Vitesse (en km/h)	10	20	30	40	50
Consommation (en L/h)	15	21	31	45	63

- Recherchez, par la méthode de votre choix, une estimation de la consommation de ce moteur pour une vitesse de 5 km/h et pour une vitesse de 60 km/h. Commentez ces deux consommations.

Algorithmique et programmation

Scratch
Python

1 Maximum d'une fonction

On considère la fonction g définie par $g(x) = x^2 + 2x - 1$ pour toutes valeurs de x entières sur [–5 ; 5].

L'organigramme ci-dessous permet de déterminer la valeur de x pour laquelle g est maximum.

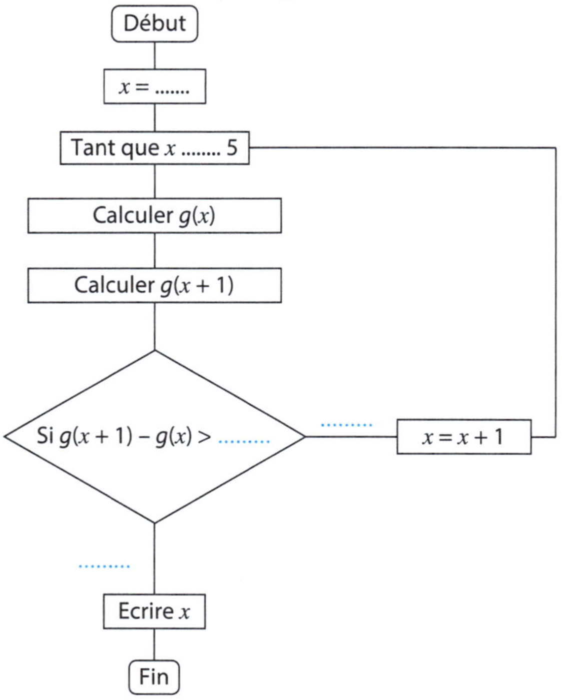

Complétez l'organigramme.

2 Images par une fonction

Le programme Python ci-dessous permet de calculer les images par une fonction f.

```
def f(x):
    return 2*x*x+2*x-1
for x in range(0,6):
    print("x=",x,"f(x)=",f(x))
```

a. Donnez l'expression de la fonction f.

....

....

b. Donnez l'intervalle de définition de la fonction.

....

....

c. Saisissez les instructions du programme et l'exécutez pour compléter le tableau de valeurs.

x	0	1	2	3	4	5
$f(x)$						

3 Températures en degrés Celsius et en degrés Fahrenheit

Le script Scratch ci-dessous permet de convertir en degrés Fahrenheit (°F) une température donnée en degrés Celsius (°C).

▶ Logiciel p. 140 à 144

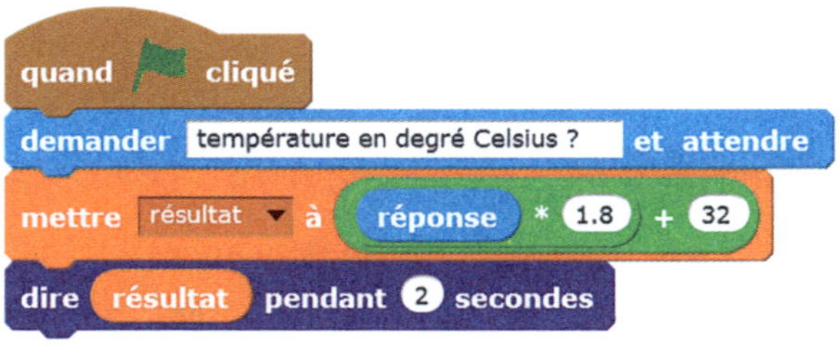

1. a. Utilisez le protocole de calcul mis en œuvre dans le script pour déterminer à quelle température correspond 20 °C en degrés Fahrenheit.

....

....

b. On note f la fonction qui associe à chaque température x en °C, la température $f(x)$ en °F.

Donnez l'expression algébrique de la fonction f.

....

....

....

2. a. Calculez l'antécédent de 53,60 par la fonction f.

....

....

b. Quelles modifications faut-il apporter à ce script pour qu'il donne la température en °C à partir d'une température en °F ?

....

....

....

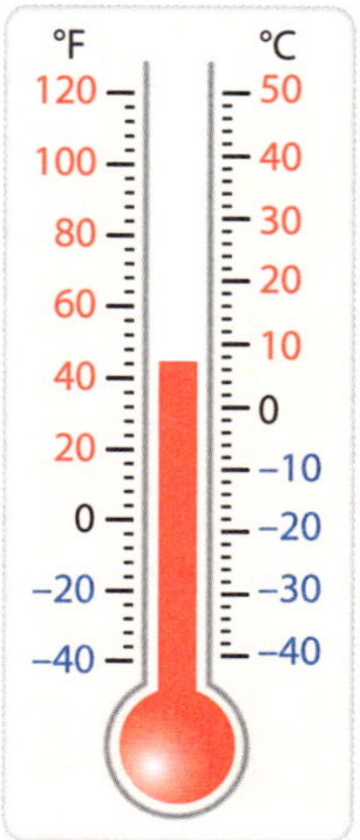

Évaluation

Nom :

Prénom :

Verre à moitié plein

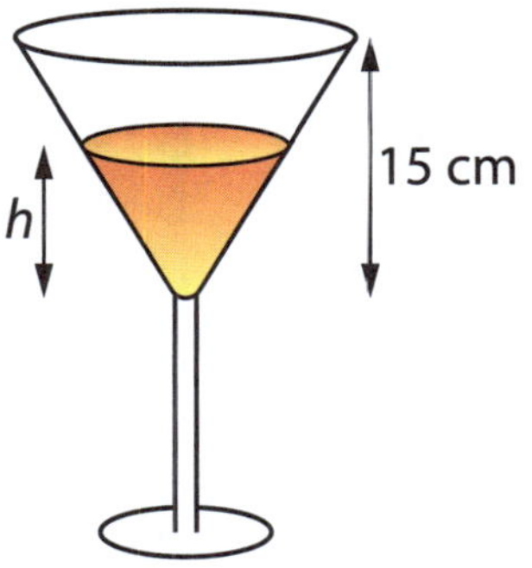

Un verre à pied de forme conique est rempli de jus d'orange sur une hauteur h. Le volume de liquide V dans le verre est fonction de la hauteur de liquide h : $V = 0{,}12\,h^3$.

On cherche la hauteur h de jus d'orange pour laquelle le verre est à moitié plein, c'est-à-dire le volume de liquide est égal à la moitié du volume total du verre.

1. S'approprier. Le verre mesure 15 cm de hauteur. Calculez le volume total du verre. Arrondir à 0,1 cm^3.

2. Analyser. Raisonner.

a. Traduisez la problématique « Pour quelle hauteur h de boisson le verre est à moitié plein ? » en langage mathématique.

b. Proposez une méthode mathématique permettant de déterminer pour quelle hauteur de jus d'orange le verre est à moitié plein.

3. Réaliser.

a. On note f la fonction définie sur [0 ; 15] par $f(x) = 0{,}12x^3$. À l'aide d'un tableur-grapheur ou d'une calculatrice graphique, représentez graphiquement la fonction f.

b. Donnez l'antécédent par la fonction f de 202,5.

4. Valider. Lorsque la hauteur de la boisson est à la moitié de la hauteur du verre, le volume de jus d'orange est-il la moitié du volume du verre ?

5. Communiquer. Rédigez une conclusion.

Question	Capacités	Connaissances
1	Calculer des volumes dans les solides.	Solides usuels
2a, 2b, 3a	Exploiter différents modes de représentation d'une fonction et passer de l'un à l'autre.	Différents modes de représentation d'une fonction
2a, 2b, 3b	Déterminer les antécédents éventuels d'un nombre par une fonction définie sur un ensemble donné.	Variable, fonction, image, antécédent et notation $f(x)$.
4, 5	Exploiter l'équation $y = f(x)$ d'une courbe. Vérifier l'appartenance d'un point à une courbe et calculer les coordonnées d'un point de la courbe.	Courbe représentative d'une fonction f : la courbe d'équation $y = f(x)$ est l'ensemble des points du plan dont les coordonnées $(x ; y)$ vérifient $y = f(x)$.

Co-intervention

**Les fonctions sont utiles en enseignement professionnel !
En voici un exemple.**

Plus d'activités p. 121 à 126 !

Les fonctions et les batteries

Deux types de batteries d'accumulateurs sont utilisés dans les véhicules électriques : Lithium-ion et Plomb-acide. Les courbes mathématiques ci-contre, donnant les tensions délivrées (en V) en fonction du niveau de décharge, permettent de comparer ces générateurs.

Vérifier sa batterie
Lien vidéo
1 min 46

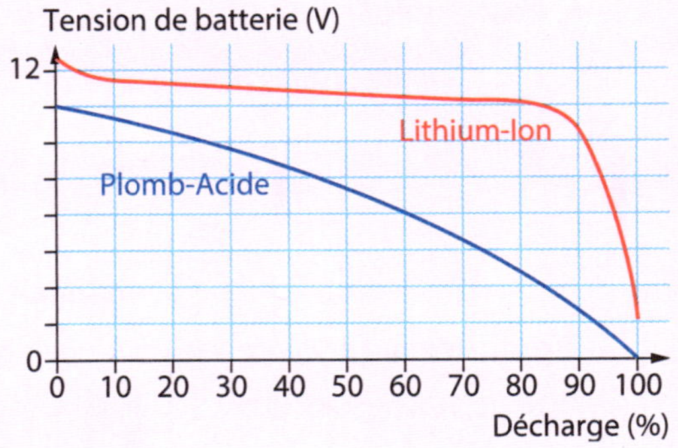

Vous êtes concernés par cette problématique si vous exercez les métiers de : maintenance automobile, motocycles…

1. Recherchez un exemple de courbe représentant l'évolution d'une grandeur (vitesse, masse, temps, longueur, etc.) en fonction d'une autre dans votre champ professionnel.

2. Quels outils mathématiques pouvez-vous utiliser pour décrire les variations de cette courbe ?

4. Quel est l'intérêt, pour un professionnel, de connaître les variations de cette courbe ?

5 Fonction affine et fonction carré

Activité 1 La taxe incitative est-elle la même partout ?

Démarche scientifique Cycle 4

30 min

Déterminer l'expression algébrique d'une fonction affine et résoudre graphiquement un système de deux équations à deux inconnues.

Afin d'inciter leurs administrés à limiter le volume des déchets ménagers et à pratiquer le tri sélectif, les collectivités ont mis en place une taxe incitative qui comprend :

- une part fixe correspondant à une forme d'abonnement annuel au service du traitement des déchets ;
- une part variable correspondant au nombre de bacs à ordure présentés par foyer.

Morag et Nathan disposent chacun d'un bac de 120 L, ils comparent les tarifs de leur redevance sur l'année 2019. Morag ne sait pas ce qu'il a payé, mais sait comment sa taxe est calculée.

Volume du bac	80 L	120 L	240 L
Part fixe par an	98 €		
Part modulable par levée	4,70 €	6,50 €	11,80 €

Nathan sait que pour 35 levées, il a payé 312,5 € et que son voisin pour le même volume de bac a payé 230 € pour 20 levées.
Quel tarif est le plus avantageux en fonction du nombre de levées ?

La redevance incitative
Lien vidéo 2 min 35 s

....

....

....

....

Activité 2 Quel est le modèle mathématique du saut ?

20 min

Utiliser les TIC pour étudier les variations de fonctions de la forme $x^2 + k$ et kx^2

Robbie Maddison, pilote de moto, a réussi en 2010 un saut de 86 m de long au-dessus du canal de Corinthe. La trajectoire de la moto est dessinée sur le schéma ci-contre. En prenant comme origine du repère le sommet S du saut, on définit les points $S(0 ; 0)$, $A(-43 ; -18,5)$ et $B(43 ; -18,5)$.

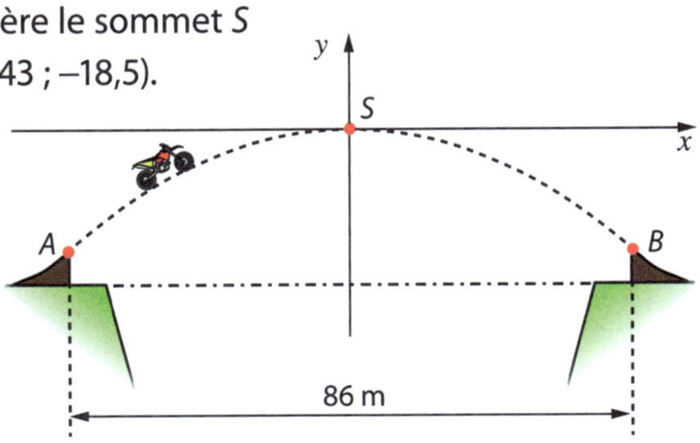

1. Ouvrez un logiciel de géométrie 2D.
- Placez les points S, A et B.
- Dans la barre de saisie, tapez $x*x$.
- Décrivez les variations de la fonction carrée sur l'intervalle [–43 ; 43].

....

- Créez un curseur a variant sur l'intervalle [-1 ; 1], puis dans la barre de saisie, tapez $x*x + a$.
- Commentez la forme de la courbe en fonction de la valeur de a.

▶ Logiciel p. 149 à 152

....

Activité 2 *suite*

- Créez un curseur *b* variant sur l'intervalle [–1 ; 1], puis dans la barre de saisie, tapez *b*x*x*.
- Commentez la forme de la courbe en fonction de la valeur de *b*.

....

2. a. Quelle est l'expression algébrique de la fonction *f* qui modélise la trajectoire de la moto ?

....

b. Décrivez les variations de la fonction *f* sur l'intervalle [–43 ; 43].

....

Activité 3 La perceuse tourne-t-elle à la bonne vitesse ?

Démarche scientifique

Résoudre graphiquement des équations de la forme $f(x) = c$

30 min

Marie-Laure vient d'acheter une perceuse, dont la fréquence de rotation *n* peut varier de 50 à 3 000 tr/min, et trois forets à métaux dont les diamètres sont : $d_1 = 2$ mm, $d_2 = 4$ mm et $d_3 = 6$ mm. Elle souhaite percer des trous dans différents métaux : acier inox, cuivre, laiton et aluminium.
Le tableau suivant donne les vitesses de coupe *v* (en m/min) conseillées pour percer chaque métal quel que soit le diamètre du foret.

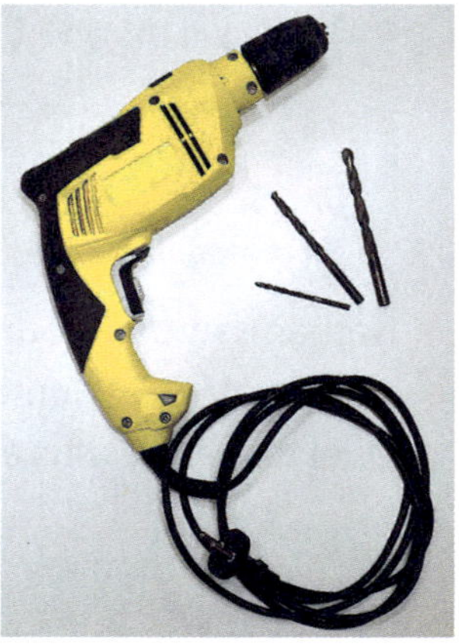

Métaux	Acier inox	Cuivre	Laiton	Aluminium
Vitesse de coupe *v* (en m/min)	10	30	40	100

Pour un diamètre de foret *d* (en mm) donné, la formule liant la vitesse de coupe *v* (en m/min) en fonction de la fréquence de rotation *n* (en tr/min) de la perceuse est :

$$v(n) = \frac{\pi}{1000} \times d \times n$$

- L'amplitude de l'intervalle des fréquences de rotation de la perceuse est-elle suffisante pour percer dans les conditions conseillées l'acier inox, le cuivre, le laiton et l'aluminium avec les forets de diamètres d_1, d_2 et d_3 ? Justifiez en précisant comment varie *v* quand *d* augmente.

Pour bien démarrer ▶ **Étudier par le calcul, ou dans une représentation graphique, les valeurs aux bornes de l'intervalle d'étude.**

▶ **Logiciel** p. 147 à 160

Appelez votre professeur pour une aide, ou lui montrer votre proposition.

L'essentiel

1 Fonction affine

- Une **fonction affine** a pour expression algébrique $f(x) = ax + b$, avec a et b réels. Sa représentation graphique est une **droite d'équation $y = ax + b$.**
- Si la droite d'équation $y = ax + b$ passe par deux points $A(x_A ; y_A)$ et $B(x_B ; x_B)$ alors :
  - $a = (y_B - y_A)/(x_B - x_A)$ est le **coefficient directeur** ou **taux d'accroissement** de la fonction.
  - $b = f(0) = y_A - ax_A$ est l'ordonnée à l'origine.
- Une fonction affine est croissante si $a > 0$ et décroissante si $a < 0$.

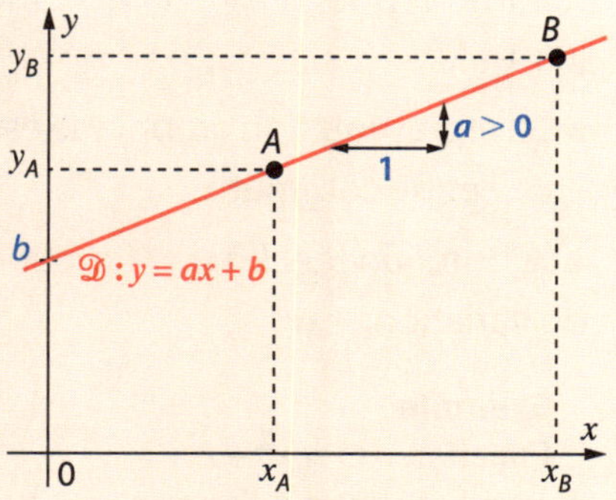

- Deux droites sont **parallèles** si leurs coefficients directeurs sont égaux.
- Une **fonction linéaire** est une fonction affine avec $b = 0$ et telle que $f(x) = ax$. a est un **coefficient de proportionnalité.**
- Une **fonction constante** est une fonction affine avec $a = 0$.

! Remarques :

Si une droite est tracée dans un repère orthonormé (axes perpendiculaires et gradués avec la même unité), alors son **coefficient directeur** est égal à la **pente** de la droite tracée.

$$a = \text{pente} = \frac{\Delta y}{\Delta x}$$

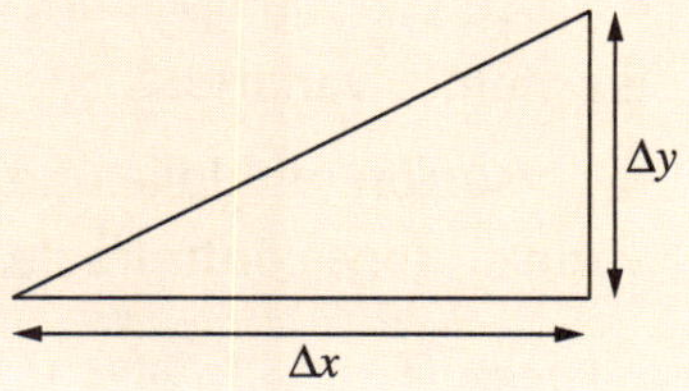

Exemple

- $A(4 ; 1)$ et $B(6 ; 2)$ sont deux points de la droite représentative d'une fonction affine f.
  - Quelle est l'expression algébrique de f ?

$a = \dfrac{y_B - y_A}{x_B - x_A} = \dfrac{2-1}{6-4} = 0{,}5$. L'équation de la droite est donc de la forme $y = 0{,}5x + b$.

A appartient à la droite, donc $y_A = 0{,}5x_A + b \Leftrightarrow 1 = 0{,}5 \times 4 + b \Leftrightarrow b = -1$.

L'équation de la droite (AB) représentative de la fonction affine f est donc $y = 0{,}5x - 1$.

- La fonction a pour expression $f(x) = 0{,}5x - 1$.

2 Système de deux équations du premier degré à deux inconnues

- Pour trouver les coordonnées du point d'intersection des représentations graphiques des fonctions affines f et g telles que $f(x) = ax + b$ et $g(x) = cx + d$, il faut résoudre le système de deux équations à deux inconnues suivant : $\begin{cases} y = ax + b \\ y = cx + d \end{cases}$
- La solution d'un tel système, si elle existe, est un couple de valeurs $(x ; y)$ qui vérifie chacune des deux équations. Un tableur grapheur, un logiciel de géométrie 2D ou une calculatrice graphique permettent de résoudre graphiquement un système d'équation.

Exemple

- Résoudre le système $\begin{cases} y = -2x + 5 \\ y = 5x - 2 \end{cases}$
- Le système a pour solution $x = 1$ et $y = 3$.

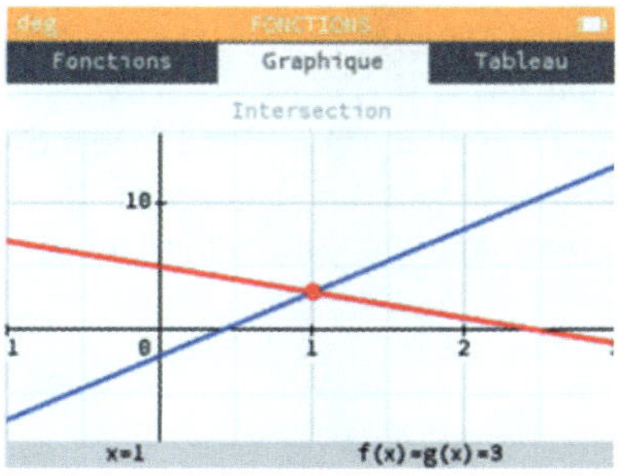

3 Fonction carré et opérations sur les fonctions

- La fonction **carré** a pour expression algébrique $f(x) = x^2$.
- Elle est décroissante sur l'intervalle $]-\infty\,;0]$, elle admet un minimum pour $x = 0$ et elle est croissante sur l'intervalle $[0\,;+\infty[$.
- Sa représentation graphique est une parabole d'équation $y = x^2$ et de sommet S.
- Ajouter un réel k à une fonction ne change pas son sens de variation.

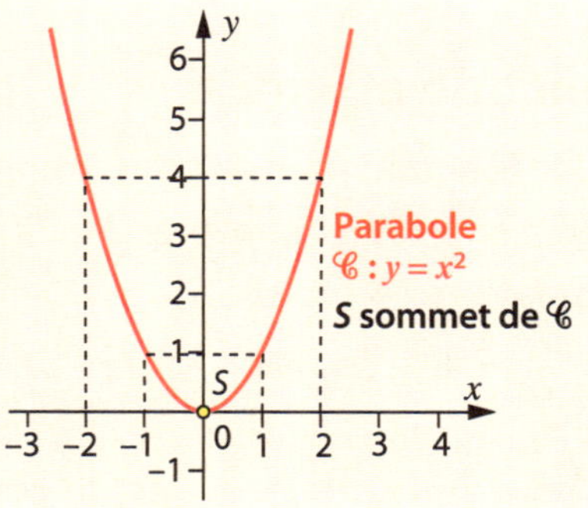

Exemple
Fonction : $x \mapsto x^2 + k$
k est l'ordonnée à l'origine.

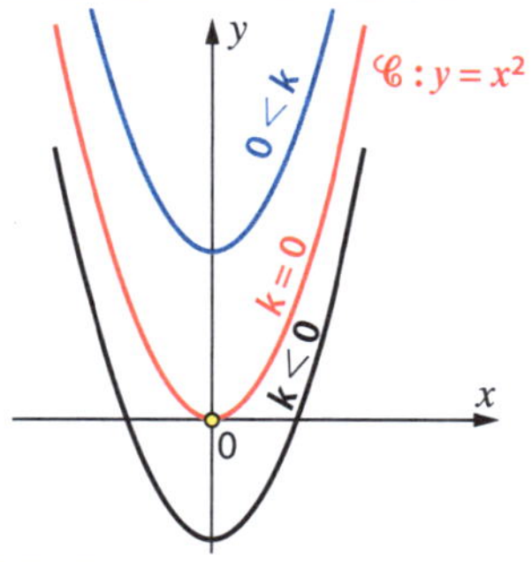

- Lorsqu'on multiplie une fonction f par une constante ***k* positive**, on obtient une fonction g qui a les **mêmes variations** que f.
- Lorsqu'on multiplie une fonction f par une constante ***k* négative**, on obtient une fonction g qui **varie en sens contraire** de f.

Exemple
Fonction : $x \mapsto k \times x^2$
S et $O(0\,;\,0)$ sont confondus.

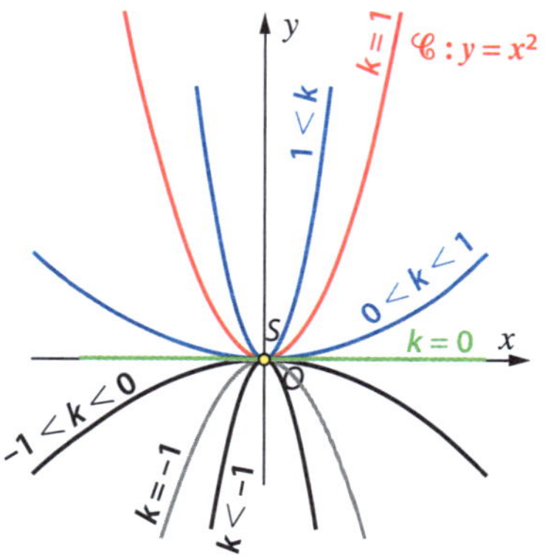

4 Résolution d'équation de la forme f(x) = c ou d'inéquation de la forme f(x) < c

- Les solutions si elles existent de l'**équation *f*(*x*) = *c*** où c est un réel sont les abscisses des points d'intersection de la courbe représentative de f et de la droite d'équation $y = c$.
- Les solutions si elles existent de l'**inéquation *f*(*x*) < *c*** où c est un réel sont l'ensemble des abscisses des points de la courbe représentative de f situés en dessous de la droite d'équation $y = c$.

Exemple
Soit f la fonction définie par $f(x) = x^2 - 3$.
- Résolvez graphiquement l'équation $f(x) = -2$ et l'inéquation $f(x) < -2$.
- L'équation $f(x) = -2$ a pour solutions $x = -1$ et $x = 1$.
- L'inéquation $f(x) < -2$ a pour solution l'intervalle $]-1\,;\,1[$.

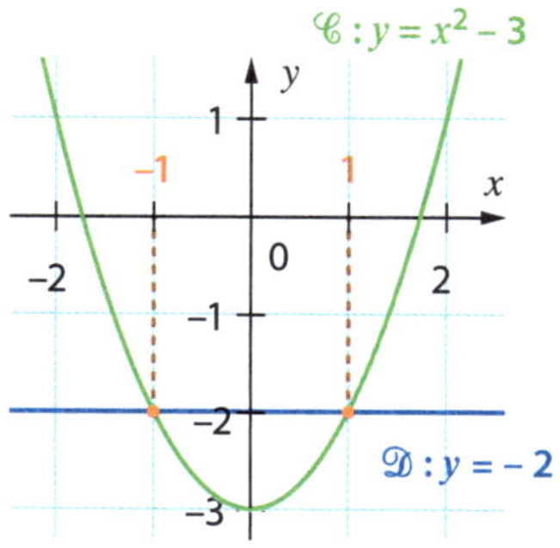

TP 1 Quelle doit-être notre corpulence pour ne pas menacer notre santé ?

30 min

Objectifs
- Déterminer le coefficient k d'une fonction f telle que $f(x)=k.x^2$ afin que sa représentation graphique passe par un point.

L'indice de masse corporelle IMC est une grandeur qui permet de positionner la corpulence d'un adulte sur une échelle de niveau de santé. Il se calcule en divisant la masse m (en kg) par le carré de la taille T (en m) : $\text{IMC} = \frac{m}{T^2}$

L'échelle du niveau de santé est répertoriée dans le tableau suivant.

IMC	< 16,5	16,5 à 18,5	18,5 à 25	25 à 30	30 à 35	> 35
Corpulence	Famine	Maigreur	Normale	Surpoids	Obésité modérée	Obésité sévère
Incidence sur la santé	DANGER	À surveiller	Santé non menacée	Santé non menacée	À surveiller	DANGER

Avec un logiciel 2D, vous allez rechercher graphiquement l'IMC de personnes dont la taille et la masse sont connues.

1. Exprimez m en fonction de T. ....

2. Ouvrez le logiciel 2D.
   - Créez un premier curseur « IMC » de paramètres : **min** : 15 ; **max** : 45 et **incrément** : 0.5.
   - Créez un deuxième curseur « masse » de paramètres : **min** : 30 ; **max** : 140 et **incrément** : 1.
   - Créez un troisième curseur « taille » de paramètres : **min** : 1 ; **max** : 2,2 et **incrément** : 0,01.
   - Créez un point P en saisissant **P=(taille,masse)**.
   - Créez la fonction f en saisissant **f(x)=IMC*x*x**.

▶ **Logiciel** p. 147-148

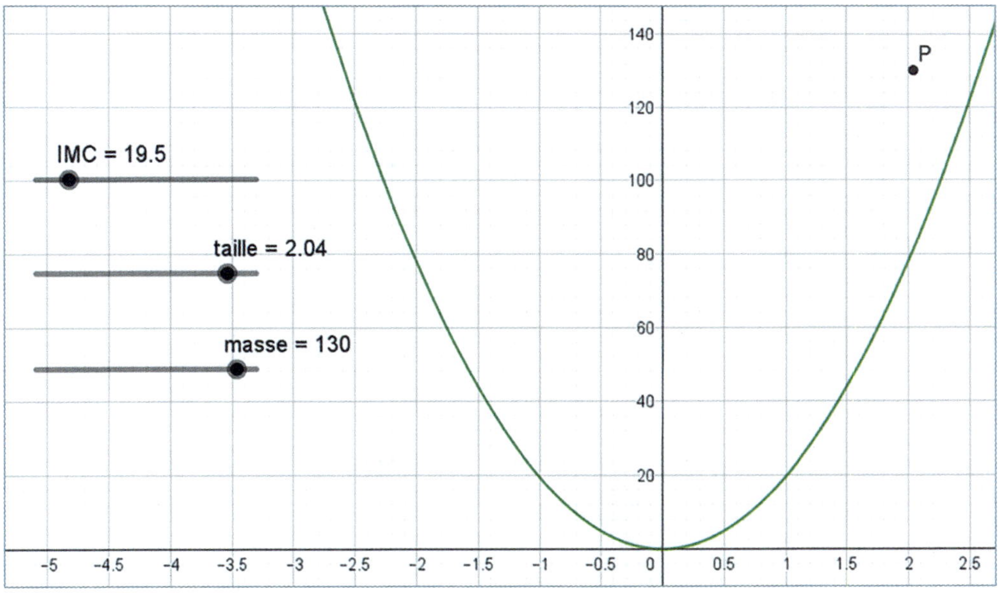

3. Complétez le tableau ci-dessous en recherchant l'IMC des deux personnalités citées, en faisant varier les curseurs pour positionner la courbe sur le point P.

Nom	Mensurations		IMC	Corpulence	Bilan santé
Teddy RINER Champion de judo	130 kg	2,04 m	....	....	....
Kate MOSS Mannequin	55 kg	1,70 m	....	....	....

Travaux pratiques

TP 2 Quel est le tarif de piscine le plus intéressant ?

30 min

Objectifs
- Modéliser une situation à l'aide d'une fonction affine.
- Comparer des fonctions affines.
- Résoudre graphiquement un système de deux équations du premier degré à deux inconnues.

Tarif 1
Entrée à la journée : 2,80 €
Tarif réduit (moins de 18 ans) : 1,40 €

Tarif 2
Abonnement annuel : 106 €
Tarif réduit (moins de 18 ans) : 53 €

Les tarifs d'entrée d'une piscine municipale sont donnés ci-dessus. Valérie, qui a 17 ans, aimerait aller nager une à deux fois par semaine, sauf pendant les vacances scolaires. L'année scolaire ayant 36 semaines, elle se demande quel est le choix le plus économique pour elle.

1. a. On désigne par x le nombre d'entrées. Donnez un encadrement de x.

....

b. Déterminez les expressions algébriques des fonctions f et g associées respectivement aux tarifs 1 et 2.

....

....

c. À l'aide d'une calculatrice, complétez le tableau de valeurs ci-dessous. ▶ **Calculatrice** p. 153 et 160

x	0	10	20	30	40	50	60	70
$f(x)$	....	....	....	....	....	....	....	....
$g(x)$	....	....	....	....	....	....	....	....

2. Émettez une hypothèse quant au nombre d'entrées pour lesquelles l'abonnement annuel sera plus avantageux.

....

....

3. a. À l'aide d'une calculatrice, représentez graphiquement les fonctions f et g.
b. Pour quel tarif le budget à prévoir est -il proportionnel au nombre d'entrées ? Justifiez votre réponse.

....

....

....

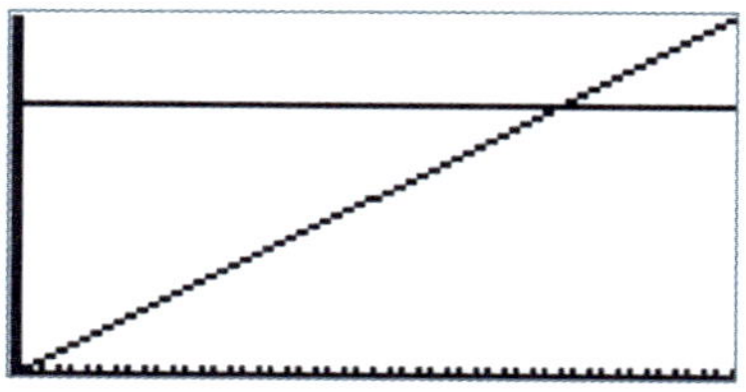

c. Déterminez graphiquement, à l'aide des fonctionnalités de la calculatrice, le tarif le plus avantageux si Valérie nage en plus une fois par semaine pendant la période scolaire.

....

....

....

4. À partir de combien d'entrées l'abonnement devient-il plus avantageux que le tarif à l'entrée ?

....

....

....

Exercices

Testez-vous !

QCM interactif

Cochez la bonne réponse parmi les trois proposées.

1. La fonction f définie par $f(x) = -0{,}5x + 6$ est :

- ☐ carrée
- ☐ affine
- ☐ croissante

2. La fonction f définie par $f(x) = 2x^2$ est :

- ☐ affine
- ☐ linéaire
- ☐ carrée

3. La représentation graphique d'une fonction affine est :

- ☐ une droite
- ☐ une parabole
- ☐ une droite passant par l'origine du repère

4. La représentation graphique d'une fonction carrée est :

- ☐ une droite
- ☐ une parabole
- ☐ une droite passant par l'origine du repère

5. La fonction f définie par $f(x) = -3x + 2$ est :

- ☐ croissante
- ☐ décroissante
- ☐ constante

6. La fonction f définie par $f(x) = -x^2$ est :

- ☐ croissante sur [0 ; 5]
- ☐ décroissante sur [0 ; 5]
- ☐ croissante sur [–5 ; 0]

7. Les représentations graphiques des fonctions f définie par $f(x) = -3x + 2$ et g définie par $g(x) = -3x - 8$ sont des droites :

- ☐ parallèles
- ☐ perpendiculaires
- ☐ sécantes

8. La solution de l'équation $f(x) = 6$ est :

- ☐ $x = 0{,}5$
- ☐ $x = 6$
- ☐ il n'y a pas de solution

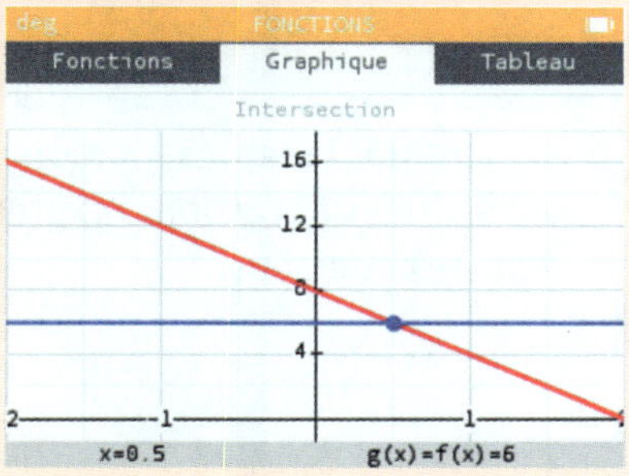

Automatismes

Calcul mental

1 On considère la fonction f définie par $f(x) = 3x^2$.
Calculez l'image par f de : 2 ; –6 ; 0.

2 **a.** On considère la fonction g définie par $g(x) = -7x + 9$.
Calculez l'image par g de : 1 ; –5 ; 0.

b. Soit la fonction f1 définie par $f_1(x) = 3x - 2$.
Calculez x, l'antécédent de $f_1(x) = 28$.

c. Soit la fonction f_2 définie par $f_2(x) = x^2$.
Quelles sont les deux valeurs de x pour lesquelles $f_2(x) = 81$?

d. Soit la fonction f_3 définie par $f_3(x) = x^2 + 2x + 1$.
Vérifiez que $f3(-1) = 0$.

À l'oral

3 **a.** Comment s'appelle la représentation graphique de la fonction carré ?

b. Citez trois types de fonctions dont la représentation graphique est une droite.

c. Quel sera le sens de variation d'une fonction croissante sur un intervalle I si on lui ajoute un nombre positif ?

d. Quel sera le sens de variation d'une fonction décroissante sur un intervalle I si on la multiplie par un nombre négatif ?

e. Quel est l'ensemble des solutions de l'inéquation $f(x) < c$.

4 **Exercice corrigé**

On considère les fonctions f et g définies sur l'intervalle [-3 ; 3] par $f(x) = 4x + 2$ et $g(x) = -2x - 1$.
Résoudre graphiquement les équations suivantes :

- $f(x) = 6$
- $f(x) = g(x)$

Corrigé

- $f(x) = 6$ a pour solution $x = 1$
- $f(x) = g(x)$ a pour solution x = 0,5

Fonction affine

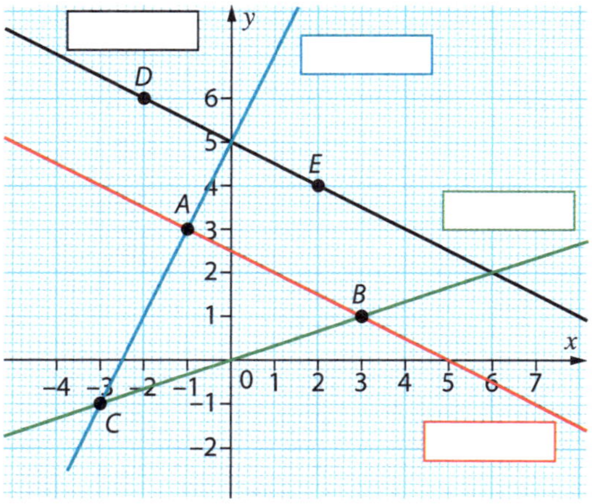

5 **a.** Identifiez la représentation graphique des fonctions affines f et g dont l'expression algébrique est donnée ci-dessous.

$f : x \mapsto 2x + 5$ ....

$g : x \mapsto -\frac{1}{2}x + 2{,}5$ ....

b. Quel est le sens de variation de ces deux fonctions ? Justifiez votre réponse.

....

6 **a.** Déterminez l'équation de la droite (CB).

....

....

b. La droite (CB) est la représentation graphique de la fonction h. Donnez son expression algébrique.

....

c. Quelle est la nature de la fonction h ? Justifiez votre réponse.

....

7 **a.** Déterminez l'équation de la droite (DE).

....

....

b. Que pouvez-vous dire des droites (AB) et (DE) ? Justifiez votre réponse.

....

....

8 Pour chacune des droites du graphique ci-contre, notez son équation dans le rectangle qui lui correspond.

Système de deux équations du premier degré à deux inconnues

9 Soient f et g les fonctions affines définies à l'exercice **5**.

a. Résolvez algébriquement l'équation $f(x) = g(x)$.

....

....

b. Vérifiez votre résultat sur le graphique ci-contre.

10 En vous aidant du graphique ci-contre, résolvez graphiquement les systèmes ci-dessous :

$\begin{cases} y = \frac{1}{3}x \\ y = 2x + 5 \end{cases}$ $\qquad$ $\begin{cases} y = -0{,}5x + 5 \\ y = 2x + 5 \end{cases}$

....

$\begin{cases} y = 2x + 5 \\ y = -0{,}5x + 2{,}5 \end{cases}$ $\qquad$ $\begin{cases} y = -0{,}5x + 5 \\ y = \frac{1}{3}x \end{cases}$

....

11 Quel système d'équation faudrait-il résoudre pour déterminer les coordonnées du point B ?

....

....

....

12 Pourquoi le système ci-dessous n'a-t-il pas de solutions ?

$\begin{cases} y = -0{,}5x + 2{,}5 \\ y = -0{,}5y + 5 \end{cases}$

....

13 Résolvez graphiquement à l'aide de l'outil de votre choix les systèmes ci-dessous :

$\begin{cases} y = 2x - 3 \\ y = -2x + 1 \end{cases}$ $\qquad$ $\begin{cases} x - 2y = 4 \\ x + 2y = 5 \end{cases}$

....

Fonction carrée et opérations sur les fonctions

14 On donne, dans le repère ci-dessous, la représentation graphique de la fonction $f : x \mapsto x^2$ sur l'intervalle [–2 ; 2].

a. À partir de cette représentation graphique, construisez, sur le même intervalle, celles des fonctions g et h telles que :

$$g(x) = -x^2 \quad \text{et} \quad h(x) = x^2 - 1$$

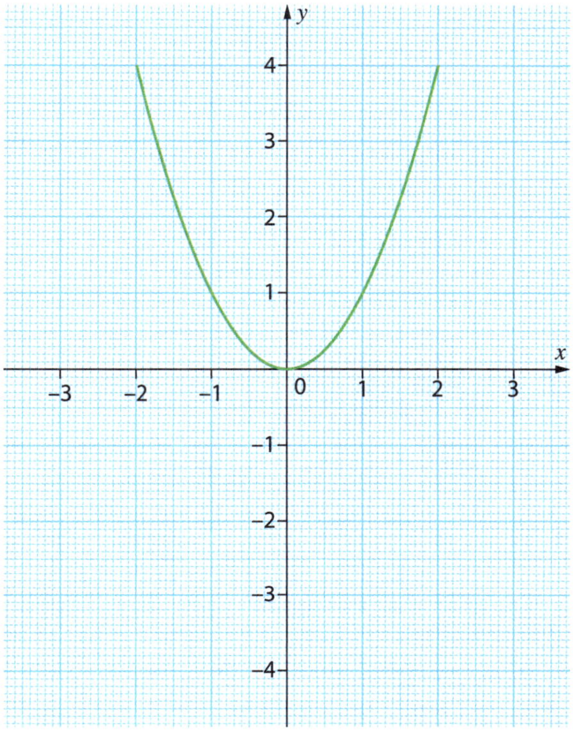

b. Dressez le tableau de variation de chacune de ces fonctions.

x	
Sens de variation de *f*	

x	
Sens de variation de *g*	

x	
Sens de variation de *h*	

15 Représentez, à l'aide d'une calculatrice graphique, les fonctions f_1, f_2, f_3, f_4 et f_5 définies par :

- $f_1(x) = x^2$
- $f_2(x) = x^2 + 1$
- $f_3(x) = x^2 + 2$
- $f_4(x) = x^2 - 1$
- $f_5(x) = x^2 - 2$

- Que constatez-vous ? ▶ **Calculatrice** p. 153 à 160

....

....

....

....

....

16 Représentez, à l'aide d'une calculatrice graphique, les fonctions g_1, g_2, g_3, g_4, g_5 et g_6 définies par :

- $g_1(x) = x^2$
- $g_2(x) = 2x^2$
- $g_3(x) = 3x^2$
- $g_4(x) = -x^2$
- $g_5(x) = -2x^2$
- $g_6(x) = -3x^2$

- Que constatez-vous ? ▶ **Calculatrice** p. 153 à 160

....

....

....

....

....

Résolution d'équation de la forme $f(x) = c$ ou d'inéquation $f(x) < c$

17 Soit les fonctions f, g et h définies sur l'intervalle [–10 ; 10] par :

- $f(x) = 2x + 4$
- $g(x) = x^2 + 1$
- $h(x) = 3x^2$

▶ **Calculatrice** p. 153 à 160

Avec une calculatrice, résolvez graphiquement les équations :

a. $f(x) = 6$ ....

b. $g(x) = 5$ ....

c. $h(x) = 75$ ....

- Avec la calculatrice résolvez graphiquement les inéquations :

a. $f(x) < 6$ ....

b. $g(x) < 5$ ....

c. $h(x) < 3$ ....

Problèmes

Problème corrigé

1 La pression sous-marine sera-t-elle trop forte ?

Lors d'une expédition d'observation des fonds marins à bord d'un bathyscaphe, l'équipage a réalisé des mesures de pression absolue à différentes profondeurs.

Profondeur *h* (en m)	3 560	5 020
P_{abs} (en bar)	357	503

Le bathyscaphe ne pouvant supporter une pression supérieure à 900 bars, pourra-t-il atteindre sans risque les 8 520 m prévus ?

1. **S'approprier.** Comment varie la pression absolue en fonction de la profondeur ?
2. **Analyser. Raisonner.** Les variations de la pression absolue en fonction de la profondeur x peuvent être modélisées par une fonction affine de la forme : $f(x) = ax + b$.
Proposez une méthode permettant de répondre à la problématique.
3. **Réaliser.**
   a. Déterminez le taux d'accroissement a de la fonction f.
   b. Déterminez la valeur de l'ordonnée à l'origine b de la droite représentative de la fonction f.
   c. Déduisez-en l'expression de la fonction f.
   d. À l'aide de la calculatrice, résolvez graphiquement l'inéquation $f(x) < 900$.
4. **Valider.** Quelle profondeur maximale peut atteindre le bathyscaphe ?
5. **Communiquer.** Le bathyscaphe pourra-t-il atteindre la profondeur de 8 520 m. Justifiez votre réponse.

Corrigé

1. La pression absolue augmente lorsque la profondeur augmente.
2. À partir des données du tableau, il faut déterminer les coefficients a et b de la fonction affine f, puis connaissant l'expression algébrique de f, résoudre graphiquement l'inéquation $f(x)<900$.
3. **a.** $a = \dfrac{503-357}{5020-3560} = 0{,}1$
   b. $b = 357 - 0{,}1 \times 3\,560 = 1$
   c. $f(h) = 0{,}1h + 1$
   d.

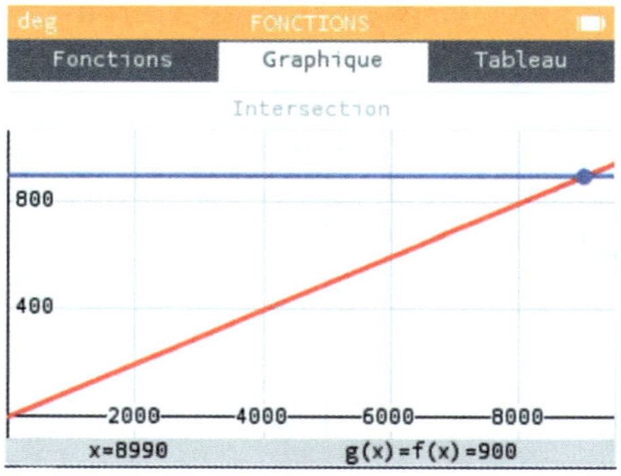

$f(x) < 900$ pour $x < 8\,990$

4. La profondeur maximale que peut atteindre le bathyscaphe est de 8 990 m.
5. Il pourra donc atteindre 8 520 m car à cette profondeur la pression sera inférieure à 900 bars.

2 Quelle isolation thermique choisir ? CO-INTERVENTION

► **Problématique professionnelle**

Un particulier souhaite isoler sa maison afin de réaliser des économies d'énergies et bénéficier d'un crédit d'impôt. La résistance thermique du plancher de son comble perdu après travaux peut être calculée grâce à la formule :

$R_{final} = R_{initial} + a \times x$

x est l'épaisseur de l'isolant ajoutée (en m).

a une constante caractérisant le matériau isolant.

Données de l'artisan :

x (en m)	0,01	0,05
R_{final} (en m^2.K/W)	2,9	4,5

Pour bénéficier d'un crédit d'impôt R_{final} doit être au moins de 7 m^2.K/W .

• Quelle épaisseur minimale d'isolant doit être placée pour pouvoir bénéficier du crédit d'impôt ?

► **En maths**

1. **S'approprier.** Comment varie R_{final} en fonction de l'épaisseur x de l'isolant ?

....

2. **Analyser. Raisonner.** Les variations de R_{final} en fonction de x peuvent être modélisées par une fonction affine de la forme : $f(x) = ax + b$. Proposez une méthode permettant de répondre à la problématique.

....

3. **Réaliser.**
   a. Déterminez le taux d'accroissement a de la fonction f.

....

b. Déterminez la valeur de l'ordonnée à l'origine b de la droite représentative de la fonction f.

c. Déduisez-en l'expression de la fonction f.

d. À l'aide de la calculatrice, résolvez graphiquement l'équation $f(x) = 7$.

▶ **En enseignement professionnel**

4. Valider. Quelle épaisseur minimale d'isolant doit être posée?

5. Communiquer. Rédigez un mail adressé au client afin de lui expliquer quelle épaisseur d'isolant il doit faire poser.

3 Quelle est la variation de la surface ?

Lors de l'aménagement d'un magasin, la gérante veut placer le comptoir des ventes pour que la surface disponible derrière celui-ci (correspondant à la surface grise sur la figure ci-dessous) soit au moins égale à 6 m^2.

Pour bien démarrer ▶ $\mathcal{A}_{\text{triangle}} = \dfrac{\text{base} \times \text{hauteur}}{2}$

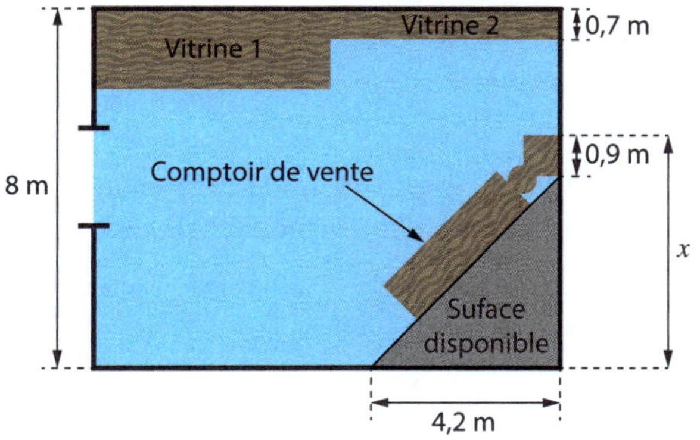

1. S'approprier.

a. Justifiez que la cote x appartienne à l'intervalle [0,9 ; 7,3].

b. Calculez l'aire de la surface disponible derrière le comptoir lorsque $x = 3$ m.

2. Analyser. Raisonner.

a. Montrez que la variation de l'aire de la surface disponible en fonction de x peut être modélisée par la fonction f définie sur [0,9 ; 7,3] par $f(x) = 2{,}1x - 1{,}89$.

b. Proposez un protocole permettant de répondre graphiquement à la problématique.

3. Réaliser.

a. Utilisez un tableur-grapheur, un logiciel 2D ou une calculatrice pour obtenir la représentation graphique de la fonction f sur l'intervalle [0,9 ; 7,3].

▶ **Calculatrice** p. 153 à 160 ▶ **Logiciel** p. 147 à 152

b. Résolvez l'équation $f(x) = 6$.

4. Valider. Utilisez cette représentation graphique pour donner un encadrement des valeurs de x pour lesquelles la surface disponible est au moins égale à 6 m^2.

5. Communiquer. Écrivez un texte à destination de la gérante du magasin pour lui expliquer les aires maximales et minimales possibles de surface disponible derrière le comptoir.

4 Marathon en individuel ou en équipe ?

Le relais des Coteaux est un marathon de 42 km qui se court en individuel ou en relais par équipes de 5 coureurs (qui se partagent équitablement le parcours). Les individuels partent à 8 h 30 et les relayeurs à 9 h. On suppose qu'ils courent tous à vitesses constantes : 14 km/h pour les individuels et 17 km/h pour les relayeurs.

On veut déterminer si les relayeurs, partis plus tard, peuvent rattraper les marathoniens.

1. S'approprier. Quelle distance les marathoniens auront-ils parcourue au moment où les relayeurs entament leur course (l'instant $t = 0$ heure) ?

2. Analyser. Raisonner. Les relayeurs peuvent-ils rattraper les marathoniens en partant 30 min après ? Justifiez.

3. Réaliser. On désigne par f et g les fonctions qui donnent respectivement les distances parcourues par les marathoniens et les relayeurs en fonction du temps t exprimé en heure et mesurées à compter du départ des relayeurs.

a. Déterminez les expressions algébriques des fonctions f et g en fonction du temps t.

b. Quelles sont les natures des fonctions f et g ? Justifiez votre réponse.

Problèmes

c. À l'aide d'une calculatrice graphique, d'un tableur-grapheur ou d'un logiciel de géométrie 2D, représentez graphiquement les fonctions f et g.

▶ **Calculatrice** p. 153 à 160 ▶ **Logiciel** p. 149 à 152

d. Déterminez graphiquement la valeur de t pour laquelle les relayeurs rattrapent les marathoniens.

4. Valider. Quelle distance ont-ils tous alors parcourue ?

5. Communiquer. Expliquez où et à quelle heure les relayeurs vont dépasser les marathoniens.

Pour bien démarrer ▶ $v = \frac{d}{t}$

5 Comment varie la puissance du gril ?

La tension U d'alimentation d'un gril électrique peut varier de 0 à 240 volts suivant la position du bouton de réglage.

Position du bouton de réglage	0	1	2	4
Tension U (en volt)	0	?	120	240

1. S'approprier. Les grandeurs « position » et « tension » sont proportionnelles. Déduisez-en la valeur de la tension lorsque le bouton est sur la position 1.

2. Analyser. Raisonner. La puissance P (en watts) dissipée en chaleur par la résistance du gril est modélisée par la fonction f définie sur l'intervalle [0 ; 240] par $f(x)=\frac{1}{32}x^2$.

Commentez la variation de f lorsque x augmente.

3. Réaliser.

a. À l'aide d'une calculatrice graphique, d'un tableur-grapheur ou d'un logiciel de géométrie 2D, représentez graphiquement la fonction f.

▶ **Logiciel** p. 147 à 160

b. Recherchez graphiquement les images par f des antécédents 60, 120 et 240.

4. Valider. Quelle est la puissance P maximale du gril électrique ?

5. Communiquer. Rédigez une notice technique expliquant comment varie la puissance P de chauffage du gril lorsque la tension U double.

6 Quelles dimensions pour le moule à savon ? CO-INTERVENTION

▶ **Problématique professionnelle**

On souhaite réaliser un moule en silicone pour fabriquer des savons parallélépipédiques.
La base est un carré de côté x et la hauteur fixe est de 25 mm.
Quelle doit être la mesure de x pour que le volume du savon soit égal à 90 cm^3 ?

▶ **En maths**

1. S'approprier. Exprimez le volume du savon en mm^3.

2. Analyser. Raisonner.

a. Exprimez le volume V du savon en fonction de x.

b. Proposez une méthode de résolution permettant de répondre à la problématique.

3. Réaliser.

a. À l'aide d'une calculatrice, d'un tableur grapheur ou d'un logiciel de géométrie 2D, représenter graphiquement les variations du volume V du savon en fonction de x.

▶ **Logiciel** p. 147 à 160

b. Résolvez graphiquement l'équation $V(x) = 90\,000$.

▶ **En enseignement professionnel**

4. Valider. Quelle est la mesure du côté de la base du savon ?

5. Communiquer. Réalisez un schéma du moule sur lequel vous noterez ses cotes.

Démarche scientifique

7 La cogénération est-elle rentable ?

La cogénération est un système de production d'énergie : par exemple, la production simultanée d'électricité et de chaleur.
L'avantage de la cogénération est de récupérer la chaleur dégagée par la combustion alors que, dans le cas de la production électrique thermique classique, cette chaleur est perdue.

Moteur à gaz

Durée de vie : 100 000 h — Combustible : gaz naturel
Chaleur récupérée : maximum 100 °C

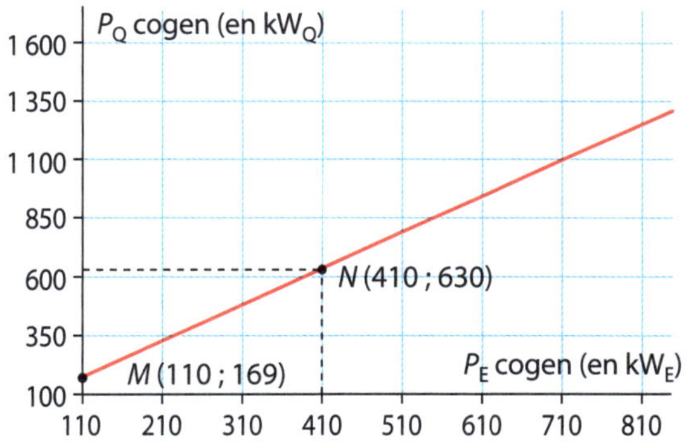

Le graphique ci-dessus montre la puissance thermique de cogénération fournie par un moteur à gaz en fonction de la puissance électrique produite. On estime que la réalisation du système est rentable dès que la puissance thermique de la cogénération est de 70 % supérieure à celle de la puissance électrique.

- En vous aidant du graphique, déterminez si le système présenté est rentable.

....

....

....

....

....

....

....

....

8 Le camion est-il rentable ?

Une entreprise de transport routier souhaite déterminer le seuil de rentabilité d'un camion. Ce seuil est atteint lorsque le chiffre d'affaires (CA) dépasse le coût total – coûts variables (CV) et charges fixes (CF) – lié à l'utilisation du véhicule : l'entreprise dégage alors des bénéfices.

Pour un camion
CA : 1,50 €/km CV (carburant, entretien, péages…) : 0,47 €/km CF (taxes, salaire, amortissement…) : 100 000 € estimées pour 120 000 km

- Déterminez pour quel kilométrage le seuil de rentabilité est atteint et déduisez-en le bénéfice réalisé par l'entreprise si le camion parcourt les 120 000 km initialement prévus.

Pour bien démarrer ▶ **Il n'y a plus de charges fixes une fois le seuil de rentabilité atteint.**

....

....

....

....

....

....

....

....

....

9 Pourquoi réduire sa vitesse par temps de pluie ?

Noha qui se prépare à passer le code se demande pourquoi sur autoroute par temps de pluie la vitesse est limitée à 110 km/h au lieu de 130 km/h. Sur Internet, il trouve les informations suivantes.

Distance de freinage

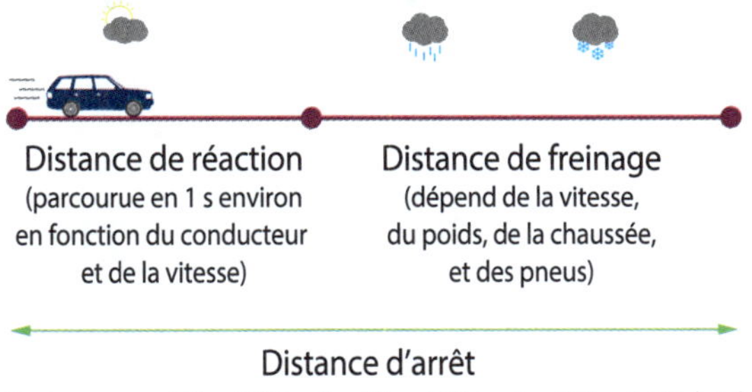

Par temps sec : 25 m à 50 km/h – 81 m à 90 km/h – 169 m à 130 km/h
Par temps de pluie : distance de freinage × 2
distance d'arrêt × 1,5

- Comparez la distance d'arrêt à 130 km/h sur sol sec et la distance d'arrêt à 110 km/h sur sol mouillé, puis répondez à la problématique.

....

....

....

....

....

....

....

....

Algorithmique et programmation

1 Déterminer l'équation de la représentation graphique d'une fonction affine

Connaissant les coordonnées de deux points A(x_A ; y_A) et B(x_B ; y_B), on cherche à déterminer l'équation de la droite (AB). Pour cela, on peut utiliser l'algorigramme ou le programme en langage python suivants :

- **Algorigramme**

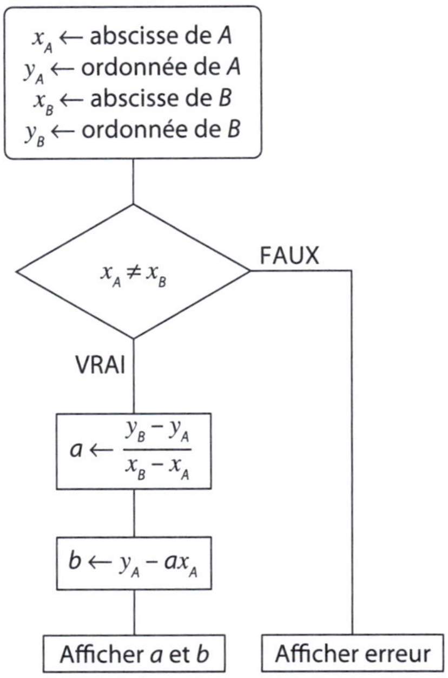

- **Programmation avec Python**

```
xA=float(input ("abcisse du point A=?"))
yA=float(input ("ordonnée du point A=?"))
xB=float(input ("abcisse du point B=?"))
yB=float(input ("ordonnée du point B=?"))
if xA!=xB:
    a=............................
    b=............................
    print("Si A(",xA,";",yA,") et B(",xB,";",yB,")")
    print("la droite (AB) a pour équation")
    if b > 0:
        print("y=",a,"x + ",b)
    else:
        print("y=",a,"x",b)
else:
    print("erreur")
```

1. Justifiez pourquoi x_A doit être différent de x_B.

....

....

....

2. Complétez le programme Python.

3. Exécutez le programme sur un ordinateur pour A(–2 ; –4) et B(3 ; 1).

4. Vérifiez que l'équation de la droite obtenue au problème 2. est juste.

....

....

2 Sens de variation de kx et kx^2

1. Vous allez construire un programme informatique permettant de représenter graphiquement $f(x) = kx$ en fonction d'une valeur de k que vous choisirez.

a. Ouvrez un tableur-grapheur.

- Recopiez, dans les cellules de A3 à A13, la liste des nombres suivants :
  –5 –4 –3 –2 –1 0 1 2 3 4 5
- Saisissez =$A$1*A3 en B3.
- Sélectionnez la cellule B3 et cliquez-glissez jusqu'en B13 pour la recopier.
- Vérifiez que l'instruction en B13 est bien =$A$1*A13.
- Sélectionnez le tableau des cellules A3 à B13. Cliquez sur l'outil **Diagramme**, sélectionnez **XY(dispersion)** XY, choisissez « Lissée » dans **Type de ligne** et « Ligne seule ».

b. Saisissez, dans la cellule A1, des valeurs de k au choix dans l'intervalle [–10 ; 10] pour étudier le sens de variation (croissant, décroissant ou constant) de f.

▶ **Logiciel** p. 147-148

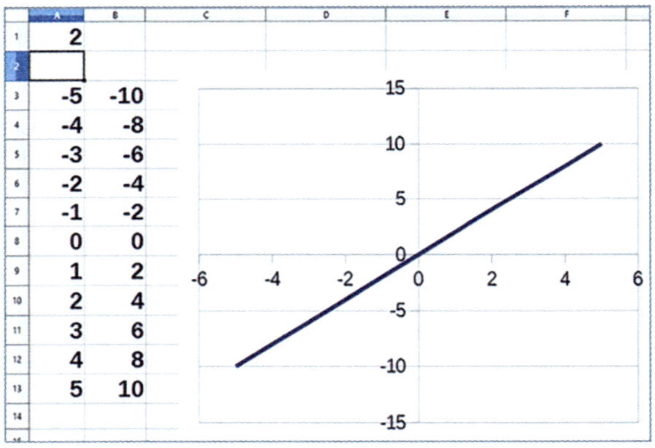

	A	B
1	2	
2		
3	-5	-10
4	-4	-8
5	-3	-6
6	-2	-4
7	-1	-2
8	0	0
9	1	2
10	2	4
11	3	6
12	4	8
13	5	10

c. Rédigez une synthèse de vos observations.

....

....

....

....

2. a. Modifiez le programme pour étudier graphiquement $g(x) = kx^2$ avec $-10 \leqslant k \leqslant 10$.

b. Rédigez une synthèse des variations du sens de g observées à la question a.

....

....

....

....

Évaluation

Nom : ....

Prénom : ....

Quel est le point de fonctionnement du circuit de dégivrage ?

30 min

Le dégivrage de la vitre arrière d'une voiture est assuré par un récepteur électrique constitué d'un réseau de fils chauffants. Pour ce récepteur, la relation donnant la tension électrique U en fonction de son intensité I est $U = 4{,}5I$. Ce récepteur est alimenté par une batterie dont la tension U varie en fonction de l'intensité I délivrée comme indiquée dans le tableau ci-dessous :

***U* (en V)**	10	11
***I* (en A)**	4	2

On cherche à déterminer les coordonnées du « point de fonctionnement » du circuit, c'est à dire les valeurs de U et de I lorsque le réseau de fils chauffant est alimenté par la batterie.

1. S'approprier. Comment varie la tension U aux bornes du récepteur et aux bornes de la batterie lorsque la valeur de l'intensité I délivrée augmente ?

....

2. Analyser. Raisonner. Les variations de la tension U aux bornes de la batterie en fonction de l'intensité I quelle délivre peut être modélisées par une fonction affine de la forme : $U(I) = a \times I + b$.
Proposez une méthode permettant de répondre à la problématique.

....

3. Réaliser.

a. Déterminez l'expression de la fonction $U(I)$.

▶ Calculatrice p. 153 à 160

....

....

b. À l'aide de la calculatrice, résolvez graphiquement le système : $\begin{cases} y = 4{,}5x \\ y = -0{,}5x + 12 \end{cases}$

....

4. Valider.

a. Quelles sont les coordonnées du « point de fonctionnement » ?

....

b. Vérifiez à partir de vos réponses que la tension électrique U aux bornes du récepteur et de la batterie est bien identique pour la valeur de I trouvée.

5. Communiquer. Expliquez ce qu'il se passe lorsque la batterie alimente le récepteur.

....

....

Question	Capacités	Connaissances
1	Représenter graphiquement une fonction affine.	Fonction affine : courbe représentative, sens de variation en fonction du coefficient directeur de la droite qui la représente.
2	Déterminer l'expression d'une fonction affine à partir de la donnée de deux nombres et de leurs images.	Coefficient directeur et ordonnée à l'origine d'une droite représentant une fonction affine.
3.a.		Équation réduite d'une droite.
3.b.	Résoudre graphiquement un système de deux équations du premier degré à deux inconnues.	Système de deux équations du premier degré à deux inconnues.

Co-intervention

Les fonctions affines sont utiles en enseignement professionnel !
En voici un exemple.

Plus d'activités p. 121 à 126 !

Les effets de la température sur les matériaux

Dans de nombreuses professions comme le bâtiment, il faut tenir compte de la dilatation des corps en fonction de la température.

Simon vient d'installer un tube en PER de 15 m à 20 °C entre deux points distants de 14,9 m d'une installation sanitaire. Sachant que la température du tube peut varier entre 5 °C et 70 °C, il se demande si la longueur de tube installé permettra au tube de se dilater sans risques.

Dilatation comparée de 3 tubes de 10 m en différents matériaux entre 20° et 50° C

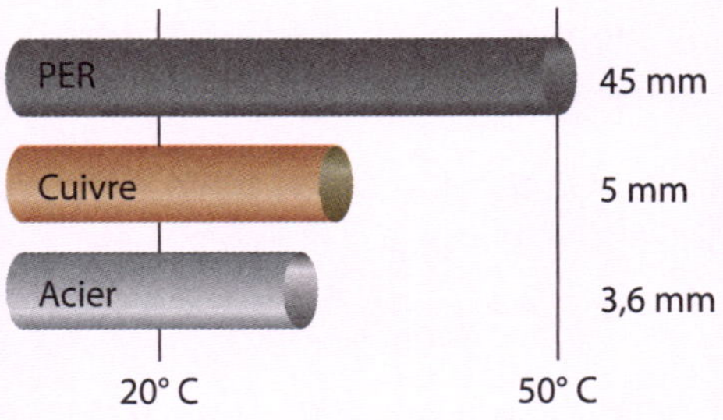

La formule ci-dessous permet de calculer la longueur d'un matériau en fonction de sa température : $L = L_0(1 + \alpha.\Delta T)$

Avec : L_0 : longueur initiale du tube.

ΔT : variation de température du tube.

α : coefficient de dilatation linéaire du tube ($\alpha_{PER} = 140 \times 10^{-6}\ K^{-1}$).

Le fil qui s'allonge
Lien vidéo
1 min 29

1. Recherchez une situation nécessitant l'utilisation de fonctions affines dans votre champ professionnel.

....

....

....

....

....

2. Quels outils mathématiques pouvez-vous mettre en œuvre pour déterminer la dilatation linéique du tube en PER ?

....

....

....

....

....

3. Comment pouvez-vous exploiter les résultats obtenus avec ces outils mathématiques ?

....

....

....

....

....

6 Géométrie dans le plan

Activité 1 Comment bien démarrer la pose d'un carrelage ?

Démarche scientifique Cycle 4

Démontrer que deux droites sont perpendiculaires

5 min

Vincent qui veut carreler sa cuisine a trouvé, sur Internet, cette fiche conseil qui indique comment tracer deux droites perpendiculaires pour bien commencer la pose d'un carrelage au sol.

- Montrez, par le calcul, que les droites (*OP*) et (*OL*) sont effectivement perpendiculaires.

Pour bien démarrer ▶ **Utiliser la réciproque du théorème de Pythagore.**

Fiche conseil

Pour obtenir une perpendiculaire parfaite

Mesurer $OP = 80$ cm.
Puis $OL = 60$ cm.

L'équerrage sera parfait quand *LP* mesurera 1 m.

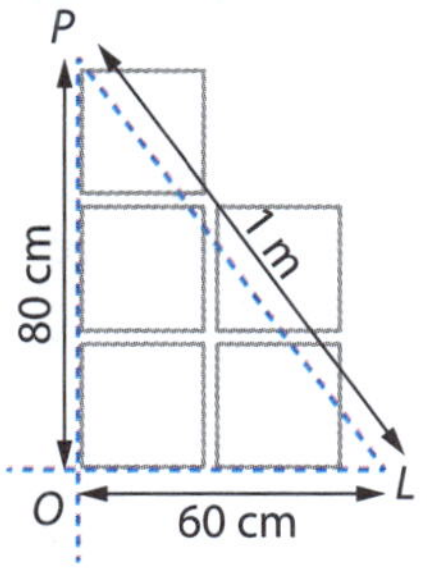

Activité 2 Les conditions de sécurité d'utilisation de l'échelle sont-elles respectées ?

Calculer la mesure en degré d'un angle

15 min

Pour remplacer la lampe du bloc de sécurité SORTIE de l'atelier, Inès utilise une échelle simple de 2,50 m de long. Elle appuie le haut de l'échelle sur le mur à 2,20 m du sol.
On suppose que le sol et le mur d'appui sont perpendiculaires.
Sur le montant de l'échelle, on peut observer le pictogramme ci-contre.

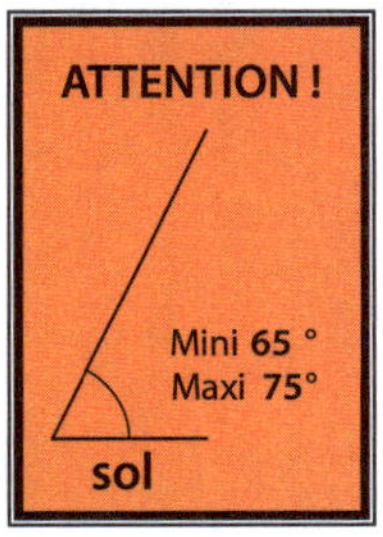

1. Inès utilise-t-elle l'échelle en respectant les consignes de sécurité ?

Pour bien démarrer ▶ **Utiliser la formule du sin $\widehat{B}$.**

....

....

....

....

2. Déterminez, au dixième près, les distances minimale et maximale entre *A* et *B* auxquelles correspondent les angles figurant sur le pictogramme.

....

....

....

....

Activité 3 Comment déterminer la hauteur de la sculpture ?

Démarche scientifique

20 min

Utiliser le théorème de Thalès pour calculer une longueur

Énoka veut connaître la hauteur *h* d'une sculpture Kanak verticale afin de choisir le modèle de nacelle à bras télescopique qu'il devra louer pour en assurer l'entretien.

Il connaît sa taille, qui est de 180 cm, et mesure sur le sol horizontal :

- la longueur *AM* de son ombre lorsqu'il est debout, et il trouve 150 cm ;
- la longueur *AB* de l'ombre de la sculpture, et il trouve 500 cm.

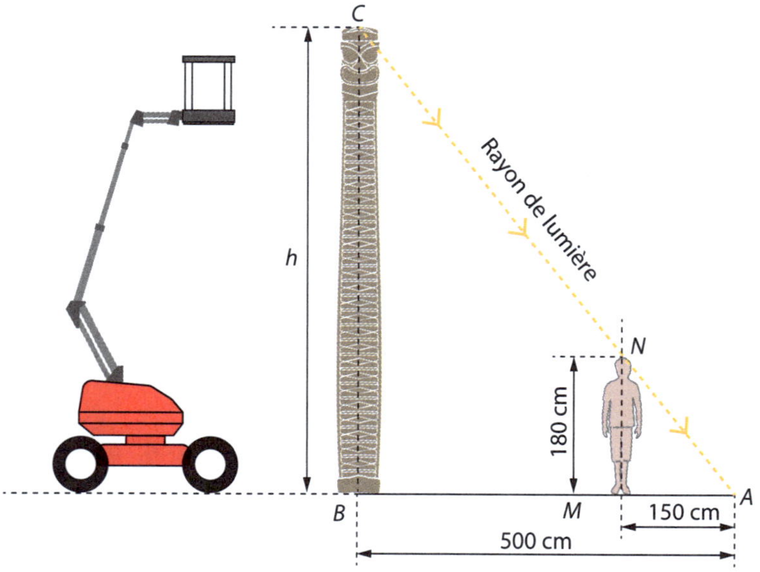

- Recherchez la hauteur *h* de la sculpture, en mètres et au centième près.

Pour bien démarrer ▶ Utiliser le théorème de Thalès.

Appelez votre professeur pour une aide, ou lui montrer votre proposition.

L'essentiel

1 Théorème de Pythagore

- Si un triangle ABC est rectangle en A, alors :

$$BC^2 = AB^2 + AC^2$$

- Réciproquement : si $BC^2 = AB^2 + AC^2$, alors ABC est rectangle en A.
- Inversement : si $BC^2 \neq AB^2 + AC^2$, alors ABC n'est pas rectangle en A.

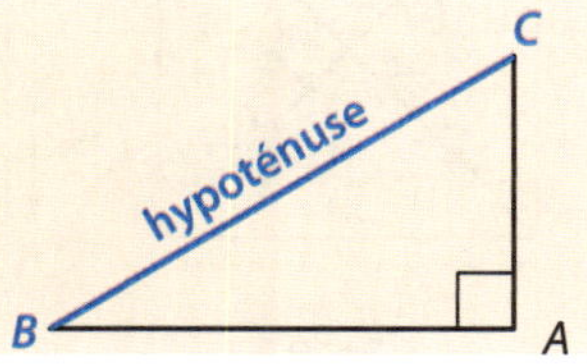

Exemple

- Soit le triangle ABC, rectangle en A, tel que $AC = 3$ et $BC = 4$.
  BC est l'hypoténuse de ABC. On a donc :
  $BC^2 = AB^2 + AC^2 \Leftrightarrow AB^2 = BC^2 - AC^2 \Leftrightarrow AB^2 = 4^2 - 3^2 = 16 - 9 = 7 \Leftrightarrow AB = \sqrt{7} \approx \mathbf{2{,}6}$

2 Théorème de Thalès

- Si dans un triangle ABC, les droites (BC) et (MN) sont parallèles, alors les longueurs des côtés des triangles ABC et AMN sont proportionnelles.

On a : $$\frac{AM}{AB} = \frac{AN}{AC} = \frac{MN}{BC}$$

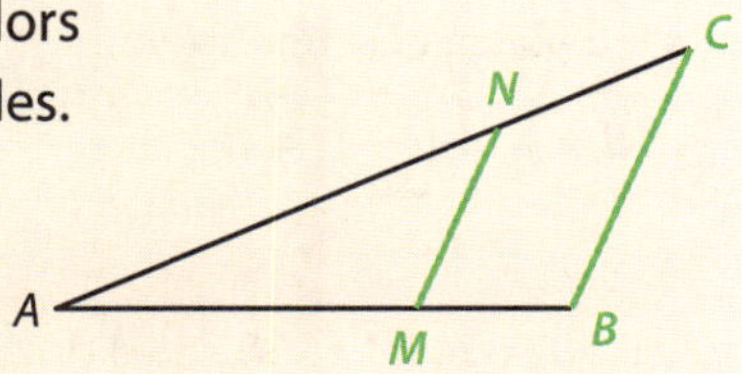

- Réciproquement : si une de ces deux égalités est vraie, alors $(BC) // (MN)$.
- Inversement : si une de ces deux égalités n'est pas vraie, alors (BC) et (MN) ne sont pas parallèles.

! Remarque : Les triangles AMN et ABC sont **semblables** : ils ont les mêmes angles.

Exemple

- Soit le triangle ABC tel que $AM = 3$, $AB = 4$, $MN = 2{,}5$ et $(MN) // (BC)$.
- Quelle est la mesure de BC ?
  Les triangles ABC et AMN sont semblables (ils ont les mêmes angles) et $(MN) // (BC)$. On a donc :
  $$\frac{AM}{AB} = \frac{MN}{\mathbf{BC}} \Leftrightarrow \frac{AB}{AM} = \frac{\mathbf{BC}}{MN} \Leftrightarrow \mathbf{BC} = \frac{AB}{AM} \times MN = \frac{4}{3} \times 2{,}5 \approx \mathbf{3{,}3}$$

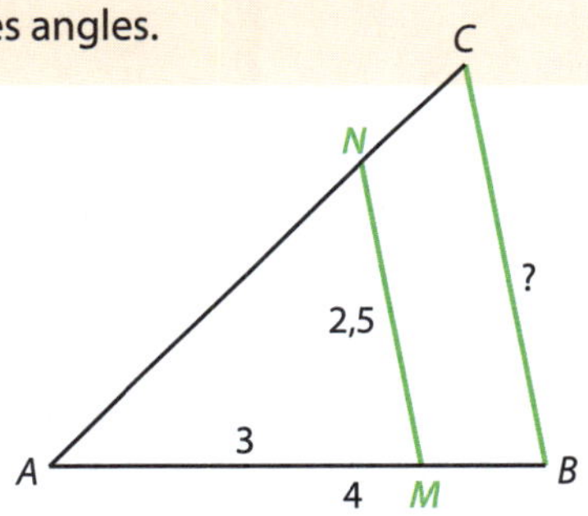

3 Relations trigonométriques dans le triangle rectangle

Les rapports trigonométriques **cosinus, sinus** et **tangente** sont des relations entre un angle aigu et deux côtés d'un triangle rectangle.

$$\cos \widehat{B} = \frac{AB}{BC} \qquad \sin \widehat{B} = \frac{AC}{BC} \qquad \tan \widehat{B} = \frac{AC}{AB}$$

! Remarque : La somme des mesures des angles d'un triangle est égale à 180°.

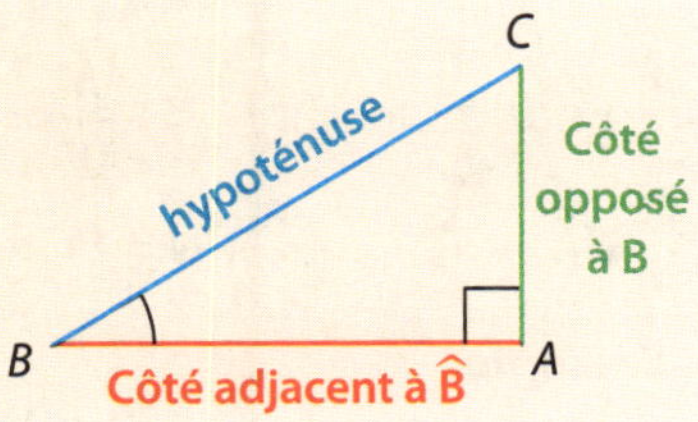

Exemple

- Soit le triangle ABC, rectangle en A, tel que $\widehat{B} = 37°$ et $BC = 5$.
- La mesure de AC si $\widehat{B} = 37°$ et $BC = 5$.
  La formule du sinus de $\widehat{B}$ contient ces trois grandeurs. On a donc :
  $\sin \widehat{B} = \dfrac{\mathbf{AC}}{BC} \Leftrightarrow \mathbf{AC} = \sin \widehat{B} \times BC = \sin 37° \times 5 \approx 0{,}602 \times 5 \approx \mathbf{3}$
- La mesure de l'angle $\widehat{C}$ si $AC = 3$ et $BC = 5$.
  La formule du cosinus de $\widehat{C}$ contient ces trois grandeurs.
  On a donc : $\cos \widehat{C} = \dfrac{AC}{BC} \Leftrightarrow \cos \widehat{C} = \dfrac{3}{5} \approx 0{,}6.$
  On en déduit avec la calculatrice : $\widehat{C} \approx 53°.$

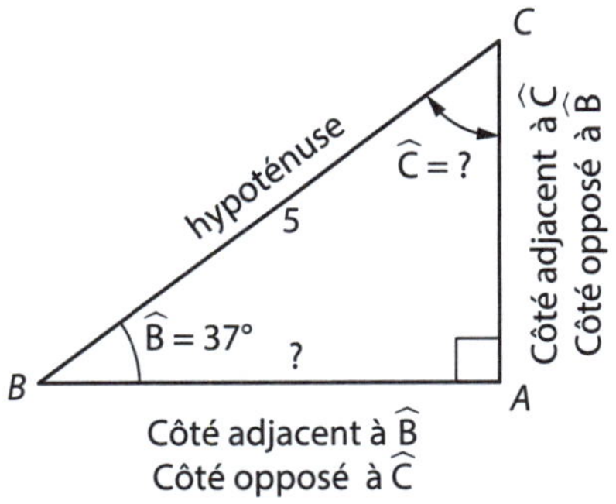

4 Aires de figures planes usuelles

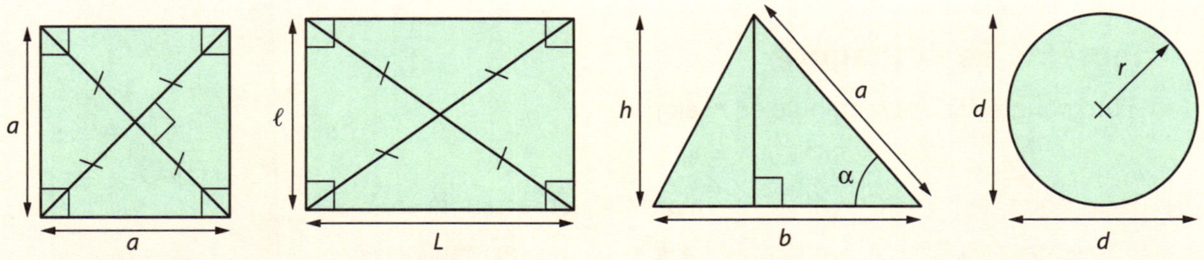

Carré	Rectangle	Triangle	Disque
$\mathcal{A} = a \times a = a^2$	$\mathcal{A} = \ell \times L$	$\mathcal{A} = \dfrac{(h \times b)}{2}$ $\mathcal{A} = \dfrac{1}{2} a \times b \times \sin \alpha$	$\mathcal{A} = \pi \times r^2 = \pi \times \left(\dfrac{d}{2}\right)^2$ Circonférence : $\mathcal{P} = 2\pi \times r = \pi \times d$

! Rappel :
$1\ m^2 = 100\ dm^2 = 10\,000\ cm^2 = 1\,000\,000\ mm^2$

Exemple

- Quelle est l'aire du plateau d'une table circulaire de diamètre $d = 0{,}80$ m ?
- Le plateau est un disque :

$$\mathcal{A} = \pi \times \left(\frac{d}{2}\right)^2 = \pi \times \left(\frac{0{,}80}{2}\right)^2 \approx 0{,}502\,654 \approx \mathbf{0{,}5\ m^2}$$

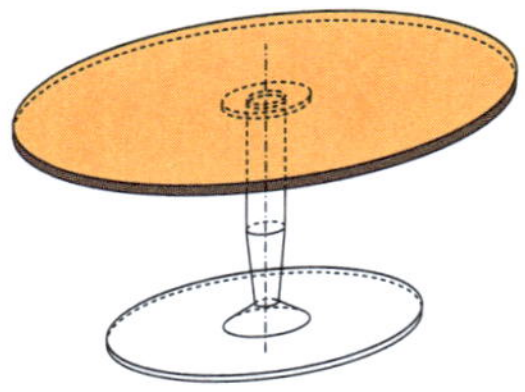

! Rappel :
$0{,}502\,654\ m^2 = 50{,}265\,4\ dm^2 = 5\,026{,}54\ cm^2 = 502\,654\ mm^2$

5 Agrandissement ou réduction d'une surface

- Lors d'un agrandissement ou d'une réduction par un nombre k :
  - les **angles** sont conservés ;
  - les **longueurs** sont multipliées par k ;
  - les **aires** sont multipliées par k^2 ;
- Si $k > 1$, c'est un agrandissement.
- Si $k < 1$, c'est une réduction.
- Agrandissement par $k_1 = \dfrac{AB}{AM} = \dfrac{AC}{AN} = \dfrac{BC}{MN} > 1$:
  - $\widehat{C} = \widehat{N}$
  - $BC = MN \times k_1$
  - $\mathcal{A}_2 = \mathcal{A}_1 \times k_1^2$
- Réduction par $k_2 = \dfrac{AM}{AB} = \dfrac{AN}{AC} = \dfrac{MN}{BC} < 1$:
  - $\widehat{N} = \widehat{C}$
  - $MN = BC \times k_2$
  - $\mathcal{A}_1 = \mathcal{A}_2 \times k_2^2$

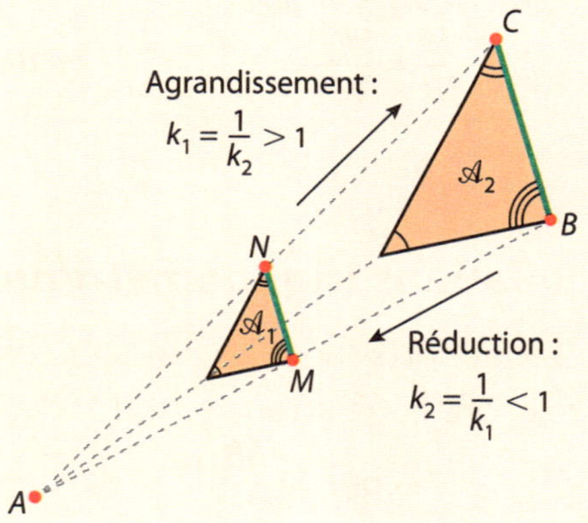

Exemple

- Agrandissement : $k_1 = 2$ et MN = 0,9 cm et $\mathcal{A}_1 = 0{,}4\ cm^2$
  BC = 0,9 × 2 = 1,8 cm et $\mathcal{A}_2 = 0{,}4 \times 2^2 = 1{,}6\ cm^2$
- Réduction : $k_2 = \dfrac{1}{k_1} = \dfrac{1}{2} = 0{,}5$ et BC = 1,8 cm et $\mathcal{A}_2 = 1{,}6\ cm^2$
  MN = 1,8 × 0,5 = 0,9 cm et $\mathcal{A}_1 = 1{,}6 \times 0{,}5^2 = 0{,}4\ cm^2$

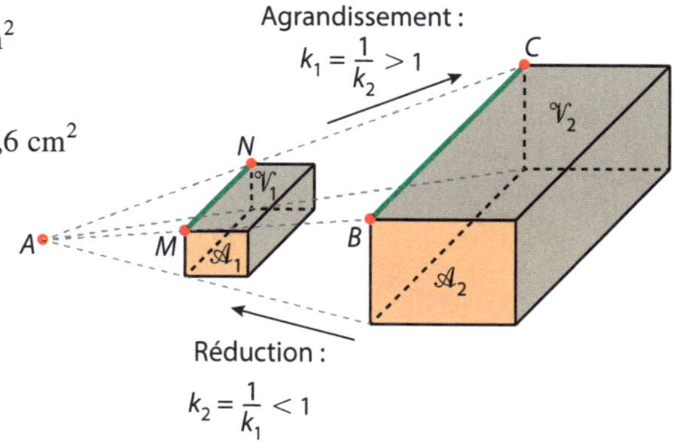

Travaux pratiques

TP 1 Démonstration chinoise

30 min

Objectif
- Utiliser le théorème de Pythagore.

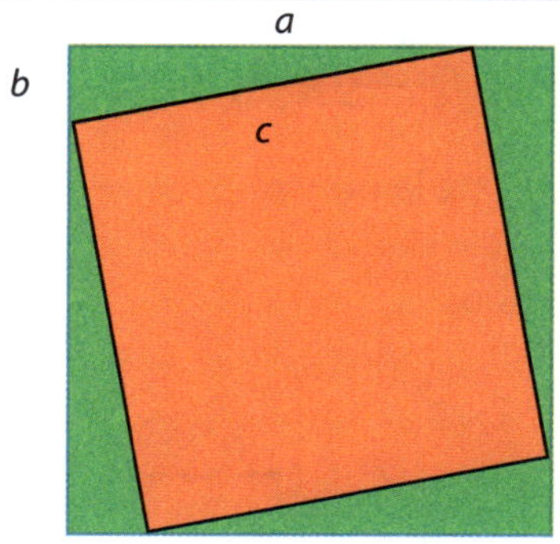

Figure 1

Figure 2

La figure 1 est constituée de deux carrés imbriqués.

1. Exprimez, sous forme littérale, l'aire $\mathcal{A}_1$ du carré orange.

....

2. a. Décalquez, puis découpez les quatre triangles verts. Placez-les, dans le carré de la figure 2, de manière à laisser apparaître uniquement deux carrés blancs (un « petit » et un « moyen »).
Repérez par *a*, *b* ou *c* les côtés des triangles et des carrés placés dans la figure 2.
b. Rédigez un texte décrivant comment positionner les quatre triangles verts dans la figure 2 pour obtenir les deux carrés blancs.

....

....

....

3. a. Comparez les aires des deux carrés blancs de la figure 2 avec celle du carré orange de la figure 1.

....

....

b. $\mathcal{A}_2$ et $\mathcal{A}_3$ sont les aires des deux carrés blancs. Écrivez une relation entre $\mathcal{A}_1$, $\mathcal{A}_2$ et $\mathcal{A}_3$.

....

c. Exprimez, sous forme littérale, les aires $\mathcal{A}_2$ et $\mathcal{A}_3$.

....

....

d. À partir des deux questions précédentes, déduisez l'expression de *c* en fonction de *a* et *b*.

....

....

4. À l'aide d'un logiciel de géométrie 2D et de ses outils de calculs d'aires, vérifiez, pour un exemple de votre choix, cette démonstration chinoise.

▶ **Logiciel** p. 149 à 152

5. Quel philosophe et mathématicien grec est arrivé à la même conclusion ?

....

Travaux pratiques

TP 2 Comment calcule-t-on la pente d'une route ?

30 min

Objectif
- Calculer des mesures d'angles.

Voici le dessin d'un panneau que l'on peut rencontrer sur les routes.

On peut se demander comment est calculée la valeur du pourcentage de la pente.

1. La pente en mathématiques

La pente p d'un plan incliné est donnée par l'expression $p = \frac{h}{d}$.
d n'est pas directement mesurable sur « le terrain ».
$\widehat{C}$ est l'angle d'inclinaison de la pente.

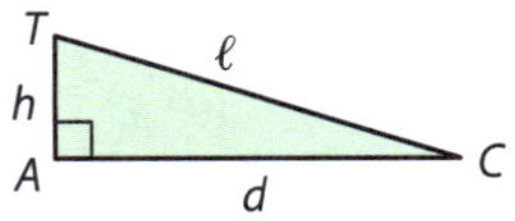

Le rapport $\frac{h}{d}$ donnant la pente d'un plan incliné correspond-il au sinus, au cosinus ou à la tangente de l'angle d'inclinaison $\widehat{C}$? Justifiez votre réponse.

....

....

2. En pratique

Sur les routes, les techniciens de la DREAL (Direction Régionale de l'Environnement, de l'Aménagement et du Logement) utilisent le rapport $\frac{h}{\ell}$ pour approximer la pente d'une portion de route, la longueur ℓ étant facilement mesurable.

- Le rapport $\frac{h}{\ell}$ utilisé par les techniciens correspond-il au sinus, au cosinus ou à la tangente de l'angle d'inclinaison ? Justifiez votre réponse.

....

....

3. Ouvrez une page de tableur et construisez le tableau ci-dessous, puis complétez-le pour $0° \leqslant \widehat{C} \leqslant 30°$ avec un pas d'un degré.

▶ Logiciel p. 147 à 148

TAN =TAN(A2*2*PI()/360)

	A	B	C	D
1	Angle d'inclinaison C (en °)	tan C	Pente (en%)	sin C
2	0	=TAN(A2*2*PI()/360)		
3	1			
4	2			
30	28			
31	29			
32	30			

Pour bien démarrer ▶ Calculer, par exemple, la tangente de 30° (30 saisi en A1) : saisir la formule TAN(A1*2*pi()/360).

4. Seul le calcul mathématique de la pente est rigoureux. L'approximation $\frac{h}{\ell}$ de la DREAL reste pertinente si la différence de valeur avec celle des mathématiques $\frac{h}{d}$ est inférieure à 1 %.

- Utilisez le tableau pour donner un encadrement de l'inclinaison pour laquelle l'approximation des techniciens de la DREAL reste pertinente. Quel est l'intervalle des pentes correspondant ?

....

Exercices

Testez-vous !

QCM interactif

Cochez la bonne réponse parmi les trois proposées.

1. Dans un triangle ABC, si $\widehat{A} = 40°$ et $\widehat{B} = 60°$:

☐ $\widehat{C} = 80°$
☐ $\widehat{C} = 90°$
☐ $\widehat{C} = 100°$

2. Dans un triangle IJK, si $\widehat{I} = 90°$:

☐ $\widehat{J} + \widehat{K} = 180°$
☐ $\widehat{J} + \widehat{K} = 270°$
☐ $\widehat{J} + \widehat{K} = 90°$

3. Dans le triangle ABC ci-dessous, pour calculer BC, on utilise :

☐ $BC^2 = AB^2 + AC^2$
☐ $BC^2 = AB^2 - AC^2$
☐ $BC^2 = AC^2 - AB^2$

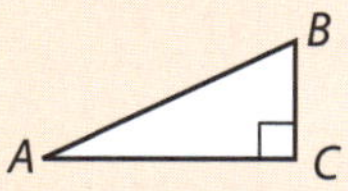

4. Dans un triangle rectangle en C, $BC = 3$ et $AC = 4$. La longueur de AB est :

☐ 5
☐ 6
☐ 7

5. (WY) est parallèle à (VZ).
Pour déterminer XW, il faut utiliser :

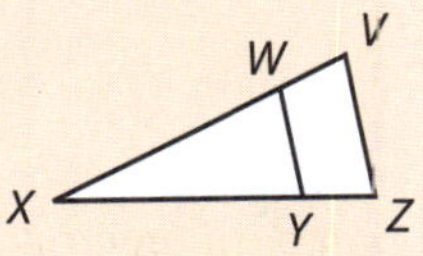

☐ le théorème de Thalès dans le triangle
☐ le théorème de Pythagore
☐ une relation trigonométrique

6. $(AC) // (BD)$. Quelle est la longueur OC ?

☐ 6
☐ 7,5
☐ 5

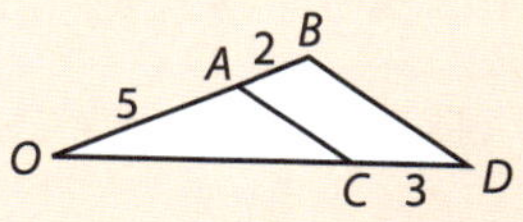

7. Dans un triangle LMN, rectangle en M, sin $\widehat{L}$ est égal à :

☐ $\dfrac{MN}{LN}$ ☐ $\dfrac{LM}{LN}$ ☐ $\dfrac{MN}{LM}$

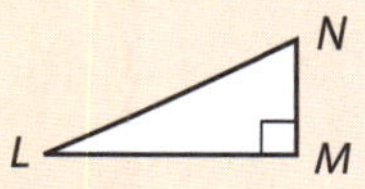

8. Dans un triangle LMN, rectangle en M, $\widehat{L} = 30°$, $LN = 2$ et $MN = 1$.
Le sinus de l'angle en L est égal à :

☐ 30°
☐ 3
☐ 0,5

9. L'aire d'un disque de rayon r est calculée avec l'expression :

☐ $2\pi r$
☐ πr^2
☐ $4\pi r^2$

10. 3 000 cm² correspondent à :

☐ 3 000 000 mm²
☐ 3 dm²
☐ 0,3 m²

Automatismes

Calcul mental

1 **a.** Calculez : $30^2 + 40^2$ et 50^2.

b. Calculez la valeur des fractions : $\dfrac{220}{11}$; $\dfrac{110}{22}$.

c. Donnez un ordre de grandeur de : $A = \pi \times 10^2$.

d. Calculez BC sachant que : $AB = 6$, $AC = 8$ et $BC^2 = AB^2 + AC^2$.

À l'oral

2 **a.** Énoncez le théorème de Pythagore.

b. Énoncez le théorème de Thalès.

c. Définissez le coté adjacent à un angle.

d. Énoncez les formules de l'aire d'un disque.

e. Énoncez les relations trigonométriques.

3 Un avion doit atterrir sur une piste située à une distance au sol de 20 km. Il vole à une altitude de 3 km.

- Quelle distance *d* doit-il parcourir jusqu'à la piste ?

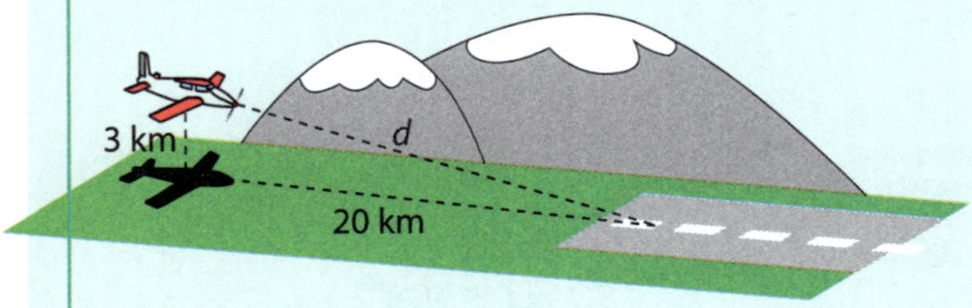

Corrigé

- Le triangle est rectangle puisque le segment de 3 km est perpendiculaire au sol. On peut utiliser le théorème de Pythagore :

$d^2 = 20^2 + 3^2$;

$d = \sqrt{20^2 + 3^2}$;

$d \approx 20{,}224$

L'avion devra parcourir environ 20,224 km.

Théorème de Pythagore

4 Un triangle *TIP* est rectangle en *T*.
$TP = 19{,}6$ m et $IP = 25{,}7$ m.

- Calculez *TI*.

5 Un triangle *LMN* est rectangle en *L*.
$LM = 0{,}624$ km et $MN = 0{,}832$ km.

- Calculez *LN*.

6 Un triangle *XYZ* est rectangle en *Z*.
$XZ = 8{,}2$ cm et $YZ = 5{,}5$ cm.

- Calculez *XY*.

7 Les deux murets sont parallèles, mesurent 60 cm de hauteur et sont écartés de 80 cm.

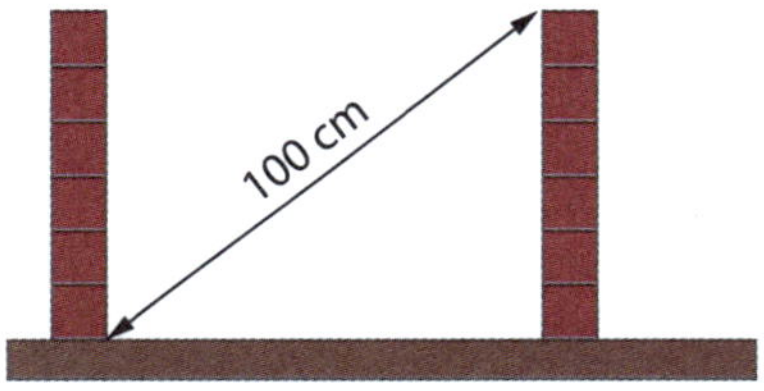

- Sont-ils perpendiculaires au sol ?

Théorème de Thalès

8 Dans le triangle *ABC* :
$AD = 7$ cm,
$DC = 5$ cm
et $EC = 4$ cm.

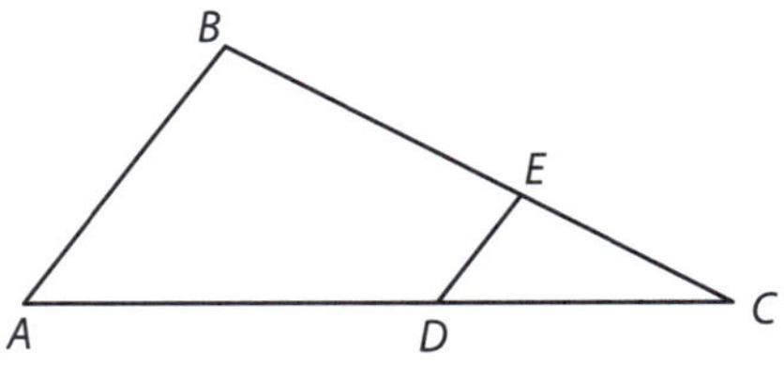

a. Calculez *BC* à 10^{-1} cm près sachant que (*AB*) et (*DE*) sont parallèles.

b. Déduisez-en *BE*.

9 Dans le triangle *TIG* : $IA = 6$ m, $AG = 3$ m et $RA = 4$ m.
(*RA*) est parallèle à (*TG*).

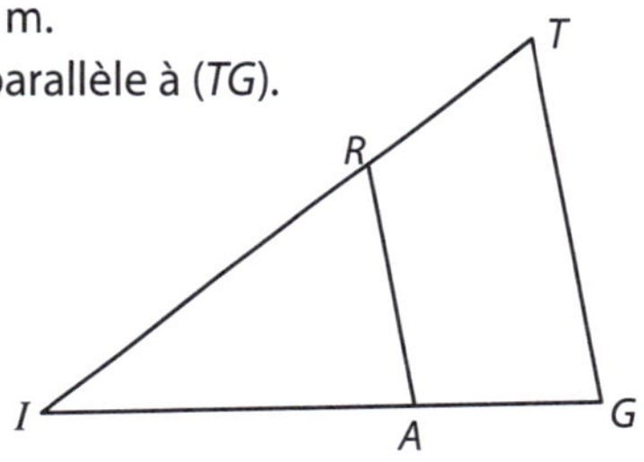

- Calculez *TG* à 10^{-1} m près.

10 Soit les triangles semblables *PLR* et *PEA* avec :
$PA = 3{,}3$ cm,
$AR = 0{,}9$ cm,
$PE = 2{,}2$ cm
et $EL = 0{,}6$ cm.

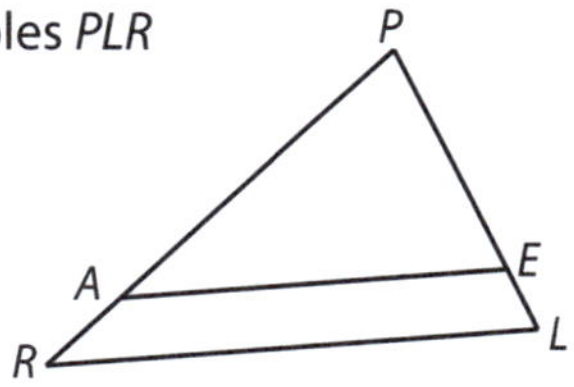

- Les droites (*AE*) et (*RL*) sont-elles parallèles ?

Relations trigonométriques dans le triangle rectangle

11 Un triangle peut-il posséder plus d'un angle obtus ? Argumentez votre réponse.

Pour bien démarrer ▶ L'angle α est obtus si $90° < \alpha < 180°$.

12 Un triangle *FRE* rectangle en *E* est tel que $FE = 5$ et $\widehat{EFR} = 25°$.

- Calculez *FR*.

13 Un triangle *DER* rectangle en *D* est tel que $ER = 16$ et $\widehat{ERD} = 50°$.

- Calculez *DE*.

14 Un triangle *ICB* rectangle en *C* est tel que $CI = 77$ et $\widehat{IBC} = 22°$.

- Calculez *BC*.

15 Jérôme s'entraîne en parcourant à plusieurs reprises une côte.
Il en connaît les caractéristiques :
- longueur : $JR = 150$ m ;
- dénivellation : $ER = 97$ m.

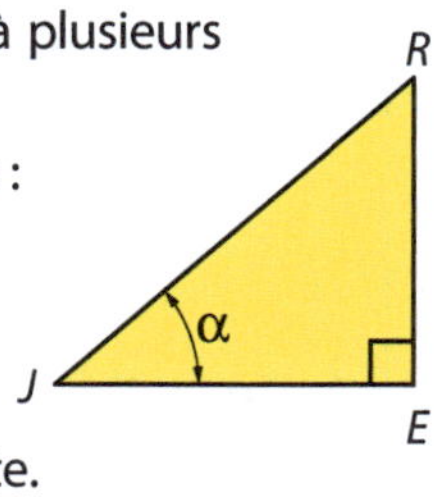

- Calculez, au degré près, l'angle d'inclinaison de cette côte.

Aires de figures planes usuelles

16 Les rouleaux de revêtement mural « intissé » ont pour dimensions 25 m de longueur et 1,06 m de largeur. Les rouleaux standard de papier peint mesurent 10,05 m de longueur et 0,53 m de largeur.

- L'affirmation : « Un rouleau d'intissé recouvre une surface égale à celle de cinq rouleaux standard » est-elle vraie ?

17 Dans la figure ci-dessous, les arcs de cercle ont le même rayon.

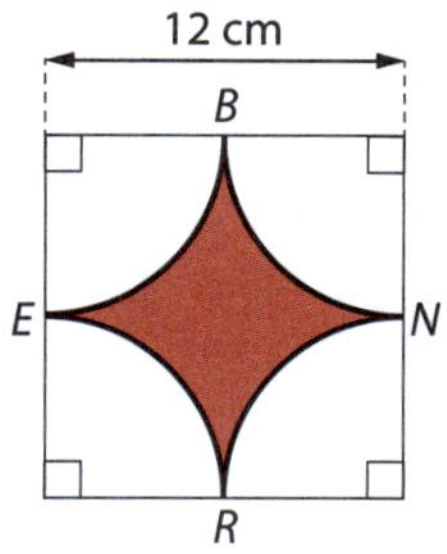

a. Calculez le périmètre de la figure rouge *BERN* à 10^{-1} cm près.

b. Calculez l'aire de cette figure en cm^2 et à l'unité près.

Agrandissement ou réduction d'une surface

18 La maquette d'un objet est réalisée à l'échelle 1/2.

a. À quelle longueur (en m) sur la maquette correspond 1 m sur l'objet ?

b. À quelle surface (en m^2) sur la maquette correspond 1 m^2 sur l'objet ?

19 Une carte routière est à l'échelle 1/100.

a. À quelle longueur réelle (en m) correspond 10 cm sur la carte ?

b. À quelle surface réelle (en m^2) correspond 10 cm^2 sur la carte ?

Problèmes

Problème corrigé

1 Combien faut-il de paquets de parquet ? CO-INTERVENTION

▶ **Problématique professionnelle**

Tiphaine doit refaire le sol du séjour de l'appartement d'un client. Le croquis et les cotes (en m) de cette pièce sont donnés ci-contre.

Un magasin de bricolage propose du parquet à coller à 20,50 €/m^2, conditionné par paquets de 8 lames de :

1 090 mm × 206 mm et de 16 mm d'épaisseur.

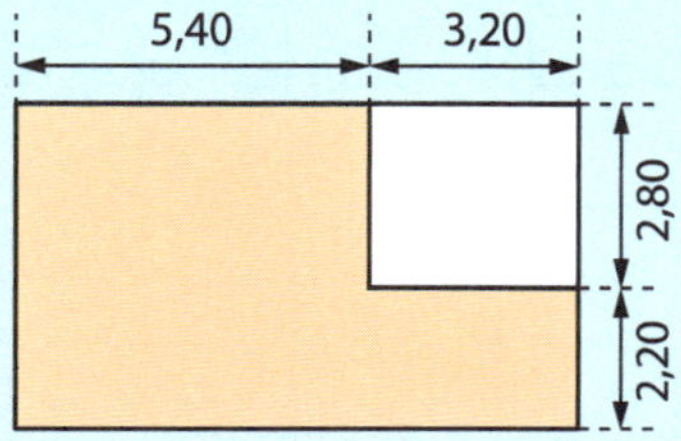

▶ **En maths**

1. **S'approprier.** Quelle est la forme géométrique de la surface d'une lame de parquet ?
2. **Analyser. Raisonner.** Listez les étapes de la démarche qui vous permettront de déterminer le nombre de paquets à commander.
3. **Réaliser.**
   - **a.** Montrez que l'aire de la surface de parquet contenue dans un paquet est bien de 1,8 m^2.
   - **b.** Calculez l'aire du séjour.
   - **c.** Pour palier les pertes dues aux chutes de coupes, il faut prévoir environ 10 % de surface de parquet en plus.

   Déterminez le nombre de paquets à acheter.

▶ **En enseignement professionnel**

4. **Valider.** Le client dispose de 800 €. Cette somme est-elle suffisante pour acheter le nombre de paquets nécessaire pour le séjour ?
5. **Communiquer.** Quelles informations Tiphaine doit-elle noter en mémoire dans son téléphone pour sa commande ?

Corrigé

1. Un rectangle de longueur 1 090 mm et le largeur 206 mm.
2. Déterminer l'aire de la pièce à refaire :
   - Calculer l'aire d'une lame de parquet, puis celle d'un paquet de 8 lames.
   - Diviser l'aire de la pièce par l'aire d'un paquet de lames, arrondir au paquet supérieur.
3. **a.** $A_{\text{paquet lames}} = 2 \times 1\,090 \times 206$

   $A_{\text{paquet lames}} = 1\,796\,320 \text{ mm}^2$ soit environ 1,8 m^2.

   b. $A_{\text{séjour}} = (5{,}40 + 3{,}20) \times (2{,}20 + 2{,}80) - (3{,}20 \times 2{,}80) = 34{,}04 \text{ m}^2$

   c. $A_{\text{à prévoir}} = 34{,}04 \times 1{,}1 = 37{,}444 \text{ m}^2$

   Nombre de paquets à commander :

   $N_{\text{paquets}} = 37{,}444/1{,}8 \approx 20{,}8$, soit 21 paquets
4. $21 \times 1{,}8 \times 20{,}50 = 774{,}90$. $774{,}90 \text{ €} < 800 \text{ €}$; Tiphaine pourra choisir ce parquet.
5. Tiphaine doit noter l'aire de la pièce, le nombre de paquets et le prix.

2 Les feux de croisements sont-ils bien réglés ? CO-INTERVENTION

▶ **Problématique professionnelle**

Pour contrôler la portée [*AC*] des feux de croisement, Julien stationne sa voiture à 2,5 m de la porte du garage puis mesure la hauteur *AB* des lampes et la hauteur *DE* de la partie éclairée de la porte : *AB* = 70 cm et *DE* = 67 cm.

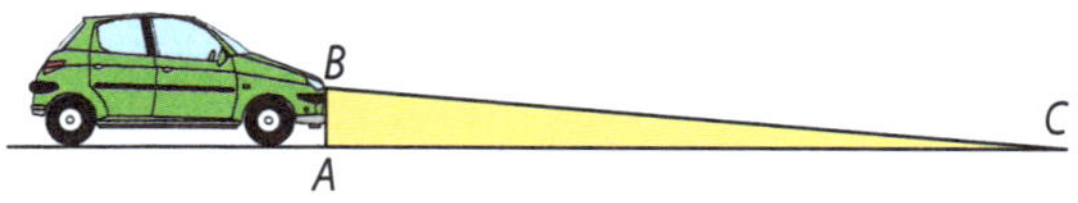

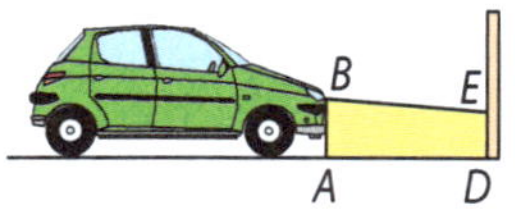

On suppose que (*BA*) // (*ED*).

▶ **En maths**

1. **S'approprier.**
   - **a.** Quel est le point d'intersection des droites (*AD*) et (*BE*) ?

   ....

   - **b.** Quelle est la nature de la surface *ABC* ? de la surface *ABED* ?

   ....

2. **Analyser. Raisonner.** Quel outil mathématique utiliseriez-vous pour calculer AC : le théorème de Pythagore, le théorème de Thalès ou une relation trigonométrique ? Justifiez votre réponse.

3. **Réaliser.**

 a. Quelle est la mesure de $[AD]$?

 b. On pose $AC = x$. Exprimez CD en fonction de x.

 c. Calculez, à 10^{-2} m près, la portée des feux de croisement AC de ce véhicule.

▶ **En enseignement professionnel**

4. **Valider.** Dans la plupart des pays de l'Union européenne, la portée des feux de croisement ne doit pas excéder 60 m.

 Les feux du véhicule de Julien sont-ils bien réglés ?

5. **Communiquer.** Rédigez un protocole qui permette à tout conducteur de vérifier que la portée des feux de croisement de son véhicule ne dépasse pas 60 m.

3 Quelle est la surface vitrée à nettoyer ? CO-INTERVENTION

▶ **Problématique professionnelle**

L'entrée du musée du Louvre à Paris est une pyramide droite à base carrée de 35,42 m de côté. Elle mesure 21,64 m de haut et l'angle d'inclinaison des faces est de 50,7° (le même que celui des pyramides d'Égypte de Gizeh).

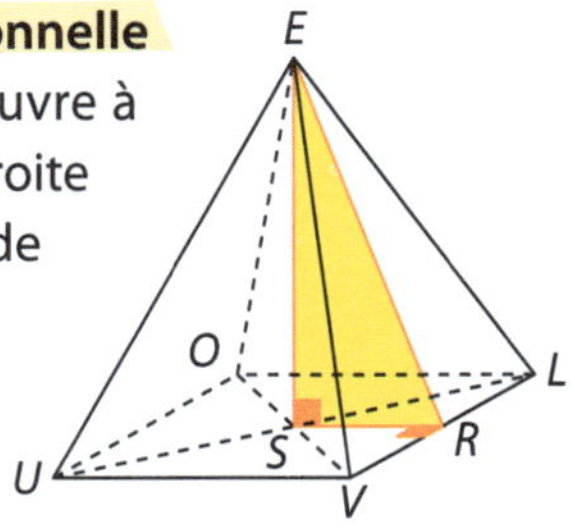

Pour déterminer les caractéristiques d'un robot de nettoyage des quatre faces vitrées, il faut calculer l'aire totale de la surface vitrée et contrôler que l'angle d'inclinaison est bien de 50,7°.

1. **S'approprier.**

 a. Quelle est la nature des quatre triangles constituant la surface vitrée de la pyramide ?

 b. Quelle est celle du triangle RES ?

 c. Parmi les trois angles : $\widehat{RES}$, $\widehat{ESR}$ et $\widehat{SRE}$, quel est l'angle d'inclinaison de la surface vitrée ?

▶ **En maths**

2. **Analyser. Raisonner.**

 a. Quel outil mathématique utiliseriez-vous pour calculer ER : le théorème de Pythagore, le théorème de Thalès ou une relation trigonométrique ?

 Justifiez votre réponse.

 b. Même question pour calculer l'angle d'inclinaison $\widehat{SRE}$.

3. **Réaliser.**

 a. Déterminez ER à 0,01 m près.

 b. Calculez l'aire de la surface d'une face de la pyramide. Au total, quelle surface vitrée le robot devra-t-il nettoyer ? Donnez vos résultats à 0,01 m² près.

 c. Calculez l'angle d'inclinaison $\widehat{SRE}$ et à 0,1 degré près.

▶ **En enseignement professionnel**

4. **Valider.** L'angle d'inclinaison des quatre faces est-il bien l'angle des pyramides de Gizeh ?

 Justifiez votre réponse.

5. **Communiquer.** Rédigez une note regroupant les informations qui permettront de choisir le robot de nettoyage.

4 Peut-on skier à 200 % ?

On parle de piste « raide » à ski quand l'inclinaison du terrain est comprise entre 30° et 50°. Le ski « extrême » se pratique lui sur des pentes allant jusqu'à 65° d'inclinaison.
Un skieur se trouve sur le flanc d'une descente. Il peut positionner ses bâtons perpendiculairement comme sur le schéma ci-dessous.

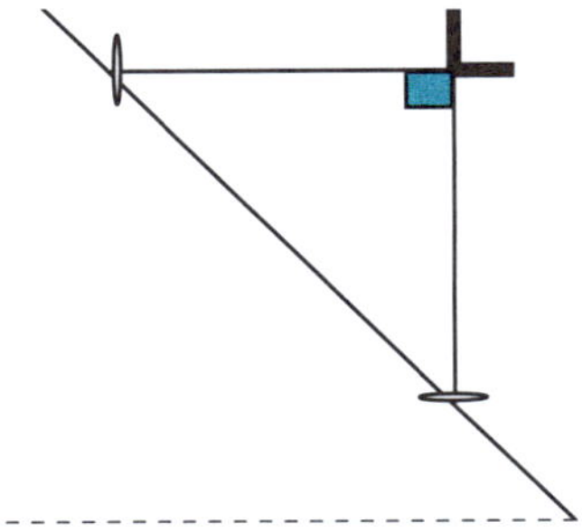

1. **S'approprier.** Recherchez, dans le **TP 2**, p. 94, la définition mathématique d'une pente. Repérez h et d sur le schéma ci-dessus.

....

....

2. **Analyser. Raisonner.** Indiquez s'il s'agit selon vous d'une piste « raide » ou d'une piste de ski « extrême ». Justifiez votre choix.

....

....

3. **Réaliser.** Vous allez rechercher, à l'aide d'un logiciel de géométrie 2D, si skier sur une pente à « 200 % » est du ski « extrême ».
Ouvrez le logiciel, affichez la grille et désaffichez les axes. ▶ **Logiciel** p. 149 à 152

a. Créez un segment horizontal $[AB]$ de longueur 100. Renommez ce segment d et faites afficher sa valeur à l'aide de ses propriétés.
Créez une droite perpendiculaire au segment d et passant par A. Sur cette perpendiculaire, construisez un segment $[AC]$. Renommez ce segment h et affichez sa valeur.
Faites apparaître la mesure de l'angle $\widehat{CBA}$ (saisie dans cet ordre) à l'aide de la fonctionnalité correspondante du logiciel, puis déplacez le point C sur $(CA]$ jusqu'à ce que $\widehat{CBA} = \alpha = 30°$.

....

b. Relevez la valeur de h (c'est-à-dire AC), puis déduisez la valeur de la pente pour 30°.

....

c. Opérez de manière similaire pour $\alpha = 50°$, 45° et 65°.

....

d. Recherchez l'inclinaison pour laquelle la pente est à « 200 % ».

....

4. **Valider.** Pouvez-vous affirmer qu'une pente à « 200 % » correspond à une inclinaison de ski « extrême » ?

....

....

5. **Communiquer.** Présentez, dans un tableau, les résultats obtenus aux questions **3. b.**, **c.** et **d.**

Précisez s'il s'agit d'une piste « raide » ou d'une piste de ski « extrême ».

....

....

....

....

Démarche scientifique

5 Quel est l'angle de tir ?

a. Après les vacances d'été, les lignes du terrain de rugby du lycée Gallieni doivent être retracées.
On veut vérifier que le terrain, dont les dimensions sont de 110 m sur 61,60 m, est bien rectangulaire.
- Que feriez-vous pour vous en assurer ?

b. Un entraîneur de rugby affirme : « L'angle de tir face aux poteaux est beaucoup plus ouvert que l'angle de tir le long de la ligne de touche. »
- Confirmez-vous cette affirmation ?

....

....

....

....

....

....

....

....

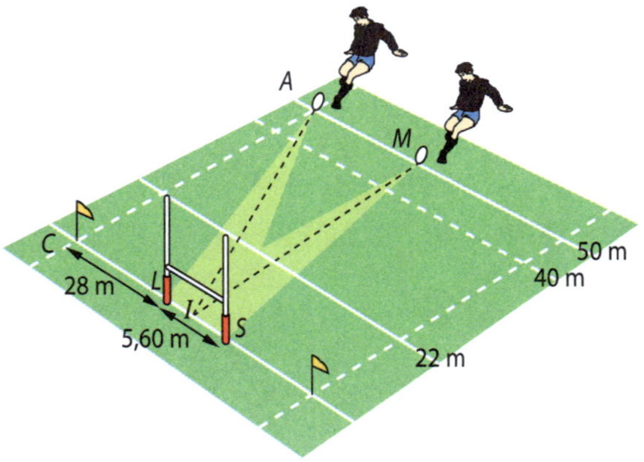

Pour bien démarrer ▶ Rechercher les longueurs AC, CL, LS, LI, CI et MI.

6 Quelle est la distance Terre-Soleil ?

Le 21 août 2017, une éclipse totale du Soleil a été observée depuis le Canada.
Lors de ce phénomène astronomique, la Lune se trouve placée entre la Terre et le Soleil, et occulte complètement ce dernier.

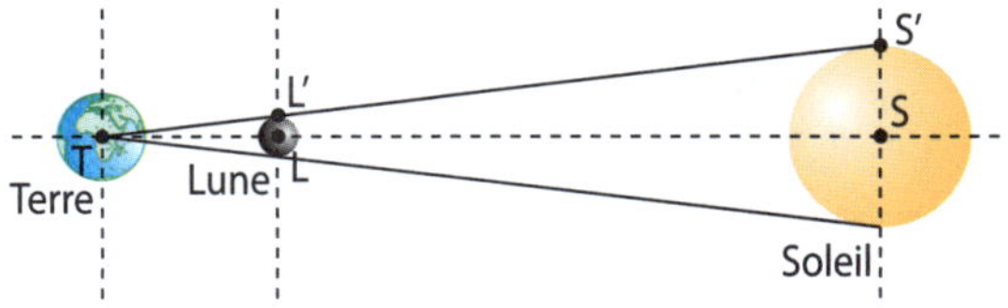

Dans cette configuration, la distance Terre-Lune correspond à 384 000 km.
Le diamètre de la Lune mesure 1 750 km, celui du Soleil est évalué à 695 000 km.
On suppose que les droites (LL') et (SS') sont parallèles.

- Calculez TS, la distance Terre-Soleil. Donnez le résultat au kilomètre près.

7 Quelles sont les pertes de découpes ? CO-INTERVENTION

Dans un atelier de sérigraphie, on découpe la face avant d'un instrument de mesure dans un rectangle en polycarbonate de 220 mm sur 110 mm.

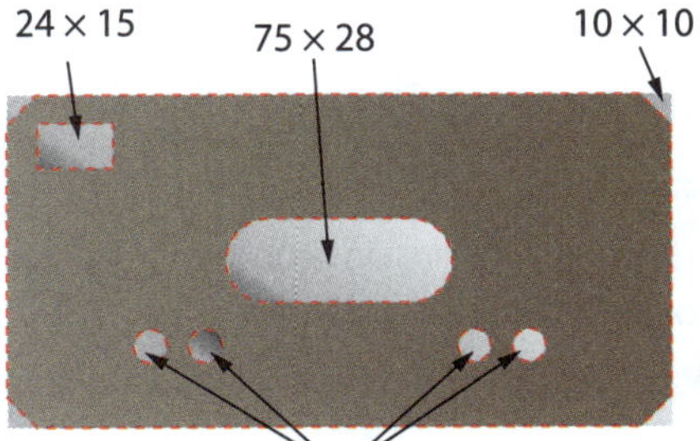

Les cotes sont en mm.

- Déterminez le pourcentage de pertes que représente l'aire totale des différentes « fenêtres » et des « coins » découpés.

8 Quelle est l'aire des lunules d'Hippocrate ?

Armateur, puis mathématicien, Hippocrate de Chio vécu vers 470 avant notre ère. (Il ne s'agit pas du célèbre médecin Hippocrate de Cos.)
Il a démontré que : « La somme des aires des deux lunules (en jaune) est égale à l'aire du triangle rectangle correspondant. »

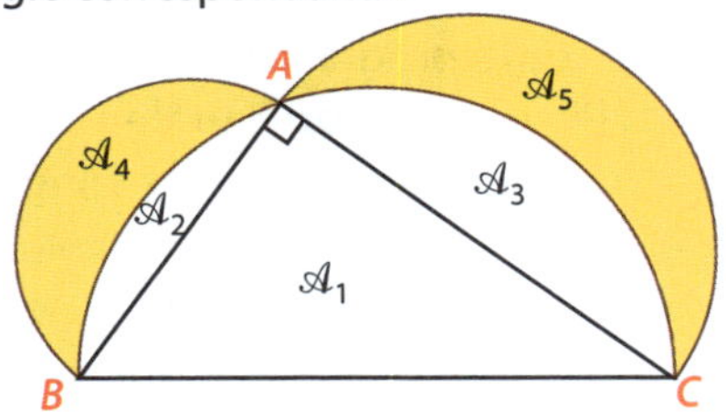

- Démontrez que cet énoncé est toujours vrai et vérifiez, sur un exemple, à l'aide d'un logiciel de géométrie 2D.

▶ Logiciel p. 149 à 152

Pour bien démarrer ▶ Exprimer en fonction des côtés du triangle : $\mathcal{A}_1$, $\mathcal{A}_1 + \mathcal{A}_2 + \mathcal{A}_3$, $\mathcal{A}_2 + \mathcal{A}_4$ et $\mathcal{A}_3 + \mathcal{A}_5$.

Algorithmique et programmation

Scratch
Python

1 Algorithmique et théorème de Pythagore

À l'aide d'un tableur, vous allez réaliser la programmation du calcul d'un côté d'un triangle rectangle en connaissant les deux autres côtés. *a* et *b* sont les côtés de l'angle droit et *c* l'hypoténuse.

Calcul de l'hypoténuse *c*

▶ **Logiciel** p. 147-148

1. Ouvrez un tableur. Saisissez « a= » en A1, « b= » en A2 et « hypoténuse c= » en A3.

En B3 saisissez « =RACINE(B1^2+B2^2) ».

	A	B
1	a =	
2	b =	
3	hypoténuse c =	0
4		
5		

2. Traduisez en langage mathématique l'expression : « RACINE(B1^2+B2^2) ».

3. Testez votre programmation en saisissant « 30 » en B1 et « 40 » en B2.

Vous devez obtenir « 50 » en B3.

Calcul d'un côté de l'angle droit (*a* ou *b*)

4. Modifiez le programme précédent de manière à calculer un coté de l'angle droit connaissant l'hypoténuse et l'autre côté de l'angle droit. Testez votre programmation en saisissant « 50 » en B3 et « 40 » en B2. Vous devez obtenir « 30 » en B1.

Exploitation

5. Utilisez ces deux programmes pour répondre aux exercices 4, 5, 6 page 96.

2 Algorithmique et réciproque du théorème de Pythagore

Observer le programme Scratch ci-après.

Analyse du programme

▶ **Logiciel** p. 140 à 144

1. Recherchez quel théorème de géométrie utilise ce programme.

2. Indiquez l'objectif mathématique visé par ce programme.

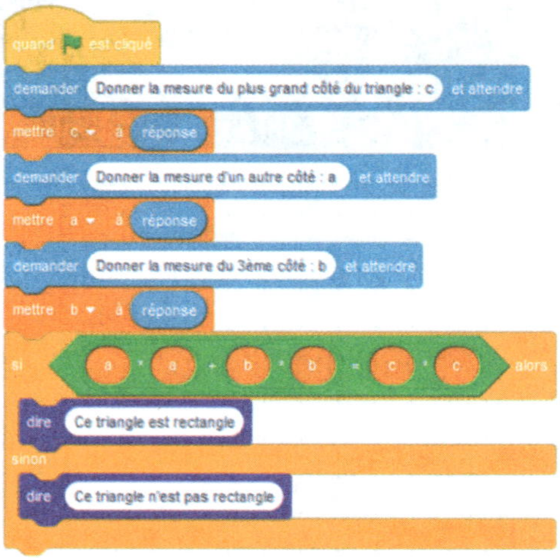

Organigramme

3. À l'aide du programme Scratch, complétez l'organigramme ci-dessous.

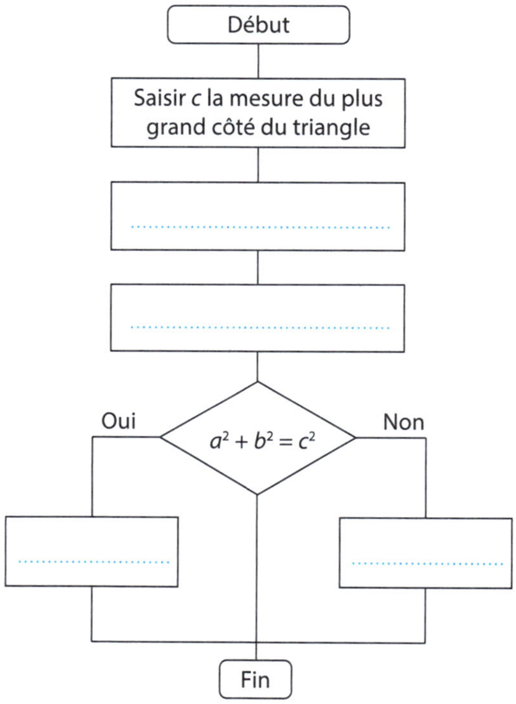

De scratch à Python

Voici le programme Python équivalent au Scratch.

```
c=float(input("entrer la mesure de c le plus grand côté du triangle : "))
a=float(input("entrer la mesure de a un autre côté du triangle : "))
b=float(input("entrer la mesure de b le troisième côté du triangle : "))
if c**2==a**2+b**2:
    print ("le triangle est rectangle")
else:
    print ("le triangle n'est pas rectangle")
```

4. Recopiez-le dans une console Python puis exécutez-le pour vérifier que le triangle « 3 ; 4 ; 5 » est rectangle.

Notez la réponse du programme ci-dessous.

Nom : ....

Prénom : ....

Comment mesurer avec son ombre ?

30 min

Clara et Anthony font leur footing sur le terrain de rugby du Stade Toulousain. Clara affirme que la hauteur des poteaux de but est supérieure à 20 m, mais Anthony pense le contraire… Profitant du Soleil, ils décident de calculer la hauteur des poteaux par des mesures appropriées sur des ombres.

Anthony qui mesure 1,75 m se place au pied d'un poteau. Clara mesure la longueur de l'ombre d'Anthony et obtient 1,36 m ; puis celle de l'ombre du poteau : 16,40 m.

Il s'agit d'utiliser ces données pour calculer la hauteur exacte des poteaux de rugby.

La situation peut être modélisée par le schéma ci-contre.

- Les rayons du Soleil sont considérés comme parallèles, donc (EM) // (RB).

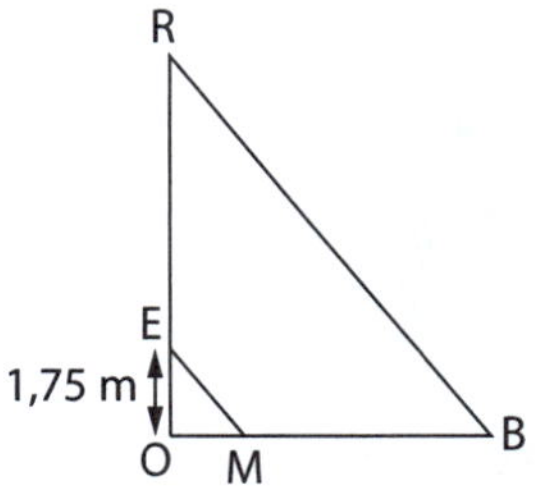

- On suppose que les points R, E, O, M et B sont situés dans un même plan.

1. S'approprier.

OR correspond à la hauteur des poteaux.
Complétez les mesures de [OB] et de [OM] dans le tableau suivant :

OR	OE
Hauteur d'un poteau	1,75 m
OB	**OM**
....	....

2. Analyser. Raisonner.

Indiquez le théorème de géométrie qui permet de calculer OR en utilisant OE, OM et OB.

....

Appelez votre professeur pour une aide, ou lui montrer votre proposition.

3. Exécuter.

Déterminez OR en mètres et à 10^{-2} près.

....

4. Valider.

a. Ouvrez une page dans un logiciel de géométrie dynamique. Dans la zone de saisie entrez successivement les points O(0 ; 0), E(1,75 ; 0), M(1,36 ; 0) et B(16,40 ; 0). À l'aide des fonctionnalités du logiciel, tracez la droite (EM) ; puis tracez la parallèle à (EM) passant par le point B. Placez le point R à l'intersection de l'axe des ordonnées et de la parallèle à (EM) passant par B.

b. Relevez l'ordonnée du point R. Comparez-la à la mesure de OR calculée à la question **3**.

....

....

5. Communiquer.

Tout en utilisant les termes « Thalès » et « logiciel de géométrie dynamique », indiquez qui de Clara ou d'Anthony avait raison.

....

....

Question	Capacités	Connaissances
2, 3	Calculer des longueurs dans des figures.	Le théorème de Thalès dans les triangles.

Co-intervention

La géométrie plane est utile en enseignement professionnel !
En voici un exemple.

Plus d'activités p. 121 à 126 !

Longueurs et angle avec un télémètre

Un télémètre permet la mesure à distance de longueurs. Il peut aussi être équipé d'un capteur électronique qui affiche la valeur de son angle d'inclinaison à 0,3° près.

Des mesures précises
Lien vidéo
1 min 18

Vous êtes concernés par cette problématique si vous exercez les métiers de : technicien du bâtiment, technicien géomètre, métier de la sécurité…

1. Recherchez, dans votre champ professionnel, un exemple de longueurs ou d'angles qui pourraient être mesurés avec un télémètre.

2. Quels outils mathématiques pouvez-vous utiliser pour calculer des aires dans votre exemple ?

3. Quel est l'intérêt professionnel de connaître les aires de ces surfaces ?

7 Géométrie dans l'espace

Activité 1 S'agit-il d'un objet réel ?

Démarche scientifique

10 min

Reconnaître, nommer un solide usuel

Aymen, élève en Bac pro Artisanat et métiers d'arts, a trouvé une photo de cet objet et souhaiterait le fabriquer.

1. Décrivez cette figure. Pensez-vous que cet objet puisse exister ?

Pour bien démarrer ▶ **Repérez les solides usuels et dessiner la figure.**

……………………………………………………………………………………

……………………………………………………………………………………

……………………………………………………………………………………

……………………………………………………………………………………

2. Trouvez d'autres exemples d'illusions d'optique dans la vidéo.

Illusion dans une publicité
Lien vidéo
0 min 43 s

Activité 2 Quel abreuvoir choisir ?

10 min

Jean-Louis, éleveur de brebis, doit acheter des abreuvoirs pour ses animaux.
Sur Internet, il trouve deux modèles pour ovins.
Leurs caractéristiques sont données ci-dessous.

Reconnaître un solide usuel
Calculer des volumes

Abreuvoir « Twin »	Abreuvoir « Single »
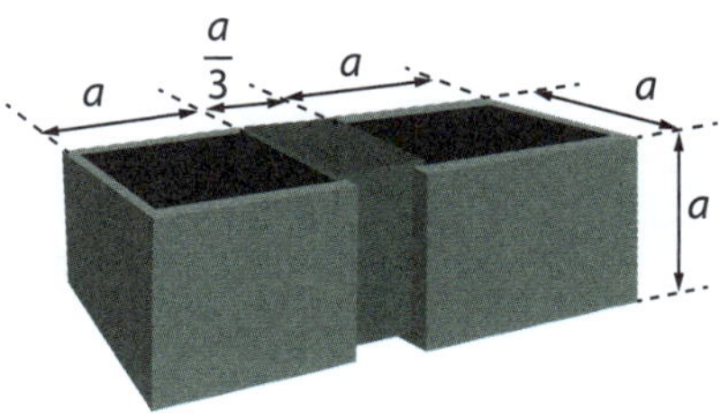	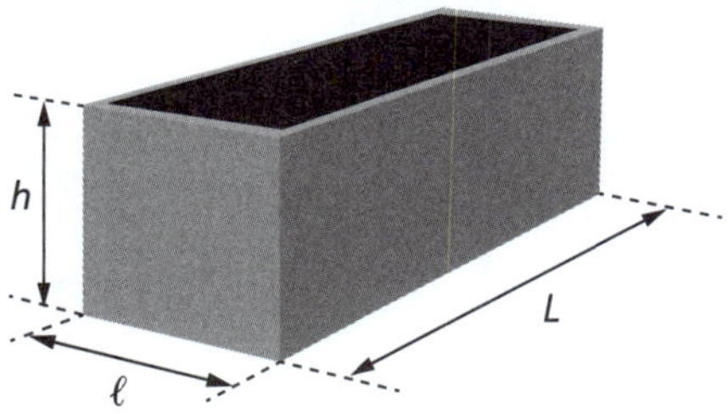
Dimension : $a = 60$ cm — Capacité : 432 litres	Dimensions : • $h = 50$ cm • $L = 140$ cm • $\ell = 60$ cm — Capacité : 420 litres

1. Décrivez les deux abreuvoirs en précisant les solides usuels qui les constituent.

……………………………………………………………………………………

……………………………………………………………………………………

Activité 2 *suite*

2. Calculez le volume de chaque abreuvoir, et exprimez le résultat en cm^3.

3. Les capacités indiquées sur le schéma sont-elles correctes ? Justifiez.

4. Quel abreuvoir choisiriez-vous ? Justifiez.

Activité 3 Quel volume d'acier dans une boîte de conserve ?

Démarche scientifique

15 min

Calculer un volume

Une publicité faisant la promotion du recyclage de l'acier indique qu'il est possible de fabriquer une boule de pétanque avec 9 boîtes de conserve.

Une boule de pétanque est constituée de deux demi-sphères creuses soudées. La sphère obtenue a un diamètre extérieur de 7,50 cm et un diamètre intérieur de 6,10 cm.

- Quel est le volume de l'acier constituant une des 9 boîtes de conserve ?

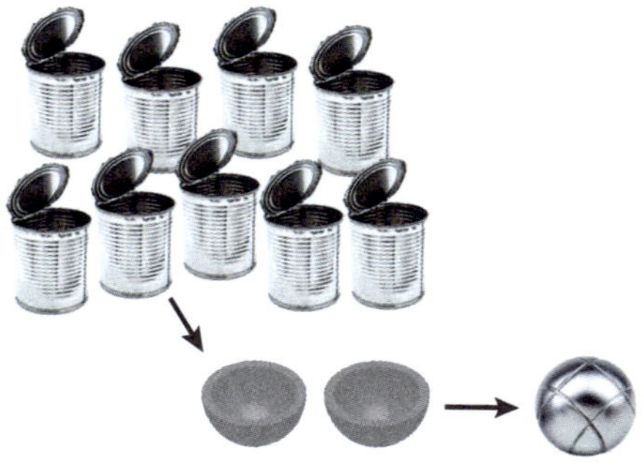

Pour bien démarrer ▶ **Utiliser le volume d'une sphère.** $\frac{4}{3} \times \pi \times r^3$

Appeler votre professeur pour une aide, ou lui montrer votre proposition.

L'essentiel

1 Solides usuels

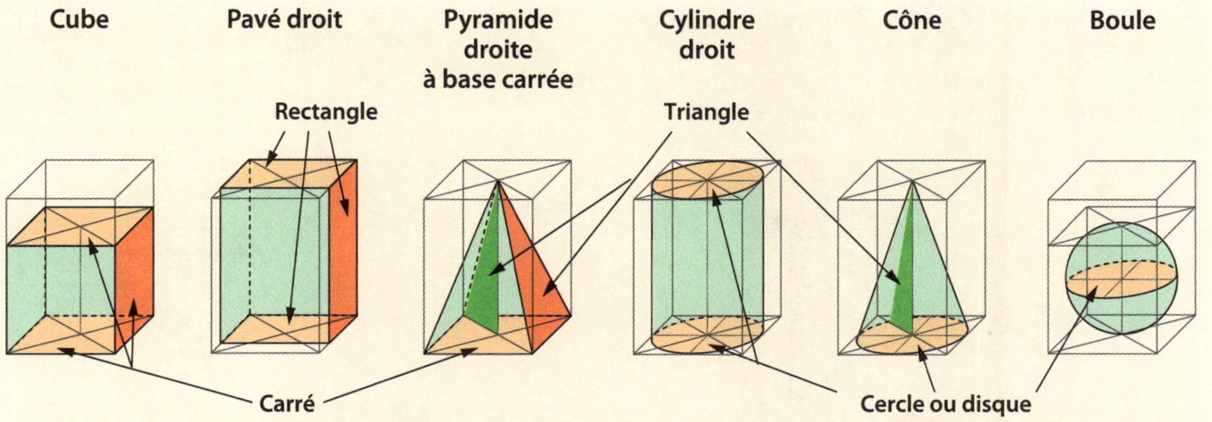

- Un solide peut être constitué de plusieurs solides usuels. Pour le décomposer, il faut identifier ses sommets et ses arêtes afin de reconnaître ces solides usuels.

2 Volumes de solides usuels

a. Formules

Cube

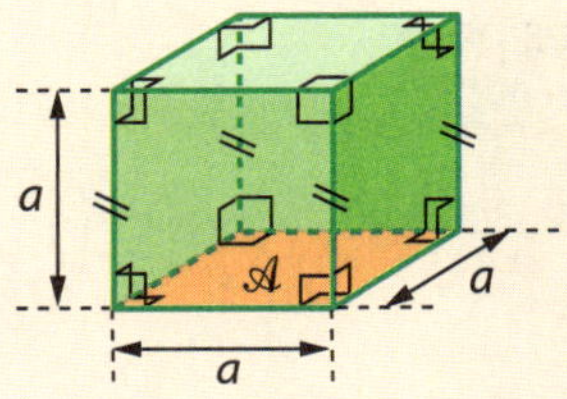

$\mathcal{V} = a \times a \times a = a^3$

Parallélépipède rectangle

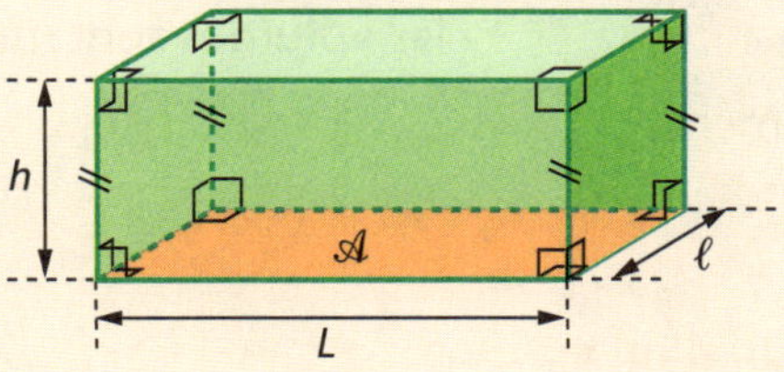

$\mathcal{V} = L \times \ell \times h$

Cylindre

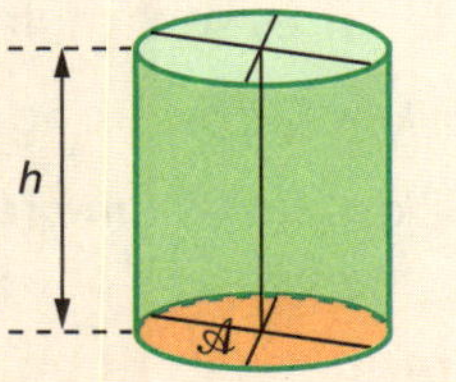

$\mathcal{V} = \mathcal{A} \times h = \pi \times r^2 \times h$

- **Cas général :**

Pour un solide droit (solide à deux faces parallèles, de même forme et de mêmes mesures, avec des faces latérales perpendiculaires aux plans de ces deux faces), le volume est égal au produit de l'aire $\mathcal{A}$ de la base par la hauteur h.

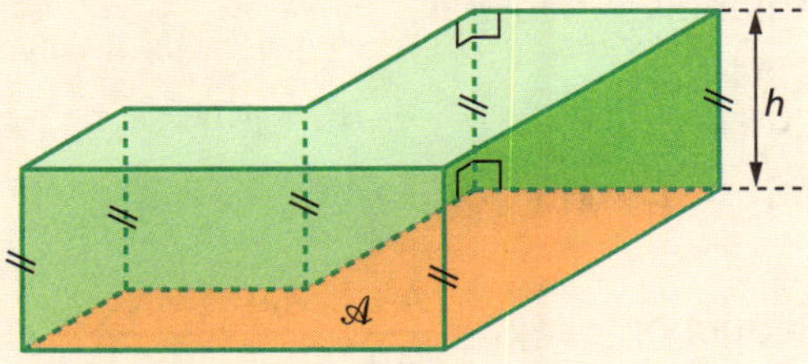

$\mathcal{V} = \mathcal{A} \times h$

b. Unités

- L'unité de volume dans le système international (SI) est le mètre cube (m^3).
- Le litre est une unité utilisée pour exprimer des quantités de liquides ou de gaz.

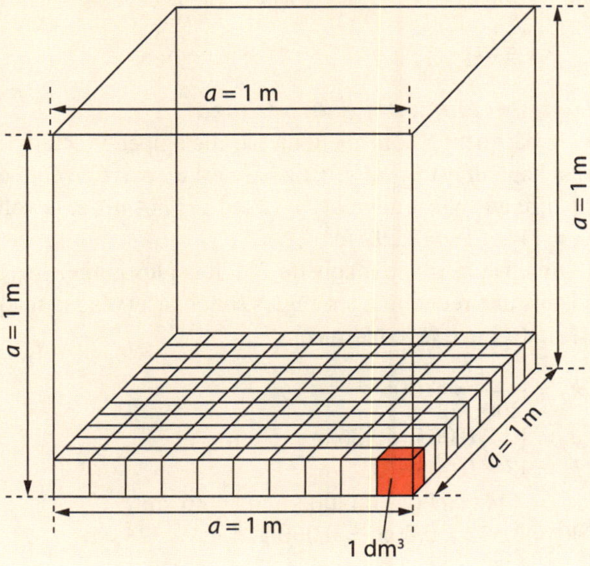

Volumes de solides usuels *(suite)*

Exemple :

- Le solide ci-contre doit être réalisé avec une imprimante 3D.
- Le solide est décomposable en deux parallélépipèdes et un cube :
  $\mathcal{V} = \mathcal{V}_1 + \mathcal{V}_2 + \mathcal{V}_3 = (6 \times 2 \times 2) + ((8 - 2) \times 2 \times 2) + (2 \times 2 \times 2)$
  $= 56 \text{ cm}^3$
- Le volume de matière plastique nécessaire pour le fabriquer est :
  $56\,000 \text{ mm}^3 = 56 \text{ cm}^3 = 0{,}056 \text{ dm}^3 = 0{,}000\,056 \text{ m}^3$

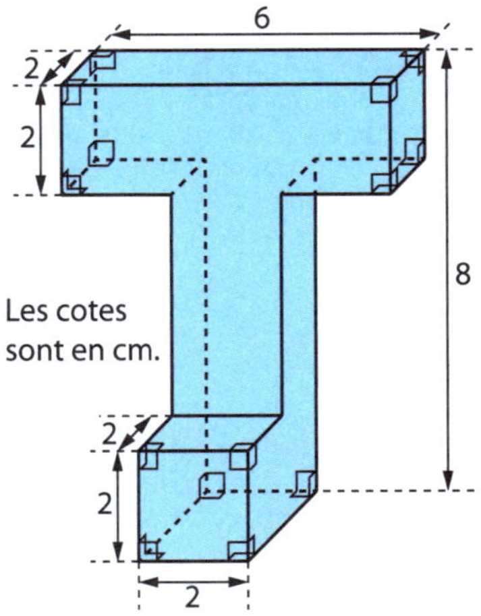

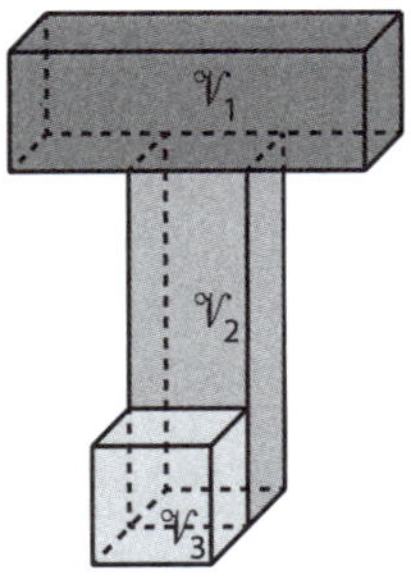

3 Effets d'un agrandissement ou d'une réduction

- Lors d'un agrandissement ou d'une réduction par un nombre k :
  - les **angles** sont conservés ;
  - les **longueurs** sont multipliées par k ;
  - les **aires** sont multipliées par k^2 ;
  - les **volumes** sont multipliés par k^3.
- Si $k > 1$, c'est un agrandissement.
- Si $k < 1$, c'est une réduction.

Agrandissement ou réduction d'un volume

- Agrandissement par $k_1 = \dfrac{AB}{AM} = \dfrac{AC}{AN} = \dfrac{BC}{MN} > 1$:
  - $\widehat{C} = \widehat{N}$
  - $BC = MN \times k_1$
  - $\mathcal{A}_2 = \mathcal{A}_1 \times k_1^2$
  - $\mathcal{V}_2 = \mathcal{V}_1 \times k_1^3$
- Réduction par $k_2 = \dfrac{AM}{AB} = \dfrac{AN}{AC} = \dfrac{MN}{BC} < 1$:
  - $\widehat{N} = \widehat{C}$
  - $MN = BC \times k_2$
  - $\mathcal{A}_1 = \mathcal{A}_2 \times k_2^2$
  - $\mathcal{V}_1 = \mathcal{V}_2 \times k_2^3$

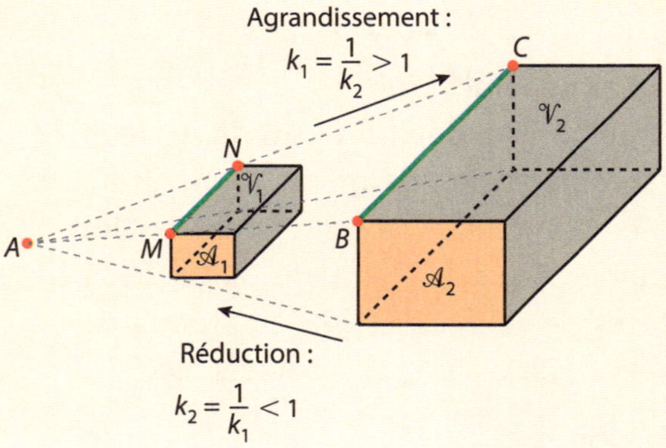

Exemple : Maquette d'un bâtiment

- Un bâtiment a la forme d'un parallélépipède rectangle.
- Sa hauteur est $h_2 = 18$ m. Sa base est un carré de côté $a_2 = 12$ m.
- L'aire au sol est donc $\mathcal{A}_2 = 12 \times 12 = 144 \text{ m}^2$ et le volume total $\mathcal{V}_2 = 144 \times 18 = 2\,592 \text{ m}^3$.
- Dimensions d'une maquette 200 fois plus petite.
- Dans une réduction, les angles sont conservés : la maquette a la même forme que le bâtiment.

$k_2 = \dfrac{1}{200} = 0{,}005$

$a_1 = 12 \times 0{,}005 = 0{,}06 \text{ m} = 6 \text{ cm}$

$h_1 = 18 \times 0{,}005 = 0{,}09 \text{ m} = 9 \text{ cm}$

$\mathcal{A}_1 = 144 \times 0{,}005^2 = 0{,}003\,6 \text{ m}^2 = 36 \text{ cm}^2$

$\mathcal{V}_1 = 2\,592 \times 0{,}005^3 = 0{,}000\,324 \text{ m}^3 = 324 \text{ cm}^3$

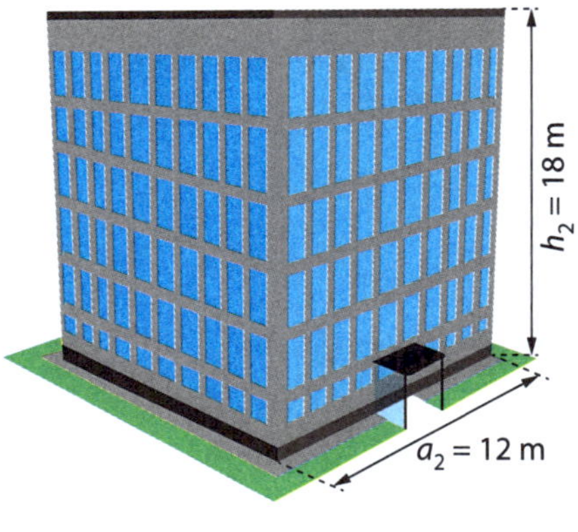

Travaux pratiques

TP 1 Quelle est la forme du volume enlevé par une fraise ?

30 min

Objectifs
- Reconnaître un solide usuel.
- Calculer des volumes.

Une fraise est un outil qui en rotation permet d'enlever de la matière d'un solide qui se déplace sur un axe.

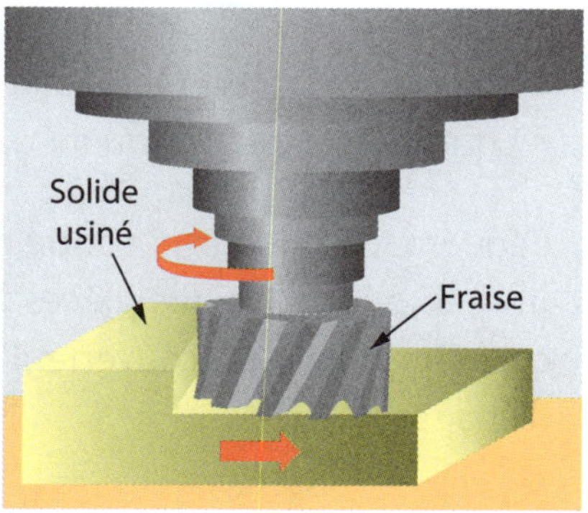

Le dessin ci-dessous est la représentation en perspective cavalière d'une pièce métallique parallélépipédique qui doit être usinée.
$L = 6$ cm, $\ell = 4$ cm et $h = 2{,}5$ cm

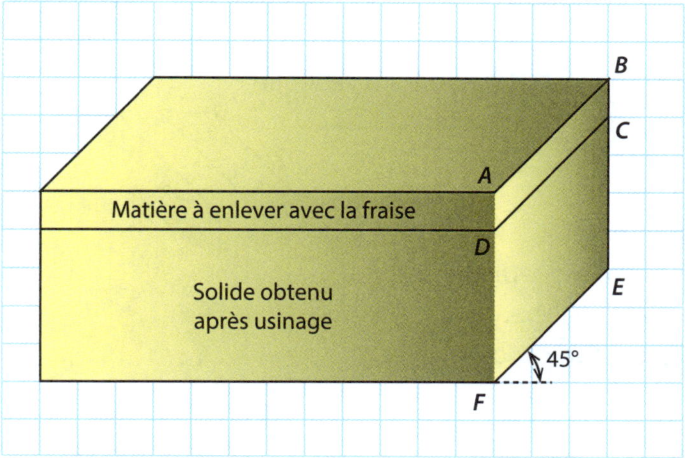

1. Comment nomme-t-on les figures *ABCD* et *CEFD* vues dans le plan de la feuille ?

....

....

....

2. Représentez, dans l'espace avec un logiciel de géométrie dynamique 3D et à l'échelle de votre choix, la pièce métallique parallélépipédique en faisant apparaître le volume de matière à enlever et le volume restant après usinage.

▶ **Logiciel** p. 149 à 152

3. a. À l'aide de l'outil « Volume » du logiciel affichez, en cm^3, le volume v_1 de la matière à enlever et le volume v_2 du solide obtenu après usinage.

....

....

....

b. Vérifiez par le calcul ces valeurs données par le logiciel.

....

....

....

....

....

Travaux pratiques

TP 2 Comment varie la quantité de zinc déposée ?

30 min

Objectifs
- Calculer des aires et des volumes.
- Effets d'un agrandissement ou d'une réduction.

L'équerre de bridage ci-contre est une cale « cubique » en acier utilisée pour fixer des pièces à usiner. Pour la protéger de la corrosion, elle est recouverte d'une couche de zinc de 0,002 cm d'épaisseur.

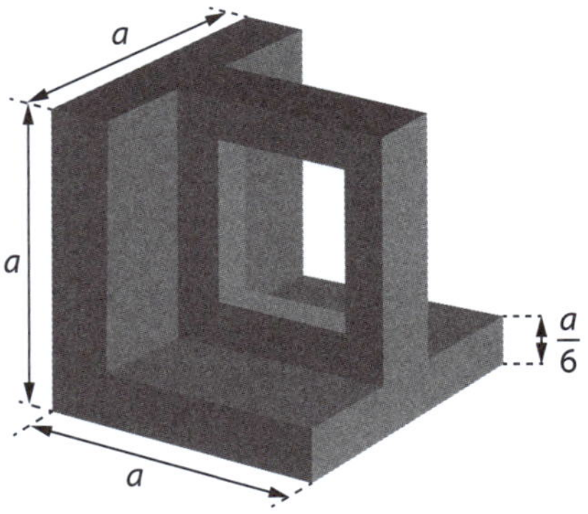

La responsable d'un atelier de production veut connaître les variations de la surface de cette cale, lorsque a augmente, pour prévoir le volume de zinc qu'il faut déposer.

Vous allez étudier cette problématique en faisant varier un coefficient k d'agrandissement à l'aide d'un tableur.

▶ **Logiciel** p. 147-148

1. Surface à recouvrir de zinc

L'équerre, avec $a = 6$ cm, est représentée ci-contre en perspective cavalière.

Vérifiez, par le calcul, que l'aire $\mathscr{A}$ de la cale est égale à 210 cm^2.

....

....

....

....

....

....

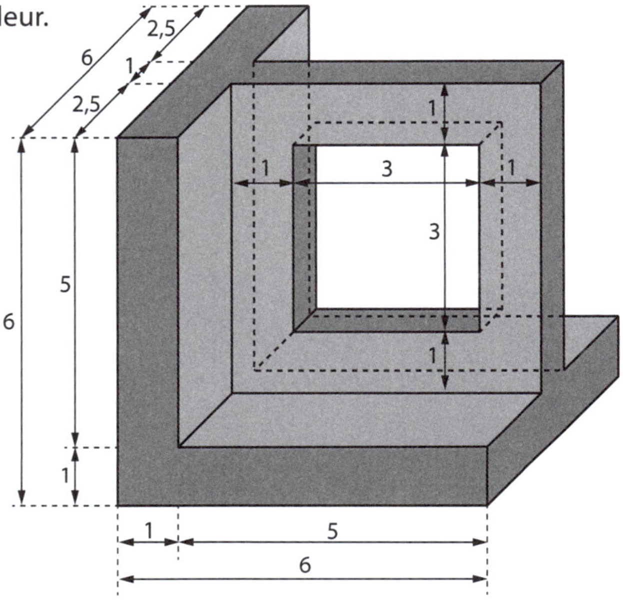

2. Volume de zinc

Dans un agrandissement, les aires sont multipliées par k^2.

Vous allez étudier cette propriété pour l'agrandissement d'une cale de $a = 6$ cm de côté.

a. Ouvrez le tableur informatique.

- Saisissez de la cellule A1 à D1 : **k**, **a**, **A** et **V zinc**.
- En A2, saisissez **1** et en A3 saisissez **1,1**.

Sélectionnez ces deux cellules et cliquez-glissez jusqu'en A12.

- Saisissez de la cellule B2 à D2 : =6*A2, =210*A2^2 et =C2*0,002.

Sélectionnez ces trois cellules et cliquez-glissez jusqu'en D12.

	k	a	A	V zinc
2	1	6	210	0,42
3	1,1			
4	1,2			
5	1,3			
6	1,4			
7	1,5			
8	1,6			
9	1,7			
10	1,8			
11	1,9			
12	2			

b. Commentez la variation de l'aire $\mathscr{A}$ de la cale et la variation du volume de zinc $\mathscr{V}_{zinc}$ en fonction de k.

....

3. Volume d'acier

Mettez en œuvre le protocole de votre choix pour étudier la variation du volume d'acier $\mathscr{V}_{acier}$ de la cale pour $1 \leqslant k \leqslant 2$. Comment varie ce volume d'acier pour 6 cm $\leqslant a \leqslant$ 12 cm ?

....

Exercices

Testez-vous !

QCM interactif

Cochez la bonne réponse parmi les trois proposées.

1. Connaissant la longueur L, la largeur ℓ et la hauteur h d'un parallélépipède rectangle, pour calculer la longueur d'une de ses diagonales, on fait appel :

☐ au théorème de Thalès ☐ au théorème de Pythagore ☐ à une relation trigonométrique

2. Le dessin qui est la représentation en perspective cavalière d'un parallélépipède rectangle est :

☐ 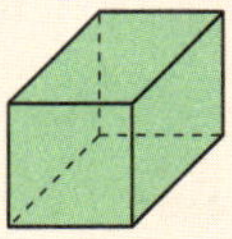

☐ 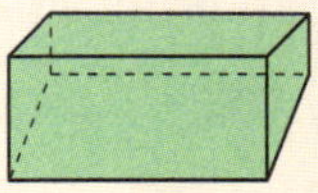

☐ 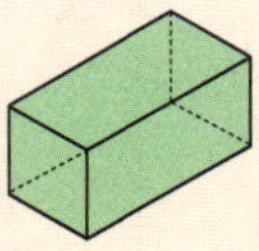

3. Dans la pyramide $SABCD$, les droites (SB) et (CD) sont :

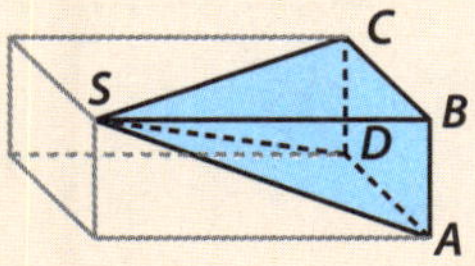

☐ parallèles
☐ perpendiculaires
☐ orthogonales

4. Pour calculer le volume d'un parallélépipède rectangle, on utilise l'expression :

☐ $\mathcal{V} = a^3$
☐ $\mathcal{V} = L \times \ell \times h$
☐ $\mathcal{V} = \frac{1}{3} \mathcal{A} \times h$

5. Le volume d'un parallélépipède rectangle à base carrée de côté $a = 5$ et de hauteur $h = 10$ est :

☐ $\mathcal{V} = 500$
☐ $\mathcal{V} = 250$
☐ $\mathcal{V} = 125$

6. Un agrandissement d'un solide par un coefficient k :

☐ conserve les angles
☐ augmente les angles
☐ diminue les angles

7. Si on multiplie l'arête d'un cube par $k = 5$, son aire est multipliée par :

☐ 10 ☐ 25 ☐ 50

8. Si on multiplie l'arête d'un cube par $k = 5$, son volume est multiplié par :

☐ 15 ☐ 75 ☐ 125

9. Si on divise les arêtes d'un cube par $k = 10$, son aire est divisée par :

☐ 10 ☐ 100 ☐ 1 000

10. Si on divise les arêtes d'un cube par k = 10, son volume est divisé par :

☐ 10 ☐ 100 ☐ 1 000

11. Dans une maquette à l'échelle ½, les volumes sont divisés par :

☐ 0,5 ☐ 0,125 ☐ 0,52

Automatismes

Calcul mental

1 Convertissez en m^3 les volumes suivants : 82,6 dm^3, 926 cm^3 et 336 L.

2 Déterminez un ordre de grandeur de 15 π, 300 π.

3 Calculez :
$9 \times 4 \times 5$; $2 \times 2 \times 4$; 6^3 ; 3×42.

À l'oral

4 **a.** Décrivez une pyramide.

b. Que faut-il connaître pour calculer le volume d'un pavé droit ?

c. Quels sont les effets d'un agrandissement sur un angle ? une longueur ? une surface ? un volume ?

5 **Exercice corrigé**

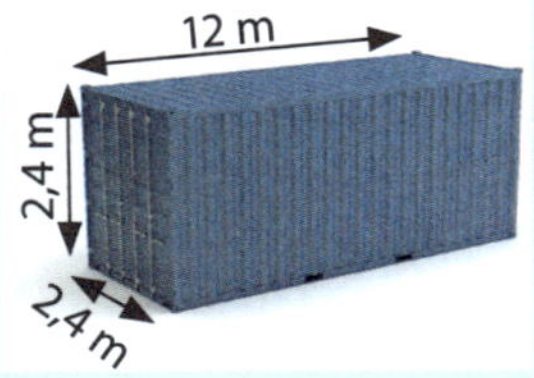

a. À quel solide usuel peut-on associer un container ?

b. Calculez son volume en m³.

c. On réalise une maquette en multipliant toutes les longueurs par $k = 0{,}01$. Quel est l'effet sur le volume ?

Corrigé

a. Un pavé droit (ou parallélépipède rectangle).

b. $V = 12 \times 2{,}4 \times 2{,}4 = 69{,}12 \approx 69\ \text{m}^3$.

c. Le volume de la maquette :
$69 \times k^3 = 69 \times 0{,}01^3 = 69 \times 0{,}000\,001 = 6{,}9 \times 10^{-5}\ \text{m}^3$.

Solides usuels

6 Donnez le nom des solides usuels représentés.

a.  ....

b.  ....

c.  ....

d.  ....

e.  ....

f.  ....

7 Reliez les noms des objets représentés ci-dessus avec le (ou les) solide(s) usuel(s) les constituants.

a. 

b. 

c. 

d. 

	• Parallélépipède rectangle
a. Tour de CD •	• Cylindre droit
b. Globe terrestre •	• Sphère
c. Unité centrale •	• Pyramide
d. Presse-papier •	• Prisme

8

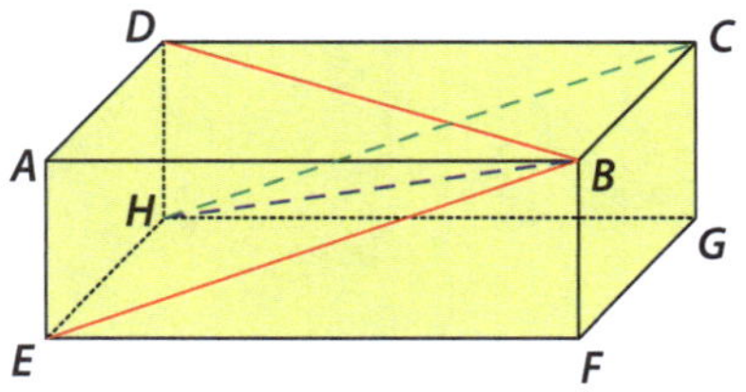

1. Quelle est la nature du solide ABCDEFGH ?

....

2. Quelle est la nature du solide ADHEB ?

....

9 **La fusée Ariane**

La fusée Ariane 5 est représentée ci-dessous par un schéma en perspective cavalière.

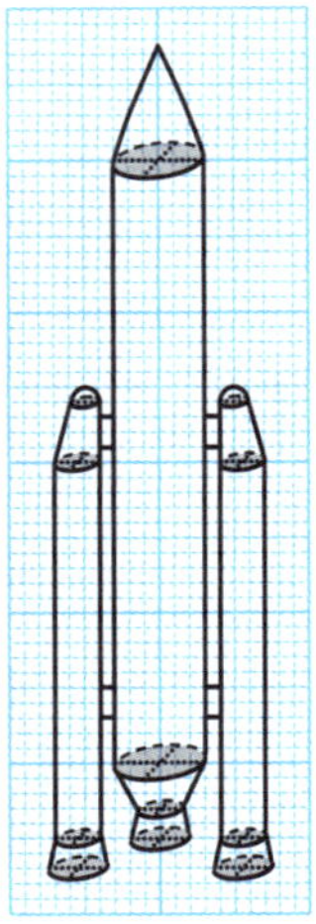

Quels solides reconnaissez-vous dans ce schéma ?

....

....

10 Quels solides reconnaissez-vous dans le modèle moléculaire représenté ci-dessous ?

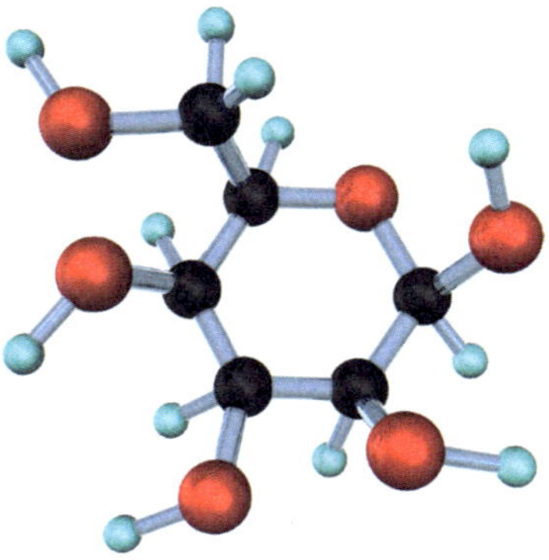

....

....

11 Quels sont les solides que l'on peut reconnaître dans le hand spinner représenté ci-dessous ?

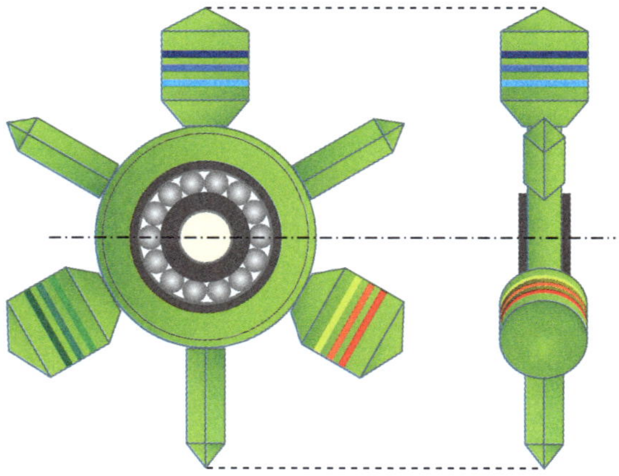

Vue de face — Vue de côté

....

....

....

....

Volumes de solides usuels

12

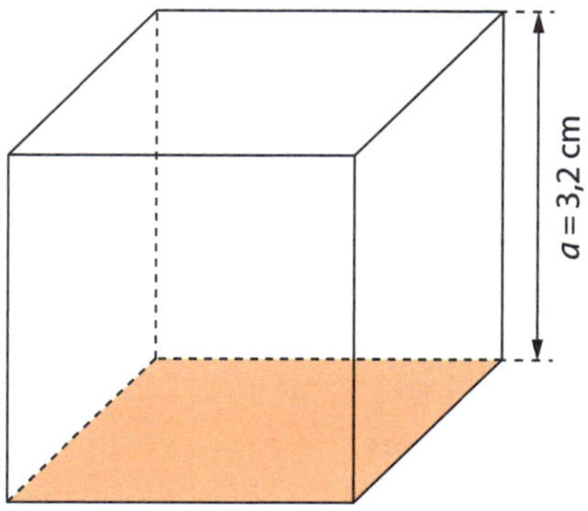

a. Calculez le volume V du cube, à 0,1 cm^3 près.

b. Construisez le cube en utilisant un logiciel de géométrie 3D et déterminez le volume en utilisant le logiciel. Comparez le résultat obtenu avec celui de la question **a.** ▶ **Logiciel** p. 149-152

13 Le cône ci-dessous est tel que $HY = 3$ cm et $SH = 8$ cm. Calculez le volume du cône en cm^3, arrondi au dixième.

Pour bien démarrer ▶ **Volume d'un cône :** $\mathcal{V} = \frac{1}{3} \times \mathcal{A} \times h$

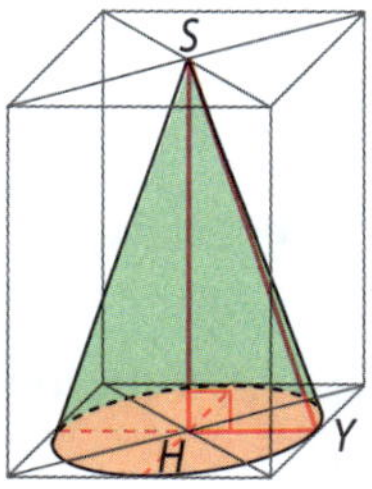

14 *ELISA* est une pyramide à base carrée. Le plan *MPQR* est parallèle à la base.

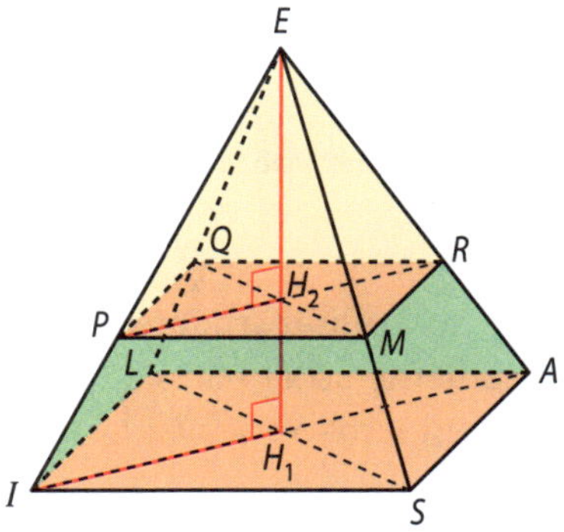

On donne $IS = 10$, $PM = 6$, $EH_1 = 12$, $EH_2 = 0,6 \times EH_1$

a. Calculez le volume de la pyramide ELISA.

Pour bien démarrer ▶ **Volume d'une pyramide :** $\mathcal{V} = \frac{1}{3} \times \mathcal{A} \times h$

b. Calculez la longueur EH_2.

c. Calculez le volume de la pyramide *EMPQR*.

Effets d'un agrandissement ou d'une réduction

15 Si le rayon d'une sphère augmente de 30 % :

a. de quel pourcentage augmente son aire ?

b. de quel pourcentage augmente son volume ?

16 Le coefficient $k = 3$ est utilisé pour réaliser l'agrandissement d'un cube de 1 m de coté.

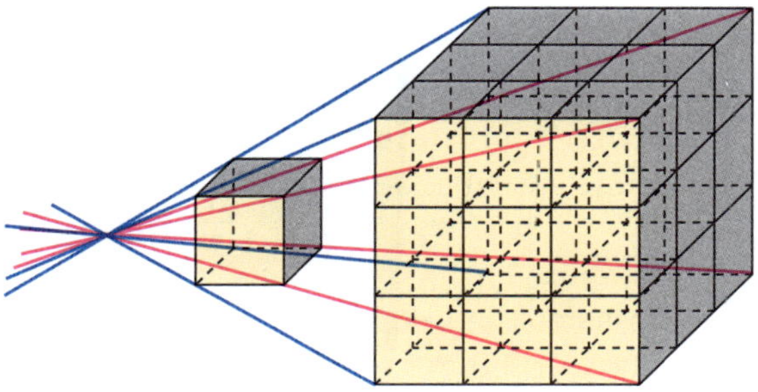

a. Calculez l'aire totale $\mathcal{A}$ du cube agrandi.

b. Calculez le volume $\mathcal{V}$ du cube agrandi.

Problèmes

Problème corrigé

1 Quel est le volume de béton ? CO-INTERVENTION

▶ **Problématique professionnelle**

Pour améliorer l'aspect des blocs de protection, un industriel du mobilier en béton propose, dans son catalogue, un bloc en forme de « fauteuil design ». L'arête du « grand cube » mesure 1 m, et celle du « petit cube » de l'assise 0,5 m.

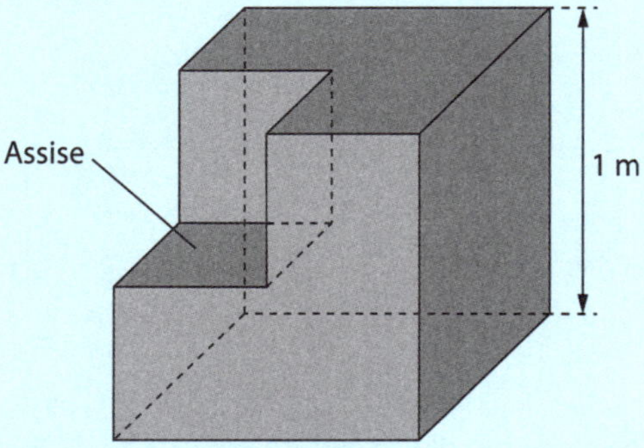

1. **S'approprier.** Décrivez le fauteuil en détaillant les solides usuels qui le constituent.

▶ **En maths**

2. **Analyser. Raisonner.** Proposez une méthode permettant de calculer le volume de ce solide.
3. **Réaliser.**
   a. Calculez le volume v_1 du « grand cube » en m^3.
   b. Calculez le volume v_2 du « petit cube » en m^3.
   c. Déduisez-en le volume total du fauteuil en m^3.

▶ **En enseignement professionnel**

4. **Valider.** Que pensez-vous de l'affirmation du chef de fabrication : « Pour fabriquer ce cube, il faut 12,5 % de béton en moins que pour un cube de 1 mètre de côté ».
5. **Communiquer.** Détaillez en quelques lignes les caractéristiques de ce fauteuil.

Corrigé

1. Le fauteuil peut être décomposé en 2 pavés droits et d'un cube.
2. Il faut calculer le volume du « grand cube » et soustraire le volume du « petit cube » pour obtenir le volume du fauteuil.
3. a. $v_1 = 1 \times 1 \times 1 = 1\ m^3$
   b. $v_2 = 0{,}5 \times 0{,}5 \times 0{,}5 = 0{,}125\ m^3$
   c. $v = v_1 - v_2 = 1 - 0{,}125 = 0{,}875\ m^3$
4. Par rapport au grand cube de 1 m^3, le béton économisé représente 0,125 m^3 soit : 0,125/1 × 100 =12,5 %. L'affirmation est donc vraie.
5. Le fauteuil design est un bloc de béton issu d'un grand cube de 1 m de côté, dans lequel a été creusé un petit cube de 0,5 m de côté. Son volume total est 0,875 m^3.

2 Quel est le volume de métal ? CO-INTERVENTION

▶ **Problématique professionnelle**

Le Ticonal est un alliage utilisé pour la fabrication d'aimants dont la puissance dépend du volume de métal qui les constitue.

Dans un catalogue de matériel de physique, on trouve l'aimant en U ci-dessous (un aimant est constitué de deux barreaux reliés par un cube) avec les longueurs (en mm) suivantes :

- dimensions de l'ensemble : 120 × 35 × 60 ;
- entrefer (distance entre barreaux) : 35.

1. **S'approprier.** Décrivez l'aimant en U en détaillant les solides usuels qui le constituent.

....

....

▶ **En maths**

2. **Analyser. Raisonner.** Proposez une méthode permettant de calculer le volume de ce solide

....

....

3. **Réaliser.**
   a. Calculez le volume du cube en mm^3.

   ....

   b. Calculez le volume de chaque barreau en mm^3.

   ....

   c. Déduisez-en le volume total de l'aimant en mm^3.

   ....

4. **Valider.** Construisez la figure en utilisant un logiciel de géométrie 3D et faites afficher le volume. Le résultat est-il cohérent avec la question 3.c. ?

....

▶ **En enseignement professionnel**

5. **Communiquer.** Détaillez en quelques lignes les caractéristiques de cet aimant.

....

....

....

3 Comment varie l'image projetée ? CO-INTERVENTION

▶ **Problématique professionnelle**

Un modèle de vidéoprojecteur est caractérisé par p, son « rapport de projection », ou par f, le « format de l'image ». Ces grandeurs sont définies par :

$$p = \frac{d}{\ell} \quad \text{et} \quad f = \frac{\ell}{h}$$

ℓ est la largeur et h la hauteur de l'image obtenue sur un écran.

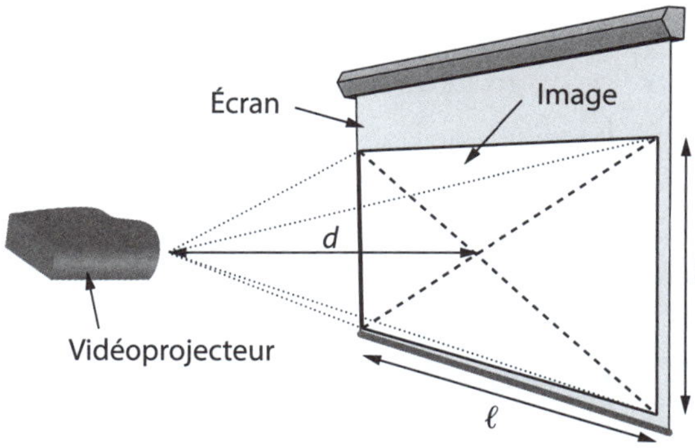

1. S'approprier. Pour un appareil donné, comment varie ℓ en fonction de d ?

▶ **En maths**

2. Analyser. Raisonner. Un modèle de vidéoprojecteur permet d'obtenir, pour $d_1 = 2$ m, une image telle que $\ell_1 = 1$ m et $h_1 = 0{,}6$ m.

a. Calculez son rapport de projection p.

b. Proposez un protocole pour déterminer les dimensions ℓ_2 et h_2 de l'image obtenue pour $d_2 = 3$ m.

3. Réaliser.

a. Avec un logiciel 3D, reproduisez l'image ci-dessous ; les deux rectangles représentent les images obtenues pour d_1 et d_2. ▶ **Logiciel** p. 149 à 152

Remarque : on admet que d est mesurée perpendiculairement et au centre de l'écran.

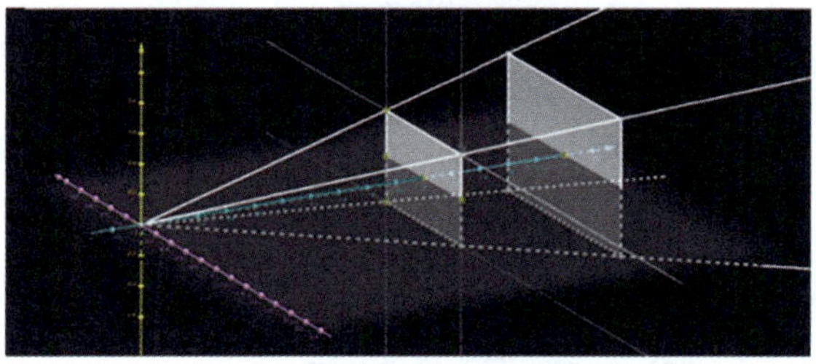

b. Quelles sont les longueurs h_2 et ℓ_2 affichées pour $d_2 = 3$ m ?

c. Déduisez-en le coefficient d'agrandissement k entre les deux images.

d. Quelles sont les valeurs affichées des aires $\mathcal{A}_1$ et $\mathcal{A}_2$ des images obtenues, respectivement pour $d_1 = 2$ m et $d_2 = 3$ m ?

4. Valider. Montrez que $\mathcal{A}_2 = \mathcal{A}_1 \times k^2$.

▶ **En enseignement professionnel**

5. Communiquer. Rédigez un texte pour expliquer, à une personne devant utiliser ce vidéoprojecteur, ce qui change si l'appareil est à 2 m de l'écran ou à 3 m.

4 Quelle est la masse de la jardinière ? CO-INTERVENTION

▶ **Problématique professionnelle**

Une jardinière, en forme de parallélépipède rectangle, présentée dans un catalogue de vente de mobilier urbain, a les dimensions extérieures suivantes : longueur $L = 1$ m, largeur $\ell = 60$ cm et hauteur $h = 80$ cm.
Le fond et les parois ont une épaisseur de 5 cm.

1. S'approprier.

a. Quelle est la forme du bac destiné à être rempli de terre ?

b. Quels sont les volumes connus qui composent le fond et les parois de cette jardinière ?

▶ **En maths**

2. Analyser. Raisonner. Proposez une méthode permettant de connaître la masse, en kg, de la jardinière.

3. **Réaliser.**

a. Déterminez la longueur L', la largeur ℓ' et la hauteur h' du bac intérieur. Déduisez-en son volume $\mathcal{V}'$, à 10^{-4} m^3 près.

b. Calculez, à 10^{-4} m^3 près, le volume $\mathcal{V}_b$ de béton nécessaire à la fabrication de la jardinière.

c. La masse volumique du béton est :

$$\rho = 2\,400 \text{ kg/m}^3$$

Quelle est la masse de la jardinière ?

Pour bien démarrer ▶ **1 m^3 de béton pèse 2 400 kg.**

4. **Valider.** À l'aide d'un logiciel de géométrie 3D, dessinez la jardinière à l'échelle de votre choix, et vérifiez les valeurs de $\mathcal{V}$ et $\mathcal{V}'$ trouvées aux questions précédentes. ▶ **Logiciel** p. 149 à 152

▶ **En enseignement professionnel**

5. **Communiquer.** Rédigez la fiche technique de la jardinière destinée à l'information des clients.

5 Quel volume faut-il climatiser ? CO-INTERVENTION

▶ **En enseignement professionnel**

Le nouveau palais de justice de Paris est un bâtiment à Haute Qualité Environnementale.
Il mesure 160 m de haut et occupe une surface rectangulaire au sol de 180 m sur 60 m.
Il peut être assimilé à quatre parallélépipèdes rectangles de même hauteur et superposés.
Les trois parallélépipèdes supérieurs mesurent 20 m de large sur respectivement 60 m, 80 m et 120 m de long.

1. **S'approprier.** Quelle est la hauteur h commune aux quatre parallélépipèdes ?

▶ **En maths**

2. **Analyser. Raisonner.** Une maquette de ce bâtiment doit être réalisée avec des feuilles cartonnées de format A4 (21 × 29,7 cm). Quelle échelle choisiriez-vous ? Justifiez votre réponse.

3. **Réaliser.** La maquette est réalisée à l'échelle 1/1 000.

a. Dans cette maquette :
- Quelles sont les dimensions des quatre parallélépipèdes ?
- Quel est le volume $\mathcal{V}_1$ occupé par les quatre parallélépipèdes ?

b. Quelle est la valeur du coefficient de réduction k correspondant à l'échelle 1/1 000 ?

4. **Valider.** Vérifiez, à l'aide du coefficient de réduction k, que le volume total du palais de justice qu'il faut chauffer ou climatiser est $\mathcal{V}_2 = 640\,000$ m^3.

▶ **En enseignement professionnel**

5. **Communiquer.** Présentez, dans un tableau, l'ensemble des dimensions : les réelles et celles de la maquette.

Dimensions réelles	Dimensions maquettes

6 Les sprinklers sont-ils à la bonne hauteur ?

Afin de protéger une zone de stockage d'un incendie, les gérants d'un supermarché veulent installer des sprinklers qui, à partir d'une certaine température, déclenchent un jet conique d'eau. Le jet d'eau obtenu a les caractéristiques ci-dessous.
On souhaite vérifier si les règles de sécurité sont respectées (surface au sol inférieure à 12 m^2) et calculer le volume couvert par le sprinkler.

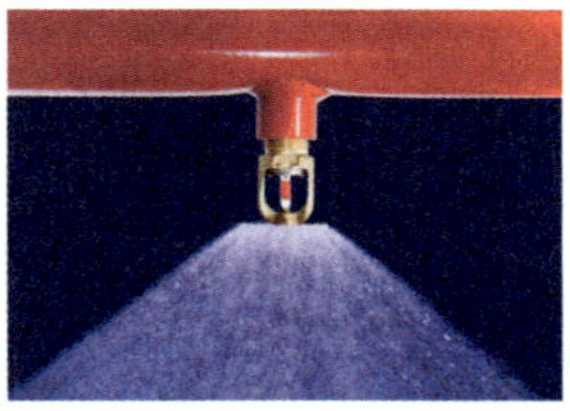

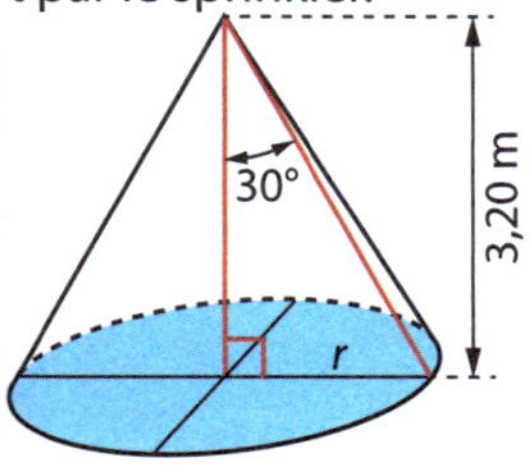

1. **S'approprier.** Pour le cône schématisé ci-dessus, quelles sont les mesures connues ? Les mesures à calculer ?

2. **Analyser. Raisonner.** Proposez une méthode permettant de calculer le volume du cône et l'aire de sa base.

3. **Réaliser.**

a. Construisez le triangle rouge en utilisant un logiciel de géométrie 2D et faites afficher la longueur du rayon r.

b. En utilisant la valeur de r trouvée au **a**, calculez le volume v du cône en m^3.

Pour bien démarrer ▶ Volume d'un cône : $\mathcal{V} = \frac{1}{3} \times \mathcal{A} \times h$

c. En utilisant la valeur de r trouvée au **a**, calculez l'aire a de la base du cône en m^3.

4. **Valider.**

a. Construisez le cône avec le logiciel de géométrie 3D, faites afficher le volume v et l'aire a. Ces résultats sont-ils cohérents avec ceux de la question **3** ?

b. Les conditions de sécurité sont-elles respectées ?

5. **Communiquer.** Résumez en quelques lignes les caractéristiques du sprinkler. Quel serait l'avantage d'un sprinkler à jet parabolique ?

Démarche scientifique

7 Combien faut-il de matière plastique ?

Les dimensions du fauteuil ci-dessus sont $L = 1$ m, $\ell = 1$ m et $h = 1{,}20$ m.

L'assise est un cube de 0,80 m de côté.

• Calculez le volume de matière plastique nécessaire à sa fabrication et la surface de tissu nécessaire pour le recouvrir. Déduisez-en le volume et la surface de tissu pour un modèle 4 fois plus petit.

8 Quel est l'emballage le moins volumineux ?

Des lots de trois balles de golf sont présentés dans des emballages cartonnés qui peuvent être parallélépipédiques ou cylindriques.

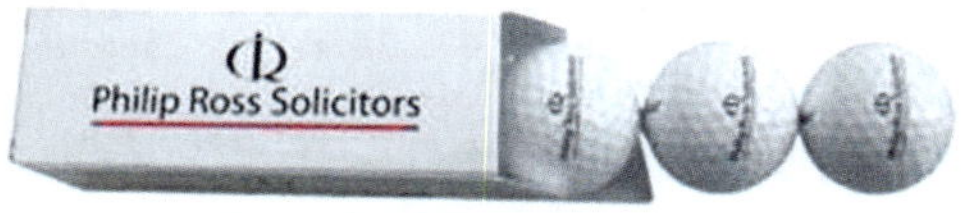

Le diamètre d'une balle mesure 42,7 mm.

• L'emballage offrant le volume le moins important est-il celui qui nécessite le moins de carton ?

Justifiez votre réponse par des calculs.

Pour bien démarrer ▶ Volume d'un cylindre : $\mathcal{V} = \pi \times r^2 \times h$

Algorithmique et programmation

Python

1 Quel est le volume du Colissimo ?

Le tableau ci-dessous indique les dimensions en cm des emballages Colissimo. L'objectif est de développer une méthode permettant d'obtenir rapidement le volume des différentes boîtes, en utilisant un programme Python.

▶ Logiciel p. 140 à 144

Taille de la boite	Dimensions
S	33,5 × 21,5 × 6
M	23 × 13 × 10
L	29 × 21 × 15
1B	41 × 10 × 10
XL	40 × 27,5 × 19,5

1. Quelles données devront être saisies par l'utilisateur afin d'initialiser le programme ?

....

....

2. Le programme utilisé est noté ci-dessous. Testez-le et indiquez les volumes des différents emballages.

```
def volume(L,l,h):
    V=L*l*h
    return V
L=float(input("Quelle est la longueur en cm?"))
l=float(input("Quelle est la largeur en cm?"))
h=float(input("Quelle est la hauteur en cm?"))
print("Le volume est",volume(L,l,h),"cm3")
```

Taille de la boite	Volume en cm^3
S	....
M	....
L	....
1B	....
XL	....

3. Modifiez le programme afin de calculer le volume d'un emballage cubique, de côté *a*, en cm.

....

....

....

....

....

4. Testez votre programme pour un cube de côté 12 cm et notez le volume obtenu :

....

2 Quelles sont les dimensions de l'enceinte ?

Les enceintes connectées sont, pour la plupart, des modèles cylindriques choisis pour occuper un volume d'environ 200 cm^3.

L'objectif est de déterminer, pour un rayon *r*, en cm, la valeur de la hauteur qui permet d'obtenir le volume attendu $v = 200$ cm^3. Le programme utilisé est noté ci-dessous :

```
def h(r):
  h=0
  while 3.14*h*r**2<=200:
    h=h+1
  return h
```

▶ Logiciel p. 140 à 144

1. Complétez l'algorigramme associé.

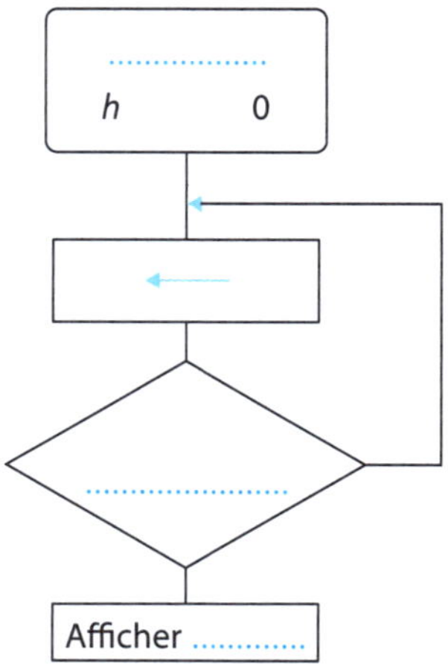

2. Voici un exemple d'exécution du programme sur console

```
>>> h(1)
64
```

Expliquez la signification de cet affichage.

....

....

3. Indiquez la hauteur dans le cas d'un rayon fixé à 2 cm.

....

....

4. En réalisant différents tests, proposez les dimensions qui vous sembleraient les plus intéressantes pour une enceinte connectée. Justifiez.

....

....

....

Évaluation

Nom : ....

Prénom : ....

L'alarme est-elle adaptée ?

25 min

Elève en Bac pro SEN, Vladimir doit dimensionner l'alarme incendie d'une salle de restaurant, schématisée ci-contre.

Pour que l'alarme fonctionne dans des conditions optimales, il faut que le volume de la pièce soit inférieur à 300 m^3 et que tous les points de la pièce soient à moins de 15 m de l'alarme.

Le choix a été fait de positionner l'alarme au point *E*.

Les dimensions de la salle sont : $AB = 12$ m, $DE = 8$ m et $AD = 3$ m.

On travaille sur une maquette, réalisée à l'échelle 1/100e.

1. S'approprier.

a. À quel solide usuel correspond la salle de restaurant ?

....

b. Que signifie « échelle 1/100 » ? Quel coefficient *k* permet d'obtenir les dimensions de la maquette ?

....

2. Analyser. Raisonner.

Proposez un protocole permettant de savoir si l'alarme est adaptée.

....

....

....

3. Réaliser.

Ouvrez un logiciel de géométrie 3D et construisez la maquette. Faites afficher le volume de la maquette. Construisez le segment [ED] sur la maquette et faites afficher sa longueur. Déduisez-en la longueur ED en m, et le volume *v* de la salle en m^3.

....

....

Appeler le professeur pour lui montrer votre travail

4. Valider.

Le volume obtenu est-il cohérent avec celui que vous pourriez obtenir par le calcul ? Justifiez.

....

5. Communiquer.

Indiquez en quelques lignes si l'alarme est installée pour fonctionner dans des conditions optimales.

....

....

Question	Capacités	Connaissances
1.a.	Reconnaître, nommer un solide usuel	Solides usuels : cube, pavé droit, pyramide, cylindre, cône, boule
3.b., 3.c., 4.	Calculer des longueurs, des volumes dans les figures ou solides.	Formule du volume du cube, du pavé droit et du cylindre
1.b., 3.d.	Déterminer les effets d'un agrandissement ou d'une réduction sur les longueurs, aires et volumes.	Grandeurs proportionnelles

Co-intervention

La géométrie dans l'espace est utile en enseignement professionnel !
En voici un exemple.

Plus d'activités p. 121 à 126 !

Volumes et maquettes dans le bâtiment

Dans les métiers du bâtiment, la géométrie dans l'espace est essentielle, pour la construction, mais aussi pour le calcul des volumes à chauffer ou climatiser.
Des maquettes, classiques ou numériques en 3D sont couramment utilisées, faisant intervenir les notions d'échelle, agrandissement et réduction.

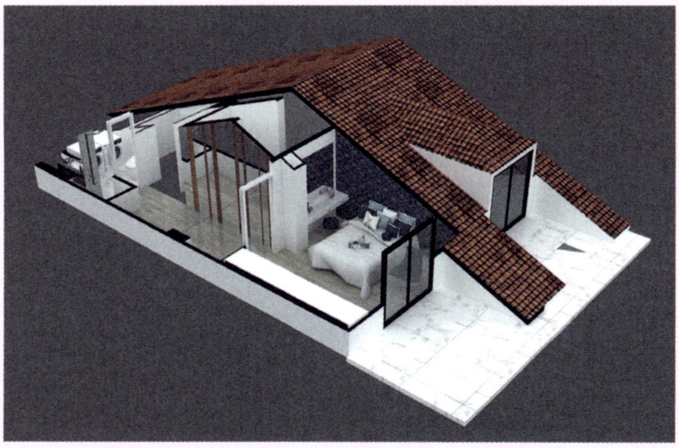

Construire grâce à la maquette numérique
Lien vidéo
5 min 55

1. Donnez un exemple d'application de la géométrie dans l'espace dans votre champ professionnel.

2. Quels outils mathématiques pouvez-vous mettre en place pour calculer des volumes dans votre exemple ?

3. Quel est l'intérêt de connaître ces volumes et d'utiliser des maquettes d'un point de vue professionnel ?

Activités de co-intervention

Situation 1 – Combien reste-t-il de bactéries après cinq minutes de contact avec le désinfectant ?

▶ **Problématique professionnelle**

Vous devez procéder au bio-nettoyage d'une chambre froide en inox.

▶ **En enseignement professionnel**

Un technico-commercial en produits de nettoyage professionnel vous a proposé de tester le produit d'entretien suivant..
D'après les normes en vigueur, un désinfectant est efficace lorsqu'il réduit d'au moins un facteur 10^5 la concentration en bactéries de référence après un contact de 5 min à 20 °C.

IDOS Détergent dégraissant désinfectant en milieu alimentaire, s'utilise manuellement, en centrale de désinfection, en canon à mousse.
En utilisation courante :
- Diluer IDOS dans l'eau à 20 °C à raison de 30 mL par litre d'eau.
- Éliminer les déchets les plus importants.
- Appliquer la solution, laisser agir pendant 5 min pour un traitement bactéricide et 15 min pour un traitement fongicide. Brosser si nécessaire.
- Rincer à l'eau potable

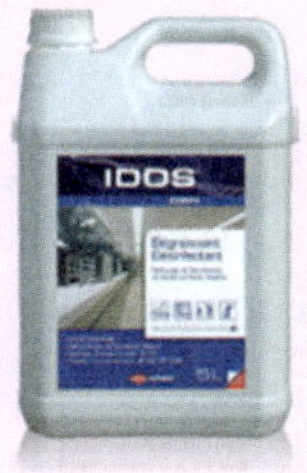

1. S'informer.

a. Donnez la définition de « bio-nettoyage ».

....

b. À l'aide des informations du produit, précisez les familles de micro-organismes sur lesquelles agit le produit IDOS.

....

2. Analyser. Raisonner.

a. Proposez un test permettant de vérifier l'efficacité bactéricide du produit IDOS.

....

▶ **En mathématiques**

b. Afin de vérifier l'efficacité du désinfectant IDOS, on a suivi dans le temps son activité bactéricide sur une colonie de 8×10^8 bactéries.
Le tableau ci-contre donne l'évolution du nombre de bactéries en fonction du temps de contact de cette colonie avec le produit.

Temps de contact (en min)	2	4	6	8	10
Nombre de bactéries	11 000	8 400	6 600	5 500	4 600

3. Analyser. Raisonner. À partir du tableau ci-dessus, proposez une méthode pour estimer le nombre de bactéries restantes après 5 min de contact avec le produit.

....

4. Réaliser.

a. À l'aide d'un tableur-grapheur, représentez graphiquement l'évolution du nombre de bactéries en fonction du temps de contact.

b. Déterminez graphiquement le nombre de bactéries restantes après 5 min de contact avec le produit.

....

5. Valider. Calculez la variation entre le nombre de bactéries initial et celui après 5 min de contact avec le produit. Comparez la valeur trouvée avec le facteur de réduction microbienne défini dans les normes en vigueur.

....

6. Communiquer. Concluez sur l'efficacité du produit IDOS au sens des normes en vigueur sur les désinfectants.

....

Situation 2 – Quelle est la hauteur maximale que ne doit pas dépasser le chariot élévateur ?

▶ **Problématique professionnelle**

Vous devez utiliser un chariot élévateur automoteur en respectant la hauteur limite.

▶ **En enseignement professionnel**

Votre chariot élévateur est doté d'une plaque de charge qui indique les renseignements pour gerber (empiler) en sécurité une charge. Elle indique la capacité maximale d'utilisation pour une hauteur de levée donnée et une distance *D* donnée entre le centre de gravité de la charge et le talon des fourches.

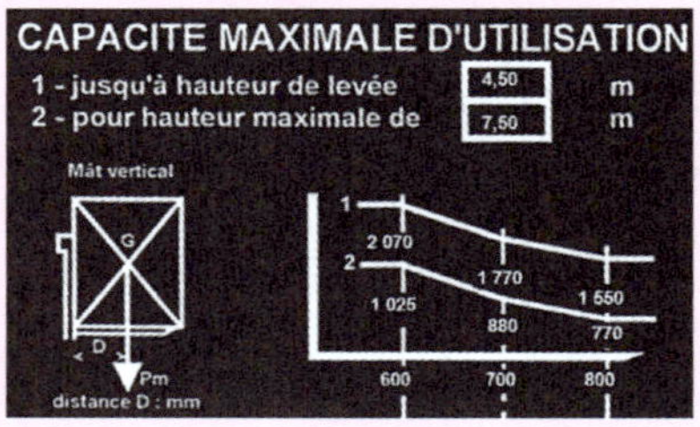

1. S'informer.

a. La conduite d'un chariot élévateur est soumise à l'obtention d'une autorisation de conduite délivrée par l'employeur ou du CACES. Donnez la signification de CACES.

....

b. Donnez la durée de validité du CACES.

....

2. Analyser. Raisonner.

a. Vous devez gerber une charge de longueur $L = 1{,}4$ m et de masse $m = 1{,}3$ t. Formulez une hypothèse sur la hauteur h maximale à ne pas dépasser lors du levage.

....

....

....

....

▶ **En mathématiques**

b. La documentation technique du chariot élévateur fournit les informations suivantes :

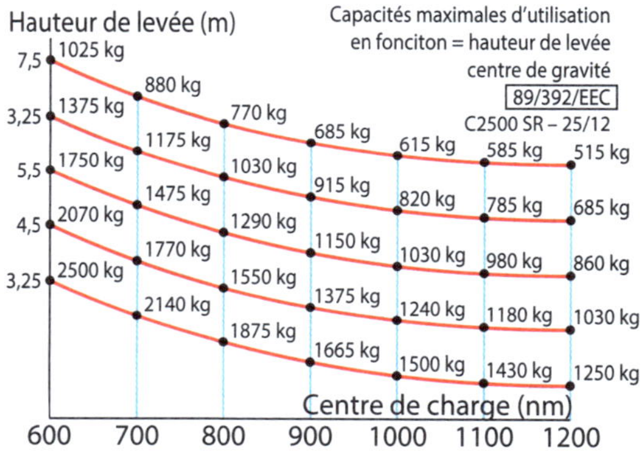

3. Réaliser.

a. Complétez le tableau ci-dessous pour une distance $D = 700$ mm entre le centre de gravité de la charge et le talon des fourches.

Masse de la charge (en kg)	880	1 175	1 475	1 770	2 140
Hauteur max de levée (en m)	....	....	....	....	....

b. À l'aide d'un tableur-grapheur, représentez graphiquement l'évolution de la hauteur maximale de levée en fonction la masse de la charge pour une distance $D = 700$ mm.

c. Déterminez graphiquement la hauteur h maximale à ne pas dépasser pour le levage d'une charge de masse $m = 1{,}3$ t pour une distance $D = 700$ mm.

4. Valider. Comparez le résultat obtenu à la question précédente avec l'hypothèse formulée à la question **2** et expliquez les sources d'erreurs éventuelles.

....

....

5. Communiquer. Rédigez un conseil sur l'utilisation du chariot pour gerber des charges si $L = 1{,}4$ m et $m = 1{,}3$ t.

....

....

Situation 3 – Quand faut-il intervenir en priorité dans la maintenance du palettiseur ?

▶ **Problématique professionnelle**

Vous travaillez sur une ligne automatisée de production d'aliments en sachets comprenant un palettiseur (appareil qui sert à charger des marchandises sur une palette).

▶ **En mathématiques**

Il a été constaté que le système de palettisation est souvent arrêté et pénalise très largement la production. Le responsable maintenance vous fournit le tableau ci-dessous qui recense les temps d'arrêts par sous-ensembles du palettiseur responsables des pannes depuis 2 ans.

Sous-ensemble	Temps d'arrêts (en h)
Ascenseur	32,5
Contrôle poids sac et détection métaux	3
Convoyage palette pleine	1
Convoyeur « sac plein »	8,5
Tête du palettiseur	16
Pose napperon	23

1. S'informer.

a. Quel est le caractère étudié ?

....

b. S'agit-il d'un caractère quantitatif ou qualitatif ?

....

2. Analyser. Raisonner.

Quel type de représentation graphique proposeriez-vous pour présenter cette série statistique ?

....

3. Réaliser.

a. Réalisez cette représentation graphique à l'aide d'un tableur-grapheur.

▶ **En enseignement professionnel**

b. Complétez le tableau suivant en classant les sous-ensembles par temps d'arrêts décroissant.

Repère	Sous-ensemble	Temps d'arrêts (en h)	%	Temps cumulé	% cumulé
①					
②					
③					
④					
⑤					
⑥					
	Total				

Calculs : ....

....

....

....

....

c. À l'aide du tableau précédent, tracez le diagramme de Pareto et la courbe ABC.

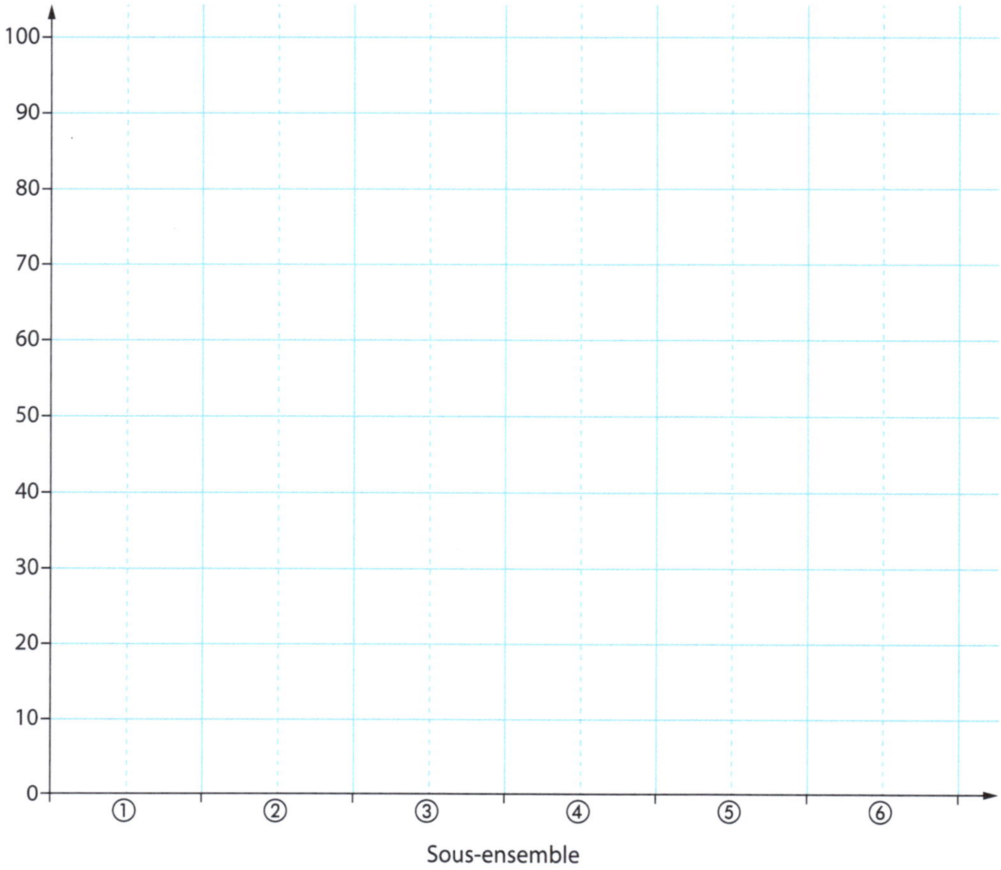

4. Valider. Définissez trois zones A, B et C sur le graphique ci-dessus puis donnez les noms des sous-ensembles par zone.

Zone A : ....

Zone B : ....

Zone C : ....

5. Communiquer. Rédigez, en quelques lignes, un mémo adressé au responsable maintenance pour lui indiquer les sous-ensembles sur lesquels son service devra intervenir en priorité.

....

....

....

....

....

....

....

Situation 4 – Quelles sont les longueurs des montants de la fenêtre ?

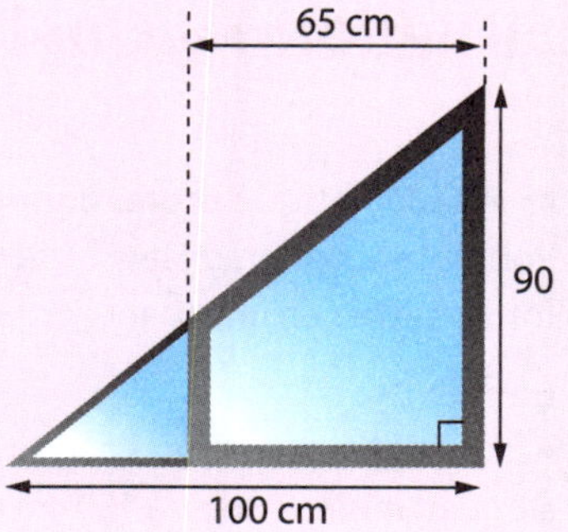

▶ **Problématique professionnelle**

Vous devez découper les montants en aluminium de la fenêtre triangulaire ci-contre.

▶ **En enseignement professionnel**

Vous disposez de la tronçonneuse semi-automatique dont les caractéristiques techniques sont les suivantes :

- Carter englobant de sécurité.
- Deux mors de serrage pneumatiques (serrage des deux côtés de la lame) réglables en position.
- Lubrification automatique.
- Vitesse de rotation de la lame : 3 000 tr/mn.
- Rotation manuelle de la tête à 45° à droite et 45° à gauche.
- Lame carbure 96 dents $400 \times 32 \times 3{,}6$.

1. S'informer.

a. Quelles sont les caractéristiques des profilés en aluminium nécessaires pour réaliser la fenêtre ?

....

b. Cette tronçonneuse est-elle adaptée pour réaliser les découpes des montants en aluminium de cette fenêtre ?

....

c. Quelle est la longueur ℓ de la fenêtre ? Sa hauteur h ?

....

d. Quelles sont les dimensions manquantes (longueurs, angles) qu'il vous faut connaître pour pouvoir réaliser les découpes ?

....

▶ **En mathématiques**

2. Analyser. Raisonner.

Quel(s) outil(s) mathématiques peuvent permettre de calculer les dimensions manquantes ?

....

....

3. Rechercher.

Calculer les dimensions manquantes.

....

....

....

....

4. Valider.

Réalisez un prototype des montants de la fenêtre à l'échelle 1/2. Vérifiez que l'angle à la base de la fenêtre est un angle droit.

5. Communiquer.

Présentez, à l'aide d'un plan à l'échelle 1/100 réalisé avec un logiciel de géométrie 2D, l'ensemble des dimensions de la fenêtre.

Situation 5 – Quelles peuvent être les dimensions de la chambre d'hôpital ?

▶ Problématique professionnelle

Pour la rénovation de leur structure, les responsables d'un centre hospitalier souhaitent aménager des chambres de forme carrée en imposant l'organisation de chaque chambre selon le croquis et les contraintes suivants.

Contraintes :

- Bloc sanitaire de forme carrée et de dimensions au moins égales à 150 cm × 150 cm.
- Penderie : 3 m × 0,6 m.
- Superficie de la chambre hors bloc sanitaire et penderie : 24 m^2.

Les contraintes liées aux dimensions du bloc sanitaire peuvent-elles être respectées ?

Croquis :

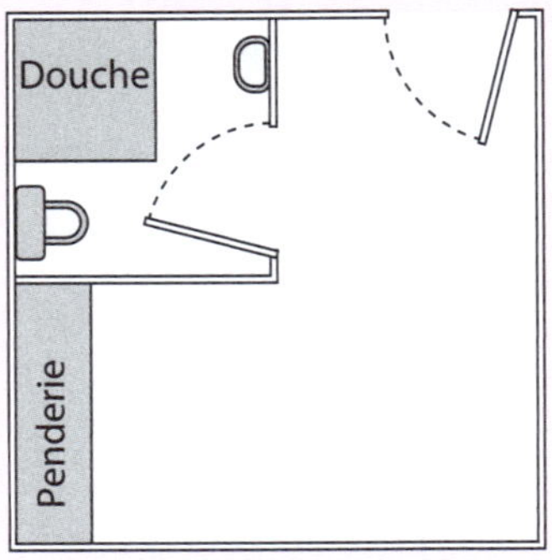

▶ En enseignement professionnel

1. S'informer.

a. Les centres hospitaliers font partie du SPH. Donnez la signification de ce sigle.

....

b. Pour quelle raison les dimensions du bloc sanitaire doivent-elles être au moins égales à 150 cm × 150 cm ?

....

▶ En mathématiques

2. Analyser. Raisonner. En notant x la longueur du côté de la chambre, traduisez le problème par une équation.

....

....

....

3. Réaliser. Résolvez l'équation proposée à la question précédente.

....

....

....

4. Valider. Interprétez le résultat obtenu à la question précédente.

....

....

....

....

5. Valider. Vérifiez que les contraintes liées aux dimensions du bloc sanitaire sont respectées.

....

....

....

....

6. Communiquer. Présentez, à l'aide d'un logiciel de dessin 2D, l'ensemble des dimensions de la chambre d'hôpital.

Consolidation des automatismes

1 Calcul d'une fréquence

a. Un professeur de sciences relève la durée consacrée à une activité pour les 28 élèves d'une classe. Il note que 7 élèves ont consacré plus de 20 minutes à l'activité.

Calculez la fréquence correspondant à cette catégorie d'élèves :

$f =$ ....

b. On lance 30 fois un dé à 6 faces chiffrées et on relève le chiffre sorti :

5	1	6	1	1	5
3	4	3	5	4	3
1	5	1	6	6	1
4	2	6	5	1	2
1	6	1	2	5	2

Calculez la fréquence d'apparition du « 1 » :

$f =$ ....

c. On a interrogé les élèves d'un lycée professionnel pour savoir s'ils sont satisfaits du self de leur établissement :

Avis	Effectif	Fréquence
Pas satisfaits	30	....
Peu satisfaits	90	....
Satisfaits	160	....
Très satisfaits	120	....
Total	$N =$	....

Complétez les deuxième et troisième colonnes du tableau ci-dessus.

d. On relève les distances parcourues quotidiennement par des élèves d'un lycée professionnel pour se rendre dans leur établissement :

Distance (en km)	[0 ; 10[	[10 ; 20[	[20 ; 30[	[30 ; 40[
Effectif	90	160	195	55

Calculez la fréquence correspondant aux élèves qui parcourent moins de 30 km chaque jour pour se rendre au lycée :

$f =$ ....

2 Utilisation des pourcentages

a. Dans un lycée de 550 élèves, 16 % sont externes, 64 % sont demi-pensionnaires et 20 % sont externes. Calculez le nombre d'élèves de chaque catégorie.

....

....

....

b. Un article vendu initialement 85 € est soldé à –20 %. Calculez le nouveau prix de vente de cet article.

....

....

....

c. Une classe de seconde Bac Pro comprend 32 élèves dont 18 filles. Calculez le pourcentage de filles dans cette classe.

....

....

....

d. Lors de l'élection des délégués d'une classe de seconde Bac Pro, Walid et Léa ont respectivement obtenu 18 et 12 voix. Calculez le pourcentage d'élèves qui ont voté pour chacun d'eux.

....

....

....

e. Un téléphone portable est vendu 599,25 € après une réduction de 25 %. Calculez le prix initial du téléphone.

....

....

....

f. Un loyer est porté à 697 € après une augmentation de 2,5 %. Calculez le montant initial du loyer.

....

....

....

3 Expression d'un nombre donné en écriture décimale ou fractionnaire sous forme d'un pourcentage et réciproquement

a. Exprimez les pourcentages suivants sous la forme d'un nombre décimal :

6 % = ...

10 % = ...

25 % = ...

68 % = ...

95 % = ...

150 % = ...

b. Exprimez les nombres décimaux suivants sous la forme d'un pourcentage :

0,05 = ...

0,055 = ...

0,2 = ...

0,5 = ...

0,75 = ...

1,2 = ...

c. Exprimez les pourcentages suivants sous la forme d'un nombre fractionnaire :

8 % = ...

12 % = ...

25 % = ...

75 % = ...

85 % = ...

d. Exprimez les nombres fractionnaires suivants sous la forme d'un pourcentage :

$\frac{3}{10}$ = ...

$\frac{1}{2}$ = ...

$\frac{4}{5}$ = ...

$\frac{5}{4}$ = ...

4 Calcul d'une moyenne

a. On a classé ci-dessous, par ordre croissant, les notes obtenues à un devoir de mathématiques par des élèves de seconde Bac Pro :

4	6	6	7	7	9
9	9	10	10	10	11
11	11	12	12	13	13
13	14	14	15	16	16

Calculez la note moyenne du devoir :

....

....

....

b. Les deux tableaux ci-dessous sont issus d'une enquête concernant les habitudes d'écoute musicale auprès de 210 jeunes âgés de 15 à 20 ans.

Temps d'écoute quotidien (en h)	1	1,5	2	2,5	3	3,5	4
Nombre de jeunes	18	20	29	44	51	30	18

Calculez le temps d'écoute moyen quotidien des jeunes de ce panel :

....

....

....

c. On relève les distances parcourues quotidiennement par des élèves d'un lycée professionnel pour se rendre dans leur établissement :

Distance (en km)	[0 ; 10[	[10 ; 20[	[20 ; 30[	[30 ; 40[
Effectif	90	160	195	55

Calculez la distance moyenne parcourue chaque jour par ces élèves pour se rendre au lycée :

....

....

....

....

....

5 Calculs avec les puissances de 10

a. Écrivez sous forme décimale les puissances de 10 suivantes :

10^2 = ...

10^5 = ...

10^6 = ...

10^9 = ...

10^{-1} = ...

10^{-2} = ...

10^{-3} = ...

10^{-5} = ...

b. Écrivez sous forme décimale les nombres suivants :

-25×10^2 = ...

3×10^4 = ...

-6×10^5 = ...

28×10^6 = ...

-598×10^{-1} = ...

456×10^{-2} = ...

$-2\,735 \times 10^{-4}$ = ...

$2\,067\,514 \times 10^{-5}$ = ...

c. Écrivez sous forme décimale les nombres suivants :

$-9{,}01 \times 10^2$ = ...

$0{,}45 \times 10^3$ = ...

$-56{,}4 \times 10^5$ = ...

$7{,}5 \times 10^6$ = ...

$0{,}7 \times 10^{-1}$ = ...

$376{,}8 \times 10^{-2}$ = ...

$0{,}25 \times 10^{-3}$ = ...

$2\,067{,}5 \times 10^{-5}$ = ...

6 Écriture d'un nombre en notation scientifique

a. Donnez l'écriture scientifique des nombres suivants :

300 = ...

4 000 = ...

60 000 = ...

2 000 000 = ...

0,3 = ...

0,09 = ...

0,004 = ...

0,0005 = ...

0,000007 = ...

b. Donnez l'écriture scientifique des nombres suivants :

87 = ...

340 = ...

2 500 = ...

19 000 = ...

6 800 000 = ...

0,032 = ...

0,00034 = ...

0,000045 = ...

0,0000059 = ...

c. Donnez l'écriture scientifique des nombres suivants :

100,25 = ...

6 005,43 = ...

25 134,91 = ...

47 350,3 = ...

0,205 = ...

0,01035 = ...

0,00824 = ...

0,000497 = ...

0,00000563 = ...

7 Comparaison de fractions simples entre elles ou avec des nombres décimaux

a. Comparez les fractions suivantes à 1 (avec < ou >) :

$\frac{3}{4}$ 1

$\frac{5}{2}$ 1

$\frac{7}{9}$ 1

$\frac{10}{6}$ 1

b. Comparez les fractions et les nombres décimaux suivants (avec < ou >) :

$\frac{3}{8}$ 0,5

$\frac{5}{12}$ 0,25

$\frac{9}{4}$ 2,5

$\frac{3}{4}$ 0,7

c. Comparez les fractions suivantes (avec < ou >) :

$\frac{3}{4}$ .... $\frac{5}{4}$

$\frac{4}{6}$ .... $\frac{10}{6}$

$\frac{16}{3}$ .... $\frac{4}{3}$

$\frac{14}{9}$ .... $\frac{7}{9}$

$\frac{29}{30}$ .... $\frac{4}{30}$

d. Comparez les fractions suivantes (avec < ou >) :

$\frac{6}{2}$ .... $\frac{5}{4}$

$\frac{17}{6}$ .... $\frac{5}{3}$

$\frac{7}{10}$ .... $\frac{1}{4}$

$\frac{9}{8}$ .... $\frac{7}{3}$

$\frac{7}{9}$ .... $\frac{2}{5}$

$\frac{7}{4}$ .... $\frac{11}{6}$

8 Addition et multiplication de fractions

a. Calculez sous forme d'une fraction irréductible :

$\frac{3}{4} + \frac{5}{4} =$ ....

$\frac{16}{3} - \frac{4}{3} =$ ....

$\frac{4}{6} + \frac{10}{6} =$ ....

$\frac{7}{9} + \frac{14}{9} =$ ....

$\frac{29}{30} - \frac{4}{30} =$ ....

b. Calculez sous forme d'une fraction irréductible :

$\frac{6}{2} + \frac{5}{4} =$ ....

$\frac{17}{6} - \frac{5}{3} =$ ....

$\frac{5}{8} + \frac{7}{3} =$ ....

$\frac{7}{9} - \frac{2}{5} =$ ....

$\frac{7}{4} + \frac{3}{6} =$ ....

$\frac{25}{10} - \frac{1}{4} =$ ....

c. Calculez sous forme d'une fraction irréductible :

$\frac{3}{4} \times \frac{5}{2} =$ ....

$\frac{7}{9} \times \frac{2}{5} =$ ....

$\frac{4}{6} \times \frac{10}{6} =$ ....

$\frac{7}{4} \times \frac{3}{6} =$ ....

$\frac{25}{10} \times \frac{1}{4} =$ ....

d. Calculez sous forme d'une fraction irréductible :

$\frac{7}{9} \div \frac{2}{5} =$ ....

$\frac{4}{5} \div \frac{9}{4} =$ ....

$\frac{3}{4} \div \frac{5}{2} =$ ....

$\frac{7}{4} \div \frac{3}{6} =$ ....

$\frac{3}{5} \div \frac{7}{10} =$ ....

9 Développement, factorisation, réduction d'expressions littérales

a. Réduisez les expressions suivantes :

$3x + 8 + 2x + 5 =$ ....

$5x + 15 - 2x - 8 =$ ....

$2x + 7 - 4x + 2 =$ ....

$x + 4 - 7x - 11 =$ ....

$-x + 11 - 7x + 6 =$ ....

$-4x + 5 - x - 9 =$ ....

$-3x - 7 + 5x + 4 =$ ....

$-8x - 6 + 3x + 9 =$ ....

$5x^2 - 7x - 3x^2 + 4x - 11 =$ ....

$-4x^2 - 4 + 2x^2 + 9x + 7 =$ ....

b. Développez les expressions suivantes :

$3(x + 8) =$ ....

$2(5x - 4) =$ ....

$5(-2x - 7) =$ ....

$-3(x + 5) =$ ....

$-4(3x - 2) =$ ....

$-6(-x - 3) =$ ....

$2x(x + 5) =$ ....

$-5x(3x - 1) =$ ....

c. Développez et réduisez les expressions suivantes :

$2(x + 4) + 4(3x - 5) =$ ....

$3(-x - 2) - 4(x + 5) =$ ....

$-5(3x - 1) - 3(-x - 4) =$ ....

$2x(x + 3) - 5x(2x - 1) =$ ....

$(x + 4)(2x + 2) =$ ....

$(2x + 3)(5x - 4) =$ ....

$(-4x + 8)(-x + 3) =$ ....

d. Factorisez les expressions suivantes :

$5x + 15 =$ ....

$x^2 + 5x =$ ....

$3x^2 - 2x =$ ....

$-8x^2 + 6x =$ ....

10 Transformation de formules

a. Si $a = b \times c$ alors $b =$ ....

Si $\frac{a}{b} = \frac{c}{d}$ alors $a =$ ....

Si $\frac{a}{b} = \frac{c}{d}$ alors $b =$ ....

Si $a^2 = b^2 + c^2$ alors $a =$ ....

b. Si $P = 4 \times c$ alors $c =$ ....

Si $S = L \times l$ alors $L =$ .... et $l =$ ....

Si $U = R \times I$ alors $R =$ .... et $I =$ ....

Si $P = U \times I$ alors $U =$ .... et $I =$ ....

Si $E = P \times t$ alors $t =$ ....

Si $P = m \times g$ alors $m =$ ....

c. Si $p = \frac{F}{S}$ alors $F =$ ....

Si $C_m = \frac{m}{V}$ alors $m =$ ....

Si $f = \frac{1}{T}$ alors $T =$ ....

Si $v = \frac{d}{t}$ alors $d =$ .... et $t =$ ....

d. Si $P = 2 \times \pi \times R$ alors $R =$ ....

Si $P = 2 \times (L + l)$ alors :

$L =$ .... et $l =$ ....

Si $S = c^2$ alors $c =$ ....

Si $V = c^3$ alors $c =$ ....

Si $S = \pi \times R^2$ alors $R =$ ....

Si $V = \pi \times R^2 \times h$ alors : $R =$ .... et $h =$ ....

Si $V = \frac{4 \times \pi \times R^3}{3}$ alors $R =$ ....

11 Résolutions d'équations du type $ax = b$ et $a + x = b$

a. Si $2x = 8$ alors $x =$ ……

Si $9x = -18$ alors $x =$ ……

Si $-5x = 12$ alors $x =$ ……

Si $-3x = -15$ alors $x =$ ……

Si $3x = 7$ alors $x =$ ……

Si $4x = -26$ alors $x =$ ……

Si $-6x = 4$ alors $x =$ ……

Si $-8x = -60$ alors $x =$ ……

b. Si $x + 3 = 8$ alors $x =$ ……

Si $x - 9 = 11$ alors $x =$ ……

Si $x + 6 = -23$ alors $x =$ ……

Si $x - 7 = -4$ alors $x =$ ……

Si $x + 5 = 3$ alors $x =$ ……

Si $x - 6 = -5$ alors $x =$ ……

Si $x + 15 = -3$ alors $x =$ ……

Si $x - 8 = -11$ alors $x =$ ……

c. Si $5x + 6 = 0$ alors ……

Si $4x - 5 = 0$ alors ……

Si $-3x + 9 = 0$ alors ……

Si $-6x - 12 = 0$ alors ……

Si $5x + 35 = 0$ alors ……

Si $4x - 24 = 0$ alors ……

Si $-6x + 12 = 0$ alors ……

Si $-2x - 8 = 0$ alors ……

d. Si $2x + 3 = 8$ alors ……

Si $5x + 9 = -34$ alors ……

Si $4x - 9 = 7$ alors ……

Si $6x - 7 = -49$ alors ……

Si $-3x + 3 = 15$ alors ……

Si $-7x + 5 = -30$ alors ……

Si $-8x - 2 = 14$ alors ……

Si $-4x - 7 = -31$ alors ……

12 Utilisation des différentes procédures de calcul d'une quatrième proportionnelle

a. Calculez la valeur manquante dans les proportions suivantes :

$\frac{16}{5} = \frac{48}{x}$ $\quad \frac{2}{12} = \frac{x}{21}$ $\quad \frac{300}{x} = \frac{50}{60}$ $\quad \frac{x}{3,6} = \frac{1,4}{5}$

……

……

……

b. Calculez les coefficients multiplicateurs k et k' des tableaux de proportionnalité ci-dessous :

$\times k$ ↓ / ↑ $\times k'$

12	20	32
60	100	160

……

……

……

$\times k$ ↓ / ↑ $\times k'$

2	5	7
1,6	4	5,6

……

……

……

c. Indiquez si les tableaux suivants sont des tableaux de proportionnalité :

2	5	8	10	24
3	7,5	12	15	36

……

2,5	5	7,5	10	12,5
7,5	15	22,5	25	37,5

……

d. Complétez les tableaux de proportionnalité ci-dessous :

2	4	……	7	13
7	……	21	……	……

3,4	5,1	……	53,04	……
0,85	……	2,55	……	15,81

13 Application et calcul d'un pourcentage ou d'une échelle

a. Calculez les pourcentages des nombres suivants :

20 % de 135 : ....

45 % de 525 : ....

70 % de 8 000 : ....

8 % de 58 : ....

b. Calculez le taux de pourcentage appliqué dans les cas suivants :

un prix passe de 18 € à 22,5 € : ....

une durée passe de 35 à 42 min : ....

un volume passe de 120 m^3 à 102 m^3 : ....

un effectif passe de 240 à 168 élèves : ....

c. Déterminez l'échelle qui permet de représenter :

4 m dans la réalité par un segment de 8 cm sur un plan :

....

240 m dans la réalité par un segment de 15 cm sur un plan :

....

3 km dans la réalité par un segment de 5 cm sur un plan :

....

d. Calculez la dimension sur plan correspondant aux longueurs réelles suivantes :

32 m dans la réalité sur un plan à l'échelle $\frac{1}{200}$:

....

5 km dans la réalité sur un plan à l'échelle $\frac{1}{250\,000}$:

....

7 km dans la réalité sur un plan à l'échelle $\frac{1}{20\,000}$:

....

e. Calculez la longueur réelle correspondant aux dimensions sur plan suivantes :

3,4 cm sur un plan à l'échelle $\frac{1}{100}$:

....

6 mm sur un plan à l'échelle $\frac{1}{2\,500}$:

....

4,5 cm sur un plan à l'échelle $\frac{1}{500}$:

....

14 Repérage dans un plan rapporté à un repère orthogonal

a. Déterminez les coordonnées des points placés dans le repère ci-dessous :

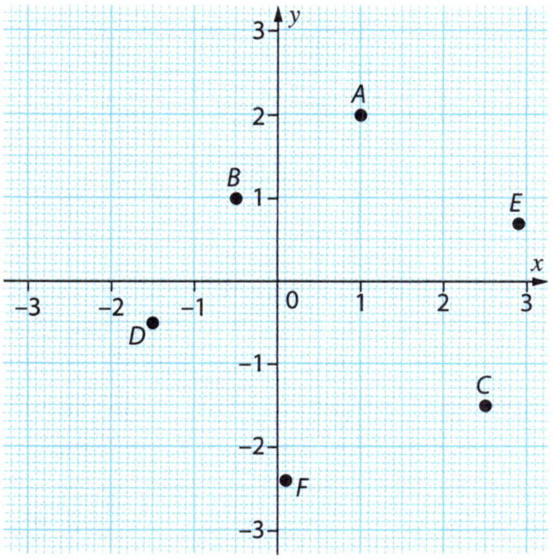

Coordonnées du point A : A(.......... ; ....)

Coordonnées du point B : ....

Coordonnées du point C : ....

Coordonnées du point D : ....

Coordonnées du point E : ....

Coordonnées du point F : ....

b. Placez les points suivants dans le repère ci-dessous :

H(−2,3 ; 1,5)

I(3,3 ; 0,4)

J(0,5 ; −2,8)

K(−1,2 ; −3,4)

L(−0,2 ; 1,8)

M(2,4 ; −1,1)

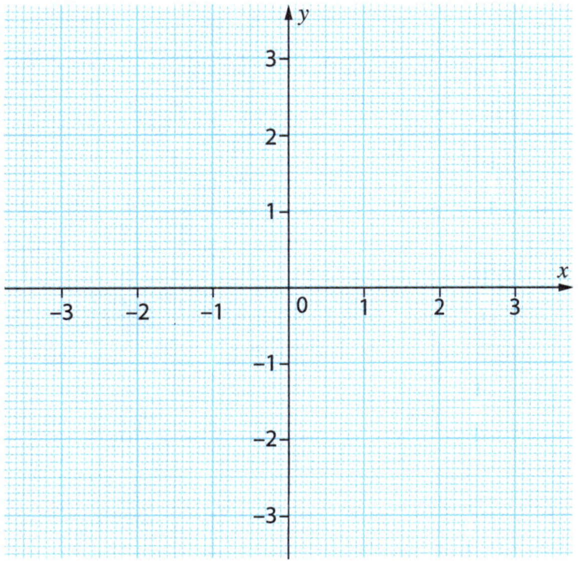

15 Recherche d'images et d'antécédents d'un nombre par une fonction

a. Les représentations graphiques ci-dessous représentent les fonctions f et g définies sur l'intervalle $[-2 ; 2]$.

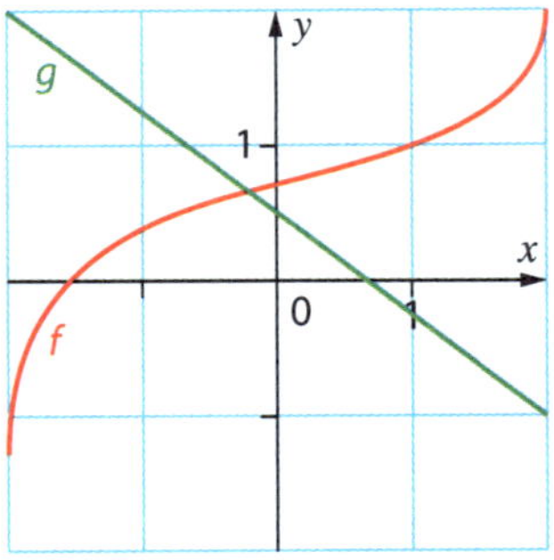

Déterminez graphiquement les images de $-1{,}5$, 1 et 2 par la fonction f :

$f(-1{,}5) =$ ....

$f(1) =$ ....

$f(2) =$ ....

Déterminez graphiquement les antécédents de $-1{,}5$, -1 et 2 par la fonction g s'ils existent :

....

....

....

b. Les courbes ci-dessous représentent les fonctions f et g définies sur l'intervalle $[-2 ; 2]$.

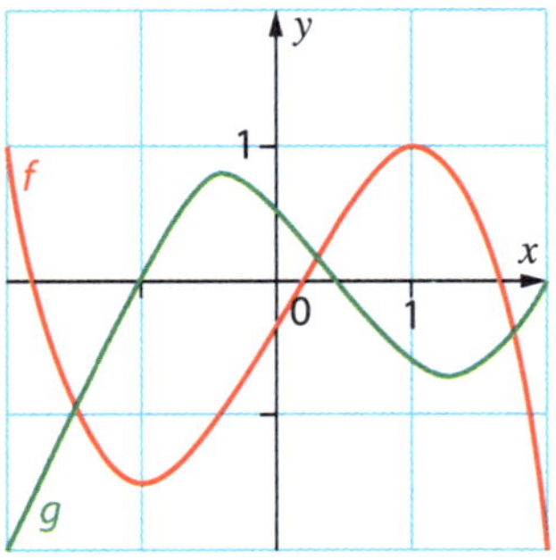

Déterminez graphiquement les images de -1, 1 et 2 par la fonction f :

$f(-1) =$ ....

$f(1) =$ ....

$f(2) =$ ....

Déterminez graphiquement les antécédents de 0, -1 et 2 par la fonction g s'ils existent :

....

....

....

16 Utilisation des procédures de résolution graphique d'équations

a. Les droites ci-dessous représentent les fonctions f, g et h définies sur l'intervalle $[-2 ; 2]$.

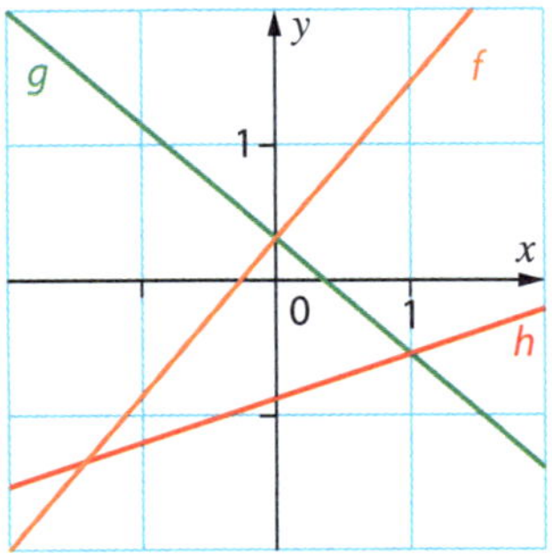

Résolvez graphiquement les équations suivantes :

$f(x) = 2$: ....

$g(x) = -0{,}5$: ....

$h(x) = -1{,}25$: ....

Résolvez graphiquement les équations suivantes :

$f(x) = g(x)$:

....

$f(x) = h(x)$

....

$g(x) = h(x)$

....

b. Les courbes ci-dessous représentent les fonctions f, g et h définies sur l'intervalle $[-2 ; 2]$.

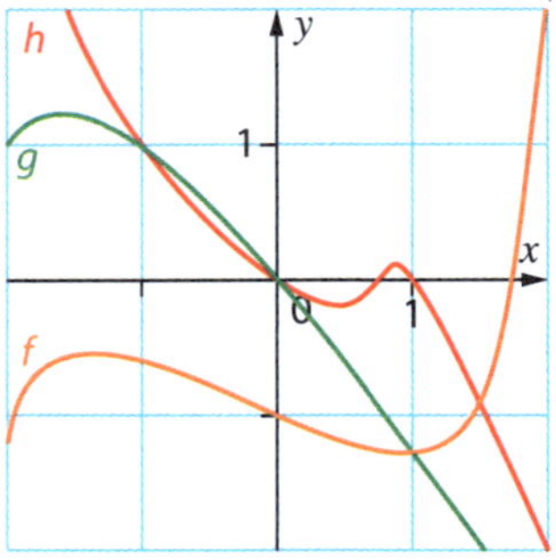

Résolvez graphiquement les équations suivantes :

$f(x) = 2$: ....

$g(x) = 1$: ....

$h(x) = 2$: ....

Résolvez graphiquement les équations suivantes :

$f(x) = g(x)$:

....

$f(x) = h(x)$

....

$g(x) = h(x)$

....

17 Conversions d'unités de longueur, d'aire, de volume et de capacité

a. Effectuez les conversions suivantes :

87,5 dm = ... cm

12,6 dm = ... dam

139,4 m = ... mm

0,05 dam = ... mm

4,59 km = ... m

45 dam = ... km

35 hm = ... dm

0,3 m = ... hm

25,46 cm = ... mm

4 235,6 m = ... dam

b. Effectuez les conversions suivantes :

0,782 m^2 = ... cm^2

35 cm^2 = ... dm^2

54,2 dm^2 = ... mm^2

125 hm^2 = ... m^2

250 m^2 = ... m^2

2 387 hm^2 = ... m^2

0,52 m^2 = ... cm^2

14,6 cm^2 = ... m^2

2 km^2 = ... m^2

2 350 cm^2 = ... hm^2

c. Effectuez les conversions suivantes :

32 dm^3 = ... m^3

17 dm^3 = ... mm^3

1 250 mm^3 = ... cm^3

0,12 cm^3 = ... mm^3

25 L = ... mL

35 mL = ... cL

10 L = ... cm^3

7 hL = ... dm^3

10,5 m^3 = ... daL

33 cL = ... cm^3

18 Reconnaissance des configurations de Pythagore et de Thalès

a. Pour chacune des figures ci-dessous, indiquez les triangles pour lesquels le théorème de Pythagore peut s'appliquer :

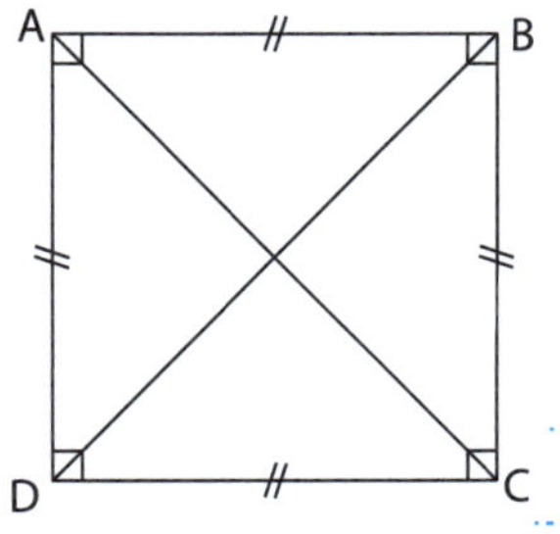

....

....

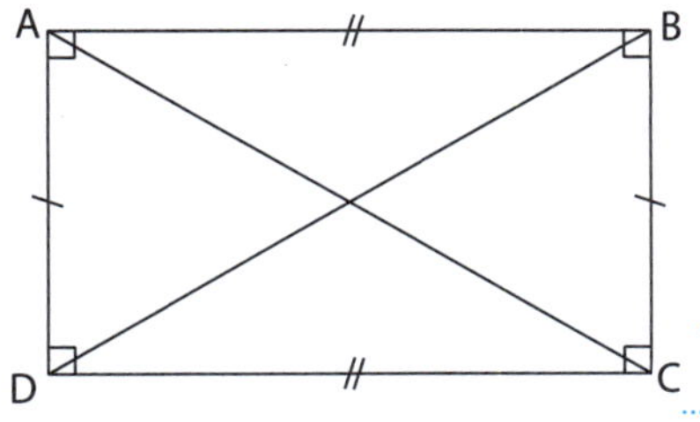

....

....

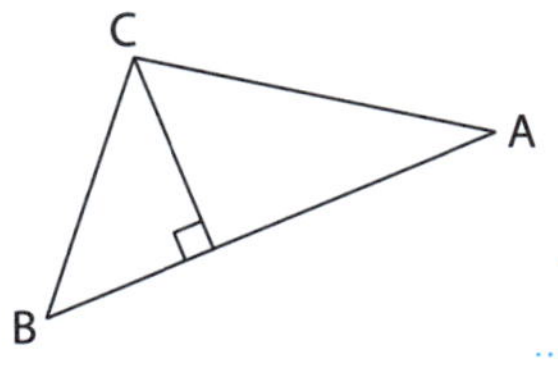

....

....

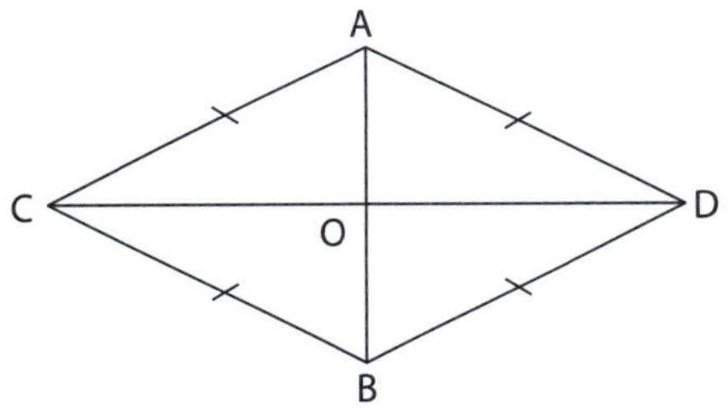

....

b. Sur la figure ci-dessous, les droites (BC) et (DE) sont parallèles :

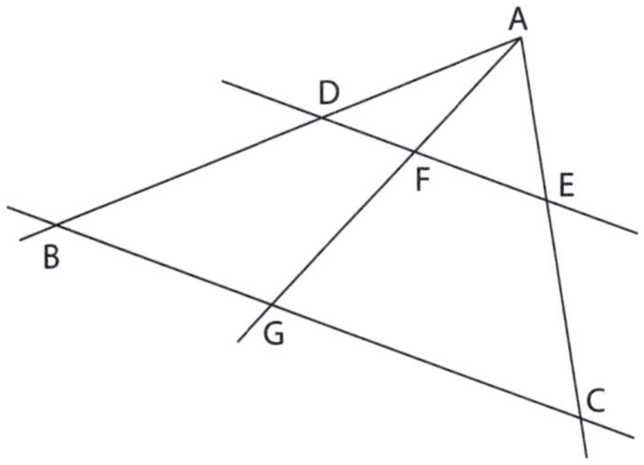

Indiquez les triangles pour lesquels le théorème de Thalès peut s'appliquer :

....

Donnez tous les rapports de longueurs égaux :

....

....

....

19 Détermination d'un arrondi, d'une valeur approchée

a. Arrondissez à l'unité les nombres suivants :

3,2 ……………

42,63 ……………

89,5 ……………

134,25 ……………

9,81 ……………

340,2 ……………

15,05 ……………

5,7 ……………

0,52 ……………

b. Arrondissez les nombres suivants :

2,55	……………	(à 0,1 près)
23,14	……………	(à 0,1 près)
10,0068	……………	(à 0,01 près)
58,7562	……………	(à 0,001 près)
0,00079	……………	(à 0,0001 près)
14,3862	……………	(à 0,1 près)
42,38247	……………	(à 0,01 près)
0,287513	……………	(à 0,001 près)
0,85624	……………	(à 0,001 près)
52,94253	……………	(à 0,0001 près)

c. Arrondissez les nombres suivants :

47,51	……………	(à 10^{-1} près)
30,2587	……………	(à 10^{-2} près)
0,00151	……………	(à 10^{-3} près)
1,02587	……………	(à 10^{-4} près)
245,99995	……………	(à 10^{-4} près)
0,59	……………	(à 10^{-1} près)
1,3125	……………	(à 10^{-2} près)
0,205	……………	(à 10^{-2} près)
62,00627	……………	(à 10^{-3} près)
14,5025	……………	(à 10^{-3} près)

20 Expression d'un résultat dans une unité adaptée

a. Pour chaque situation ci-dessous, complétez l'égalité proposée en déterminant l'unité adaptée :

Un objet a une longueur L égale à 15,23 hm soit

L = 15 230 ……………

Une surface a une aire A égale à 37,6 m^2 soit

A = 0,0000376 ……………

Un objet a un volume V égal à 1 452 cm^3 soit

V = 1,452 ……………

Un objet a une capacité égale à 6,3 hL

soit 6 300 ……………

Un objet a une masse m égale à 75 kg soit

m = 75 000 ……………

b. Pour chaque situation ci-dessous, complétez l'égalité proposée en déterminant l'unité adaptée :

Un objet a une longueur L égale à 64 830 mm soit

L = 64,83 ……………

Une surface a une aire $\mathcal{A}$ égale à 0,00586 dm^2 soit

$\mathcal{A}$ = 58,6 ……………

Un objet a un volume V égal à 25 750 000 mm^3 soit

V = 25,75 ……………

Un objet a une capacité égale à 5 356 cL soit

5,356 ……………

Un objet a une masse m égale à 35 mg soit

m = 0,0035 ……………

c. Exprimez les mesures suivantes dans une unité plus adaptée :

Longueur d'un terrain de football : 1 hm soit ……………

Hauteur de la Tour Eiffel : 0,324 km soit ……………

Taille d'une abeille : 0,012 m soit ……………

Aire d'un salon : 2 500 dm^2 soit ……………

Volume d'une piscine : 37 400 dm^3 soit ……………

Capacité d'un verre : 0,033 daL soit ……………

Masse d'un marteau : 0,453 kg soit ……………

Durée d'un match de rugby : 4 800 s soit ……………

21 Vérification de la cohérence grandeur - unité d'une mesure

a. Pour chaque affirmation ci-dessous, indiquez si elle vous semble possible (cochez la bonne réponse) :

À la naissance, un nouveau-né mesure 52 cm :

☐ Vrai ☐ Faux

La largeur d'une salle de classe mesure 8,5 m :

☐ Vrai ☐ Faux

La distance Paris-New York est de 1 034 km :

☐ Vrai ☐ Faux

L'aire au sol d'une chambre est égale à 90 m^2 :

☐ Vrai ☐ Faux

La masse d'un pack d'eau est d'environ 10 kg :

☐ Vrai ☐ Faux

La vitesse d'un train est égale à 320 km/h :

☐ Vrai ☐ Faux

Sur 100 m, un sprinter court environ à 10 m/s :

☐ Vrai ☐ Faux

b. Pour chaque affirmation ci-dessous, indiquez si elle vous semble possible (cochez la bonne réponse) :

Izia mesure 1 720 mm :

☐ Vrai ☐ Faux

Le diamètre d'une roue de voiture est égal à 6 dm :

☐ Vrai ☐ Faux

La superficie de la maison de Lucy est de 125 dm^2 :

☐ Vrai ☐ Faux

La superficie d'un terrain est de 0,000824 km^2 :

☐ Vrai ☐ Faux

La piscine de Sarah-Lou contient 3 000 cm^3 d'eau :

☐ Vrai ☐ Faux

La capacité d'un réservoir de voiture est de 0,55 hL :

☐ Vrai ☐ Faux

Tom pèse 78 500 g :

☐ Vrai ☐ Faux

22 Calcul de l'aire d'un carré, d'un rectangle, d'un disque

a. Calculez l'aire d'un carré :

de côté $c = 1,3$ mm ....

de côté $c = 40$ mm ....

de côté $c = 0,4$ cm ....

de côté $c = 3$ cm ....

de côté $c = 3,5$ dm ....

de côté $c = 82$ dm ....

de côté $c = 0,6$ m ....

de côté $c = 5,7$ ....

b. Calculez l'aire d'un rectangle :

de longueur $L = 40$ mm et de largeur $\ell = 15$ mm

....

de longueur $L = 3$ cm et de largeur $\ell = 0,6$ cm

....

de longueur $L = 24,5$ cm et de largeur $\ell = 10,5$ cm

....

de longueur $L = 1,5$ dm et de largeur $\ell = 0,85$ dm

....

de longueur $L = 6$ m et de largeur $\ell = 5,35$ m

....

de longueur $L = 0,6$ m et de largeur $\ell = 0,45$ m

....

c. Calculez l'aire d'un disque :

de rayon $R = 3$ cm (arrondi à l'unité)

....

de rayon $R = 15,5$ cm (arrondi à l'unité)

....

de rayon $R = 0,5$ dm (arrondi à 10^{-2} près)

....

de rayon $R = 6$ m (arrondi à 10^{-4} près)

....

de rayon $R = 0,68$ m (arrondi à 0,0001 près)

....

Vocabulaire ensembliste et logique

a. Complétez les écritures suivantes avec $\in$ ou $\notin$:

2 .... [3 ; 5]

3,4 .... [3 ; 5]

3 .... [3 ; 5]

5 .... [3 ; 5]

–0,5 .... [–0,2 ; 18[

0 .... [–0,2 ; 18[

b. Complétez les écritures suivantes avec $\in$ ou $\notin$:

18 .... [–0,2 ; 18[

–7 ....]1,45 ; 6]

1,45 ....]1,45 ; 6]

5 ....]1,45 ; 6]

7,38 ....]1,45 ; 6]

–7 ....]–10 ; –3[

–5,35 ....]–10 ; –3[

–3 ....]–10 ; –3[

0 ....]–10 ; –3[

c. Complétez les écritures suivantes avec $\in$ ou $\notin$:

–5 ....]–∞ ; –2]

–2 ....]–∞ ; 2[

4,34 ....]–∞ ; –5]

0,25 ....]–∞ ; 1]

4 ....]4 ; +∞[

17 .... [–12 ; +∞[

–3,1 .... [–7,8 ; +∞[

–6 .... [–5 ; +∞[

d. Complétez les écritures en donnant l'intervalle qui contient l'ensembles des nombres suivants :

$5 \leqslant x \leqslant 9$ soit $x \in$ ....

$-3 < x \leqslant -2$ soit $x \in$ ....

$0 \leqslant x < 1{,}04$ soit $x \in$ ....

$-20{,}5 < x < -8{,}7$ soit $x \in$ ....

$-14{,}3 < x \leqslant 37$ soit $x \in$ ....

$-4{,}05 \leqslant x < 0$ soit $x \in$ ....

e. Complétez les écritures en donnant l'intervalle qui contient l'ensemble des nombres suivants :

$x \geqslant 7$ soit $x \in$ ....

$x < -14$ soit $x \in$ ....

$x > 15$ soit $x \in$ ....

$x \leqslant 23$ soit $x \in$ ....

$x > -2$ soit $x \in$ ....

$x < 35$ soit $x \in$ ....

$x \geqslant -1{,}5$ soit $x \in$ ....

$x \leqslant -3$ soit $x \in$ ....

f. Écrivez l'inégalité qui traduit l'appartenance aux intervalles suivants :

$x \in$ [3 ; 5] soit .... x ....

$x \in$ [–2 ; 18[soit .... x ....

$x \in$]1,5 ; 6] soit .... x ....

$x \in$]–10 ; –3[soit .... x ....

$x \in$]–7 ; 8] soit .... x ....

$x \in$]0 ; 14[soit .... x ....

$x \in$ [–12 ; 0] soit .... x ....

$x \in$ [–9,5 ; 3[soit .... x ....

g. Écrivez l'inégalité qui traduit l'appartenance aux intervalles suivants :

$x \in$]–∞ ; –2] soit .... x ....

$x \in$ [–12 ; +∞[soit .... x ....

$x \in$]–∞ ; 2[soit .... x ....

$x \in$]4 ; +∞[soit .... x ....

$x \in$]–∞ ; –5] soit .... x ....

$x \in$ [–7,8 ; +∞[soit .... x ....

$x \in$]–∞ ; 1] soit .... x ....

$x \in$ [–5 ; +∞[soit .... x ....

Vocabulaire ensembliste et logique

1 Vocabulaire ensembliste

Exemple

• L'**ensemble** E, dont les **éléments** sont 1, 2, 3, 4, 5 et 6, est noté E = {1, 2, 3, 4, 5, 6}.
• Les ensembles A = {1, 3, 5} et B = {1, 3, 6} sont des **sous-ensembles** de E.
• L'ensemble C = {2, 7} n'est pas un sous-ensemble de E.
• L'**ensemble vide**, noté ∅, ne contient aucun élément.

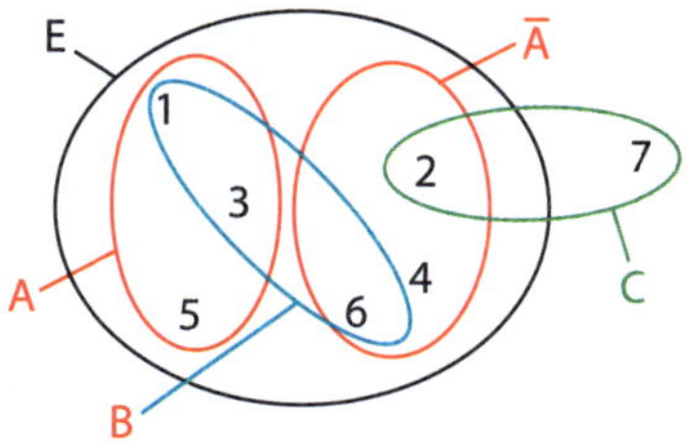

Situation	Notation
Le nombre 3 **appartient** à E	$3 \in E$
Le nombre 7 **n'appartient pas** à E	$7 \notin E$
A est **inclus** dans E.	$A \subset E$
C n'est **pas inclus** dans E	$C \not\subset E$
L'**intersection** de A et B est I = {1, 3}	$I = A \cap B$
La **réunion** de A et B est R = {1, 3, 5, 6}	$R = A \cup B$
$\overline{A}$ = {2, 4, 6} est le **complémentaire** de A dans E	$A \cup \overline{A} = E$ et $A \cap \overline{A} = \varnothing$

- L'ensemble des **nombres réels** (avec ou sans virgule, positifs ou négatifs) se note $\mathbb{R}$.
- L'ensemble des **nombres entiers relatifs** (sans virgule, positifs ou négatifs) se note $\mathbb{Z}$.
- L'ensemble des **nombres entiers naturels** (sans virgule, positifs) se note $\mathbb{N}$.

2 Raisonnement logique

- Une **assertion** est une proposition considérée comme **vraie**.

Exemple

• P est l'assertion « $1 < x \leqslant 5$ » et Q l'assertion « $3 \leqslant x < 6$ ».
Quelque soit $x \in [3\ ;\ 5]$, l'assertion « $1 < x \leqslant 5$ **et** $3 \leqslant x < 6$ » est vraie.
Quelque soit $x \in]1\ ;\ 6[$, l'assertion « $1 < x \leqslant 5$ **ou** $3 \leqslant x < 6$ » est vraie.

- Si *P* est vraie alors *Q* l'est aussi, on dit que « ***P* implique *Q*** ».

Exemple

• P est l'assertion « $x < 2$ » et Q l'assertion « $x < 5$ ». On note « $x < 2 \Rightarrow x < 5$ ».
• Le nombre 3 est **contre exemple** de « $x < 5 \Rightarrow x < 2$ » : la **réciproque** « Q implique P » n'est pas vraie.

- Si *P* est vraie alors *Q* l'est aussi, et réciproquement, on dit que « ***P* est équivalent à *Q*** ».

Exemple

• P est l'assertion « $x = 1 + 3$ » et Q l'assertion « $x = 2 + 2$ ». On note « $x = 1 + 3 \Leftrightarrow x = 2 + 2$ ».

- Le **raisonnement par l'absurde** permet de démontrer qu'une affirmation *P* est vraie en montrant que son contraire ***Non P*** est faux.

Exemple

• Soit P l'assertion « 0 n'a pas d'inverse » et *Non* P l'assertion « 0 a un inverse ».
Deux nombres a et b sont inverses si $a \times b = 1$.
• Si *Non* P est considérée comme vraie, **il existe** un nombre réel b tel que : $0 \times b = 1 \Leftrightarrow 0 = 1$, ce qui est impossible : *Non* P est donc fausse. On en déduit que P est vraie.

Algorithmique et programmation

1 Définir un algorithme

En informatique, un **algorithme** est une suite ordonnées d'instructions. Leur exécution dans l'ordre permet d'obtenir un résultat.

- Un algorithme est construit sous la forme suivante :
  ① **déclaration des variables** : on nomme les variables que l'on va utiliser.
  ② **entrée des données** : on donne une valeur à chaque variable.
  ③ **traitement des données** : on effectue les opérations nécessaires pour répondre au problème posé.
  ④ **sortie** : on affiche le résultat.

- Un algorithme peut se présenter de trois façons différentes :
  - **en langage naturel** : les instructions sont écrites en français.
  - **en organigramme** : les instructions sont données avec un schéma.

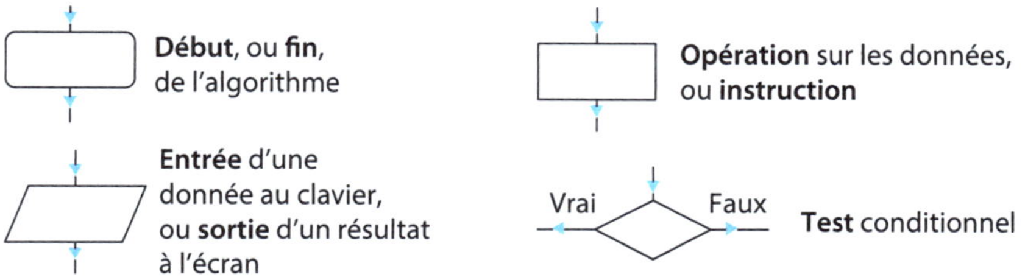

  - **en langage de programmation** : les instructions sont écrites avec les blocs du logiciel Scratch.

Exemple

Calculer le prix à payer pour 10 % de remise si le montant de l'achat est supérieur à 50 €.

Langage naturel

① Montant des achats : a
Prix à payer : b
② Entrer un nombre a
③ • **Si** a est supérieur à 50, **alors** calculer :
$b = a - a \times 0{,}10$
• **Sinon** b = a
④ afficher b

Algorigramme

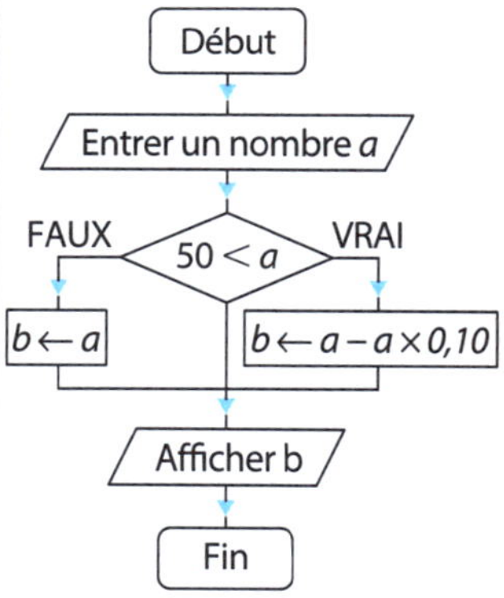

Langage de programmation

Scratch

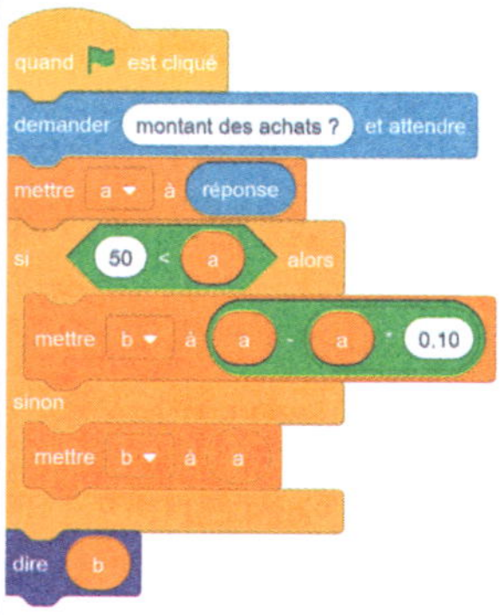

Python

```
a=float(input("a ?"))
if 50<a:
    b=a-a*0.1
else:
    b=a
print("b =",b)
```

- Une **instruction conditionnelle** effectue différents calculs ou actions, en fonction d'une condition vrai ou fausse. Elle est de la forme :
  « **Si** *Condition* **Alors** *Instructions 1* **Sinon** *Instructions 2* ».

- Une **boucle** permet de répéter les mêmes instructions plusieurs fois. Elle est de la forme :
  « **Tant que** *Condition **est vrai***, **Alors** *Instructions 1* **Sinon** *Instructions 2* »

Quand la condition n'est plus vraie (qu'elle est fausse), la boucle s'arrête et le programme continue après la fin de la boucle.

2 Écrire le script d'un algorithme avec Scratch

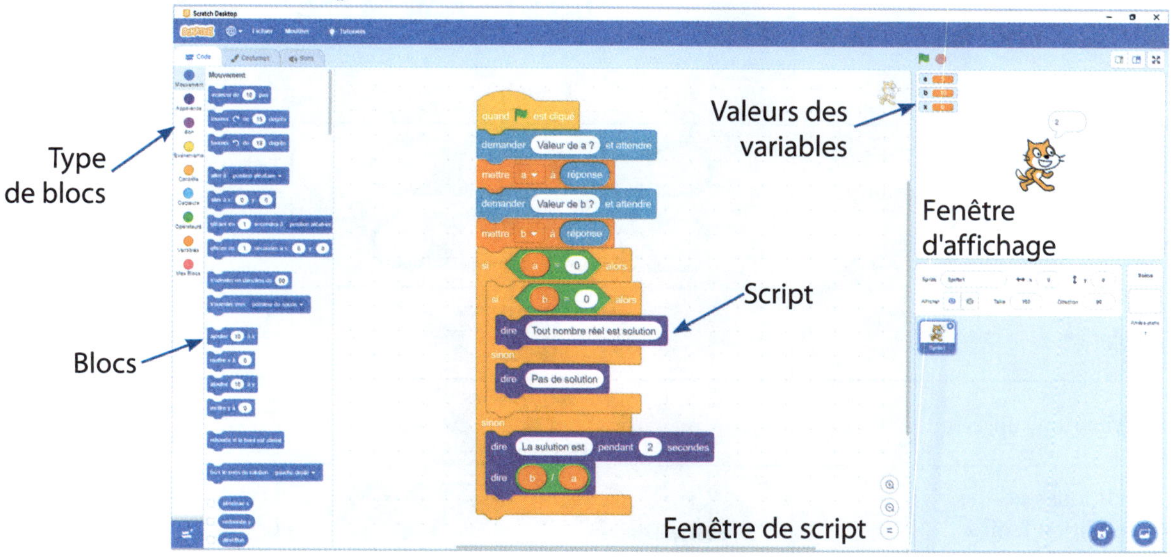

Exemple

Résoudre une équation de la forme $ax = b$.

Trois situations sont possibles :

si $a = 0$ et $b = 0$, alors tout nombre réel est solution ;

si $a = 0$ et $b \neq 0$, alors il n'y a pas de solution ;

si $a \neq 0$, alors la solution est égale à $\frac{b}{a}$.

1. Créer les variables

- Dans : créer trois variables a, b et x

2. Glisser les blocs du script dans la zone de script

- Dans **Capteur** : pour demander la valeur à attribuer à une variable, faire glisser demander … et attendre.
- Dans **Variable** : pour attribuer la réponse à une variable, faire glisser mettre … à ….
- Dans **Contrôle** : pour introduire une condition à l'exécution d'instructions, faire glisser si … alors … sinon.
- Dans **Opérateurs** : pour exprimer une condition, faire glisser … = ….
- Dans **Opérateurs** : pour effectuer une division, faire glisser … /….
- Dans **Apparence** : pour faire parler le personnage, faire glisser dire ….
- Dans **Événements** : pour permettre le lancement du script, faire glisser quand est cliqué

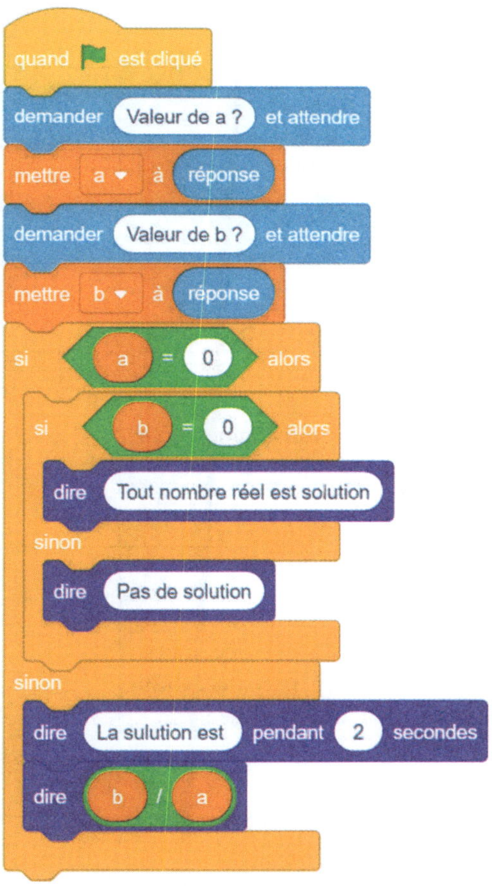

3. Terminer le script en ajoutant les variables et les textes dans les blocs.

3 De Scratch à Python

	Instruction	
	Scratch	**Python**
Addition, soustraction, multiplication et division	( ) + ( ) ( ) - ( ) ( ) * ( ) ( ) / ( )	+ - * /
Est égal	( ) = ( )	==
Inférieur ou supérieur	( ) < ( )	< >
Conditions« **et** » et condition « **ou** »	et / ou	**and** **or**
Génère un nombre entier aléatoire dans un intervalle	nombre aléatoire entre ( ) et ( )	**random** et **randit**
Les caractères saisis au clavier sont affectés à *Texte*	demander (Texte ?) et attendre mettre (ma variable ▾) à (réponse)	*Texte* = input()
Le nombre saisi au clavier est affecté à la variable	demander (Valeur ?) et attendre mettre (ma variable ▾) à (réponse)	*Variable*=**float**(input())
Affiche à l'écran	dire ( )	**print**(«*texte*», *nombre* ou *lettre*)
Boucle : répète l'instruction pour chaque élément de la liste	répéter ( ) fois	**for** *variable* **in** *liste Instruction*
Si la condition est vérifiée, **alors** l'instruction 1 est exécutée, **sinon** l'instruction 2 est exécutée	si ⟨ ⟩ alors sinon	**if** *condition* : *Instruction 1* **else:** *Instruction 2*
Boucle : exécute des instructions **tant que** la condition est vraie	répéter jusqu'à ce que ⟨ ⟩	**while** *condition* *Instructions*

Algorithmique et programmation

4 Écrire le script d'un algorithme avec Python

Exemple

Résoudre une équation de la forme $ax = b$.

Trois situations sont possibles :

si $a = 0$ et $b = 0$, alors tout nombre réel est solution ;

si $a = 0$ et $b \neq 0$, alors il n'y a pas de solution ;

si $a \neq 0$, alors la solution est égale à $\dfrac{b}{a}$.

• Avec le logiciel EduPython

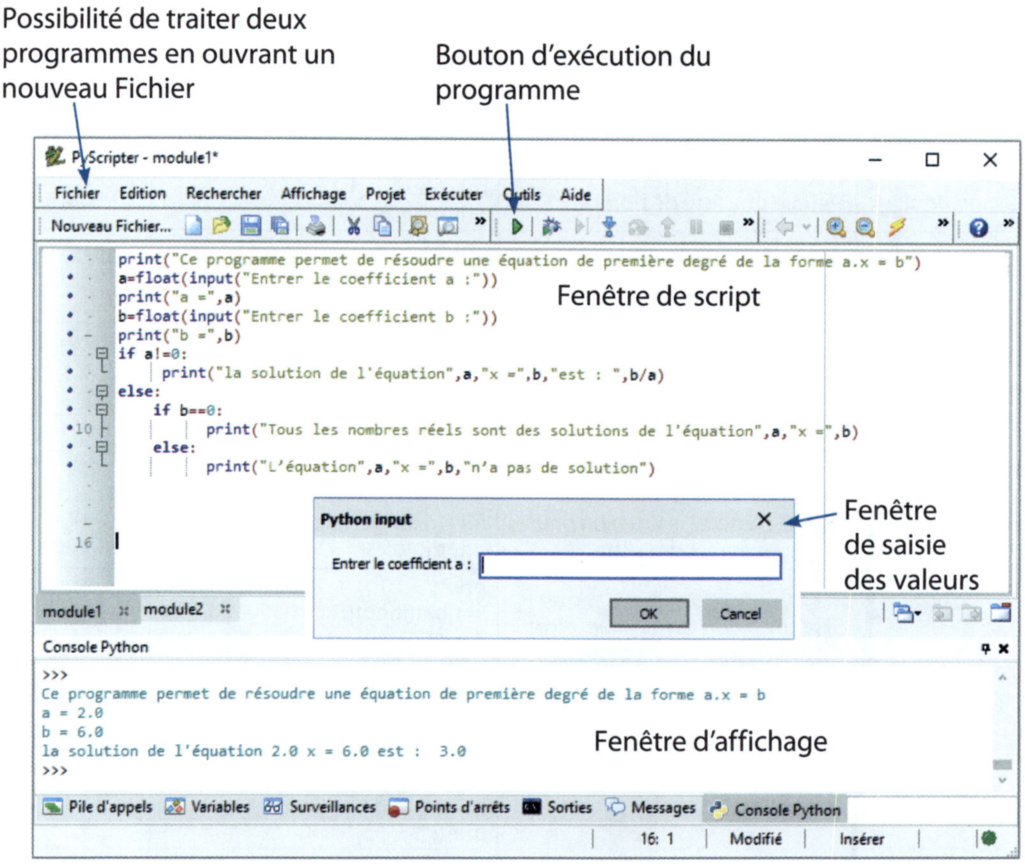

Remarque : le logiciel EduPython est un logiciel gratuit téléchargeable sur internet.

• Avec la calculatrice graphique Numworks

Cette calculatrice permet de programmer en langage Python. Il existe une application gratuite pour smartphone ainsi qu'un émulateur téléchargeable sur ordinateur.

▶ **Calculatrice** p. 159 - **160**

5 Opérateurs et instructions en langage Python

Opérateur		Opérateur	
=	Affectation d'un nombre ou d'une chaîne de caractères ex : a = 5 ; b = "texte"	**	Puissance ex : 12**2==144
==	Est égal	/	Division ex : 6/4==1.5
+	Addition ex : 6+4 == 10 ; "a"+"b"=="ab"	//	Résultat entier d'une division ex : 6/4==1
-	Soustraction ex : 6-4==2	< et <=	Inférieur et inférieur ou égal
*	Multiplication ex : 6*4==24 ; 3*"s"=="sss"	> et >=	Supérieur et supérieur ou égal
		!=	Est différent

Instruction		Exemple	À l'écran
Texte = **input()**	Les caractères saisis au clavier sont affectés à *Texte*	print("Couleur ?") couleur=input() print(couleur)	Couleur ? Rouge Rouge
Variable=**float(input())**	Le nombre saisi au clavier est affecté à la variable	print("Valeur ?") nb=float(input()) print(nb)	Valeur ? 8,7 8,7
Texte=[*liste de nombres*]	Définie une liste de nombres	mesnotes = [1,2,3,4,5,6] print(mesnotes)	1,2, 3, 4, 5, 6
print(*"texte", nombre ou lettre*)	Affiche à l'écran	print(5)	5
		a=4 print(a)	4
		print("Mon texte")	Mon texte
range(min,max)	Définie un intervalle de valeurs entières	range(1,6) range(6)	1, 2, 3, 4, 5 0, 1, 2, 3, 4, 5
random et **randit**	Génère un nombre entier aléatoire dans un intervalle	from random import randint nb=randint(1,6) print(nb)	1,2, 3, 4, 5 ou 6
for *variable* **in** *liste* *Instruction*	**Boucle** : répète l'instruction pour chaque élément de la liste	for i in range(1,3): print(i*10)	10 20

if *condition* **:**
Instruction 1
else:
Instruction 2
	Si la condition est vérifiée, **alors** l'instruction 1 est exécutée, **sinon** l'instruction 2 est exécutée	print("x ?")
		x=float(input())
		if x < 5:
		print("x est inférieur à 5")
		else:
		print("x est trop grand")
			x ? 6
			x est trop grand

Instruction 1 et *Instruction 2*	Les deux instructions doivent être vraies	print("Valeur ?") nb=float(input()) if 1<nb and nb<5: print("1<",nb,"<5")	Valeur ? 4 1<4<5
Instruction 1 ou *Instruction 2*	Une des deux instructions est vraie	print("Valeur ?") nb=float(input()) if nb<0 ou nb=0: print(nb,"<= 0")	Valeur ? -4 -4<=0
while *condition* *Instruction*	**Boucle** : exécute des instructions **tant que** la condition est vraie	print("i ?") i=float(input()) while i<5: print(i) i=i+1 print("Fin")	i ? 2 2 3 4 Fin
def *nom*(*paramètres*): *Instruction* **return**(*résultat*)	Une **fonction** contient des variables qui reçoivent leur valeur lorsque la fonction est appelée	def racinecarrée(x): r=x**0.5 return r print("x positif ?") x=float(input()) print(racinecarrée(x))	*Racine carrée d'un nombre positif* x positif ? 9 3
From math **import**	Permet d'utiliser les **fonctions dans la bibliothèque** Python(exemple : **sqrt** pour racine carrée)	From math import print("x ?") x=float(input()) r=math.sqrt(x) print (r)	Racine carrée x ? 16 4

Calculs numériques

1 Déterminer rapidement un ordre de grandeur

On peut déterminer rapidement un ordre de grandeur d'un nombre en l'encadrant entre deux nombres consécutifs de la forme : … 0,001 ; 0,01 ; 0,1 ; 0 ; 1 ; 10 ; 100 ; 1 000…

Exemple :

$100 < 324 < 1\ 000$ $\qquad 0 < 0{,}75 < 1$ $\qquad 0{,}01 < 0{,}08 < 0{,}10$

2 Convertir une mesure de temps exprimée dans le système décimal en une mesure exprimée dans le système sexagésimal, et réciproquement

- La minute : 1 min = 60 s
- L'heure : 1 h = 60 min = 3 600 s.

Exemples :

5 h 24 min 18 s = 5 × 3 600 + 24 × 60 + 18 = 19 458 s.

24 min 18 s = 24 × 60 + 18 = 1 458 s.

$$19\ 458 \text{ s} = \frac{19\ 458 \text{ s}}{60 \text{ s/min}} = 324{,}3 \text{ min et } 0{,}3 \text{ min} = 60 \text{ s/min} = 18 \text{ s}$$

$$19\ 458 \text{ s} = \frac{19\ 458 \text{ s}}{3\ 600 \text{ s/h}} = 5{,}405 \text{ h et } 0{,}405 \text{ h} = 60 \text{ min/h} = 24{,}3 \text{ min}$$

3 Ordonner une liste de nombres donnés en écriture décimale

- Pour ordonner des nombres dans l'ordre **croissant**, il faut les ranger du plus petit au plus grand. On peut utiliser le symbole $<$ qui signifie « plus petit que ».
- Pour ordonner des nombres dans l'ordre **décroissant**, il faut les ranger du plus grand au plus petit. On peut utiliser le symbole $>$ qui signifie « plus grand que ».

Exemple :

- Ordre croissant : $1{,}8 < 3 < 3{,}1 < 6{,}02 < 6{,}2$.
- Ordre décroissant : $6{,}2 > 6{,}02 > 3{,}51 > 3 > 1{,}8$.

4 Calculer le carré, le cube d'un nombre donné en écriture décimale

- Carré d'un nombre : $a^2 = a \times a$.
- Cube d'un nombre : $a^3 = a \times a \times a$.

Exemples :

$5^2 = 5 \times 5 = 25$ $\qquad 3^3 = 3 \times 3 \times 3 = 27$

Pour calculer le carré ou le cube d'un nombre on peut utiliser les touches x^2 et x^3 de la calculatrice.

5 Utiliser la notation scientifique pour obtenir un ordre de grandeur

- Puissances de 10 : $10^n = 1\underbrace{0 \ldots 0}_{n \text{ zéros}}$ $\qquad 10^{-n} = 0{,}\underbrace{0 \ldots 1}_{n \text{ chiffres après la virgule}}$

Exemples :

$10^3 = 1\ 000$ $\qquad 10^{-6} = 0{,}000\ 001$

- Écriture scientifique d'un nombre : tout nombre décimal peut s'exprimer sous la forme $a \times 10^n$, avec $1 \leqslant a < 10$.

Exemples :

$31\ 000 = 3{,}1 \times 10^4$ $\qquad 0{,}000\ 53 = 5{,}3 \times 10^{-4}$

$29\ 875 = 2{,}987\ 5 \times 10^4 \Rightarrow$ Ordre de grandeur : $3 \times 10^4 = 30\ 000$.

Calculs numériques *(suite)*

6 Déterminer la valeur arrondie à 10^{-n} d'un nombre donné en écriture décimale

Le chiffre qui doit être arrondi est inchangé s'il est suivi par 0, 1, 2, 3 ou 4, et augmenté de 1 s'il est suivi par 5, 6, 7, 8 ou 9.

Exemple :
La valeur arrondie de 3,185 à l'unité près est 3, et au centième (à 0,01 ou 10^{-2}) près est 3,19.

7 Déterminer, en écriture décimale, la valeur exacte ou une valeur arrondie de la racine carrée d'un nombre positif

Si $\sqrt{b} = a$ alors $a^2 = b$.

Exemples :
$\sqrt{16} = 4$ $\sqrt{81} = 9$ $\sqrt{50} \approx 7{,}07$ à 0,01 près.
Pour le calcul de la racine carrée on peut utiliser la touche $\sqrt{x}$ de la calculatrice.

8 Déterminer, en écriture décimale, la valeur exacte ou une valeur arrondie du nombre $\frac{a}{b}$

a et *b* sont des nombres donnés en écriture décimale, *b* étant non nul.

- Pour simplifier une fraction, on divise le numérateur et le dénominateur par un même nombre.

Exemples :
$\frac{21}{12} = \frac{21:3}{12:3} = \frac{7}{4}$ $\frac{30}{45} = \frac{30:15}{45:15} = \frac{2}{3}$

- Pour calculer une fraction, on divise le numérateur par le dénominateur.

Exemples :
$\frac{2\,100}{300} = \frac{21}{3} = 7$ $\frac{0{,}21}{0{,}05} = \frac{21}{5} = 4{,}2$ $\frac{21}{9} \approx 2{,}333$ (à 10^{-3} prés) $\frac{21}{1{,}3} = \frac{210}{13} \approx 16{,}15$ (à 10^{-2} près).

9 Calculer un produit de la forme $c \times \frac{a}{b}$

a, *b* et *c* sont des nombres donnés en écriture décimale, *b* étant non nul.
Pour multiplier une fraction, on applique : $c \times \frac{a}{b} = \frac{c \times a}{b}$.

Exemples :
$2 \times \frac{5}{7} = \frac{2 \times 5}{7} = \frac{10}{7}$

10 Utiliser l'égalité $\frac{ca}{cb} = \frac{a}{b}$

a, *b* et *c* sont des nombres donnés en écriture décimale, *b* et *c* étant non nuls.
Pour simplifier une fraction, on applique : $\frac{c \times a}{c \times b} = \frac{c}{c} \times \frac{a}{b} = 1 \times \frac{a}{b} = \frac{a}{b}$

Exemples :
$\frac{2 \times 5}{2 \times 7} = \frac{2}{2} \times \frac{5}{7} = 1 \times \frac{5}{7} = \frac{5}{7}$

11 Utiliser l'équivalence : $\frac{a}{c} = \frac{b}{d}$ équivaut à $ad = bc$

a, *b*, *c* et *d* sont des nombres donnés en écriture décimale, *c* et *d* étant non nuls.
$\frac{a}{c} = \frac{b}{d} \Leftrightarrow \frac{a}{c} \times \frac{d}{d} = \frac{b}{d} \times \frac{c}{c} \Leftrightarrow \frac{ad}{cd} = \frac{cb}{cd} \Leftrightarrow ad = bc$

Exemples :
$\frac{6}{2} = \frac{12}{4} \Leftrightarrow 6 \times 4 = 2 \times 12 \Leftrightarrow 24 = 24$

Tableur-grapheur : CALC

1 Calculer des indicateurs statistiques

Exemple :
Formules à saisir dans une cellule pour calculer les indicateurs de la série de valeurs contenues dans le tableau de cellules (matrice) de A1 à B1000.

Indicateurs statistiques	Formule
Mode : *Mo*	=MODE(A1:B1000)
Moyenne : $\bar{x}$	=MOYENNE(A1:B1000)
Médiane : *Me*	=MEDIANE(A1:B1000)
Premier quartile : Q_1	=QUARTILE(A1:B1000;1) ou =CENTILE(A1:B1000;0,25)
Troisième quartile : Q_3	=QUARTILE(A1:B1000;3) ou =CENTILE(A1:B1000;0,75)
Valeur minimale : x_{min}	=MIN(A1:B1000)
Valeur maximale : x_{max}	=MAX(A1:B1000)
Étendue : *e*	=MAX(A1:B1000)-MIN(A1:B1000)

2 Construire une représentation graphique

Diagramme en secteur

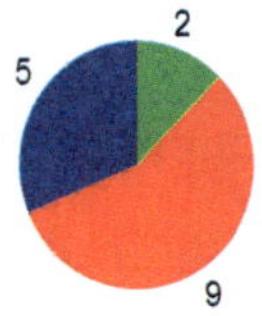

- Saisir verticalement les valeurs du caractère à partir de la cellule A1, et les effectifs correspondants à partir de la cellule B1.
- Sélectionnez les cellules des effectifs saisis dans la colonne B.
- • Cliquer sur **Diagramme** dans la barre d'outils. La fenêtre **Assistant de diagramme** s'affiche.

1. Diagramme en secteurs : sélectionner **Secteur** puis cliquer sur **Terminer**.
2. Diagramme en bâtons : sélectionner **Colonne** puis cliquer sur **Terminer**.
4. Diagramme en boîte à moustaches.

Diagramme en bâtons

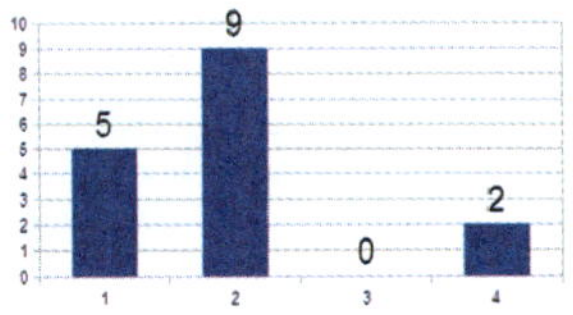

- Dans un tableau de 4 cellules en colonne, saisir dans l'ordre les valeur de Q_1, x_{min}, x_{max} et Q_3.
- Sélectionner les 4 cellules, cliquer sur **Diagramme** , sélectionner **Cours** , sélectionner **Diagramme des cours 2** puis **Suivant**.
- Dans le fenêtre **Assistant de diagramme** qui apparaît, cocher **Séries de données en lignes** puis **Terminer**.

Diagramme en boite à moustaches

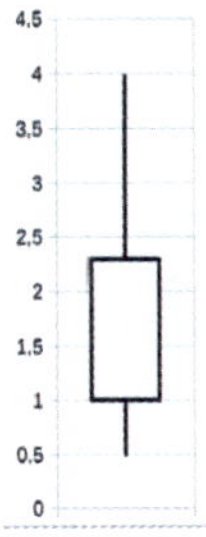

Remarque : le tableur-grapheur n'affiche pas le segment de la médiane dans la boîte.

3 Générer une série de nombres aléatoires

Saisir en A1 une des formule suivante :

- =ENT(ALEA()*2) ou =ENT(ALEA()+0,5) affiche 0 ou 1
- =ENT(ALEA()*6+1) affiche 1, 2, 3, 4, 5 ou 6
- =ENT(ALEA()+0,98) tend à afficher 2 % de 0 et 98 % de 1

Sélectionner la cellule A1, cliquer-glisser pour recopier la formule dans d'autre cellules.
Pour obtenir une nouvelle série de nombres aléatoires, il suffit d'appuyer sur la touche F9 du clavier.

4 Obtenir une valeur, un tableau de valeurs et une représentation graphique d'une fonction

Exemple :

Soit la fonction f définie sur l'intervalle [–2 ; 3] par $f(x) = -0,5\ x^2$.

- Initier un tableau de valeurs en écrivant x en A1, $f(x)$ en A2, puis placer les valeurs de x : – 2 et – 1,5 en B1 et C1.

	A	B	C	D	E	F	G
1	x	-2	-1				
2	$f(x)$						

- Cliquer-glisser en bas à droite des cellules B1 et C1 jusqu'à obtenir les valeurs souhaitées de x.
- En B2, saisir l'expression de la fonction en respectant le langage du tableur =-0,5*B1^2 puis valider.
- Cliquer-glisser en bas à droite de la cellule B2 jusqu'à obtenir les images des valeurs de x par la fonction f.

	A	B	C	D	E	F	G
1	x	-2	-1	0	1	2	3
2	$f(x)$	-2	-0,5	0	-0,5	-2	-4,5

Pour obtenir une représentation graphique de la fonction f sur l'intervalle [–2 ; 3] :

- sélectionner l'ensemble des cellules remplies ;
- cliquer sur l'onglet dans la barre d'outils puis sur **1. Type de diagramme** ;
- sélectionner **XY(dispersion)** puis l'option **Points et lignes** ;
- sélectionner **Lissée** pour Type de ligne.

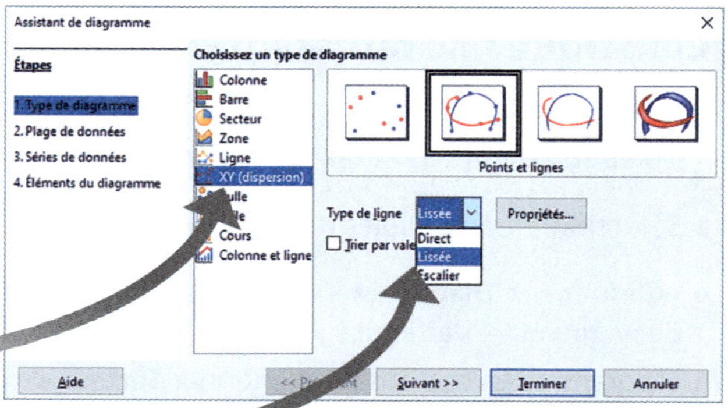

- sélectionner **2. Plage de données** puis cocher **Série de données en ligne** ;
- cliquer sur **4. Éléments du diagramme** pour ajouter un titre et nommer les axes.

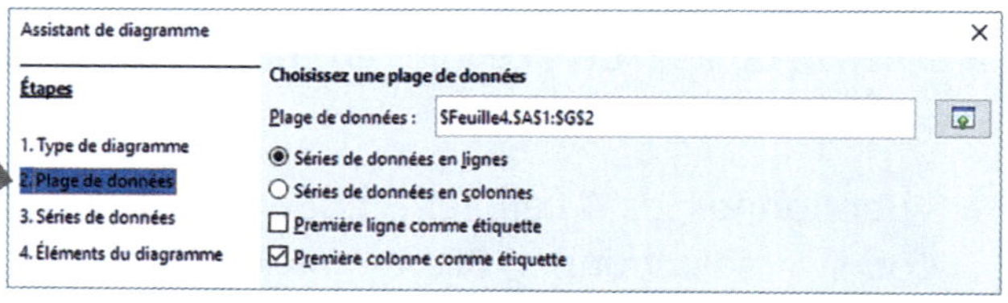

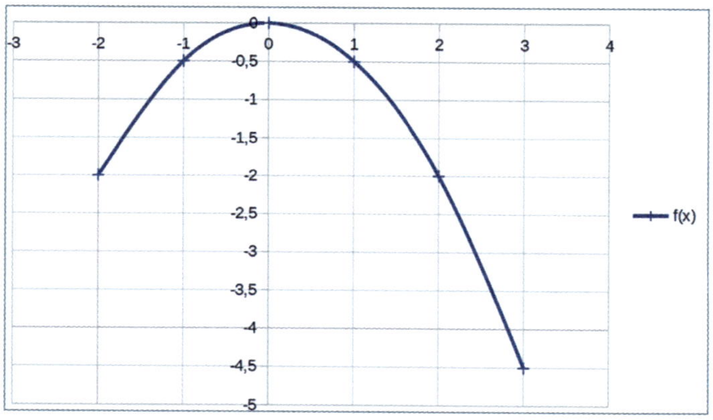

Logiciel de géométrie 2D/3D

1 Instructions pour la barre de saisie

Écrire une expression algébrique

- Virgule d'un nombre décimal (ex : 2,5) : saisissez un point « 2.5 ».
- Multiplication : « * » ou « <espace> ».
- Division : « / ».
- Puissance : « ^ ».
- Racine carrée : « sqrt(...) ».
- Sélectionner la lettre π : cliquez dans la ligne « **Saisie** », puis sur l'icône α qui apparaît à droite.
- Ajouter ou supprimer des décimales : dans le menu « **Options** », sélectionnez « **Arrondi** » pour choisir le nombre de décimales.

Placer un point

- $A(0,5 ; 10^2)$: A=(0.5,10^2)
- $B(4 ; f(x_A))$: B=(4,f(x(A)))
- $C_1(x_A ; y_B)$: C_1=(x(A),y(B))

Créer un curseur

- Curseur ***a*** sur $(x_{min} ; x_{max})$: sélectionnez « **Curseur** » dans la barre d'outils, puis cliquez dans le graphique pour positionner le curseur. Saisissez les bornes dans « min » et « max » de la fenêtre.

Représenter graphiquement une fonction *f*

- Représentation graphique de *f* : f(x)=<Expression algébrique>.
- Représentation graphique de *f* sur un intervalle : Fonction[<Fonction>,<x min>,<x max>].

2 Obtenir une représentation graphique d'une fonction

Exempl e :

Soit la fonction *f* définie sur l'intervalle [–2 ; 3] par $f(x) = -0,5\,x^2$.

- Dans le **Champ de Saisie**, taper **Fonction** et sélectionner la commande ci-contre.

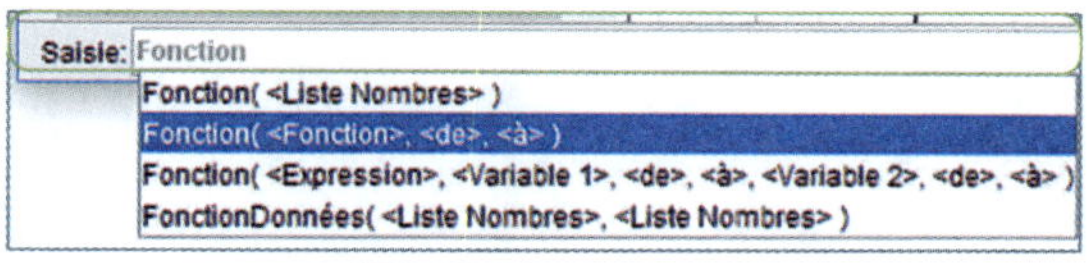

- Saisir l'expression de la fonction et les bornes de l'intervalle d'étude puis valider.

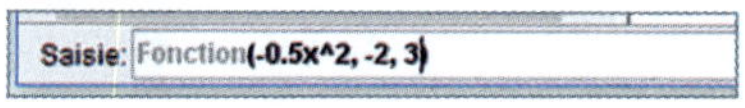

Si le graphique n'est pas exploitable, faire un clic droit dans la **Fenêtre Graphique** et sélectionner **Recadrer**.

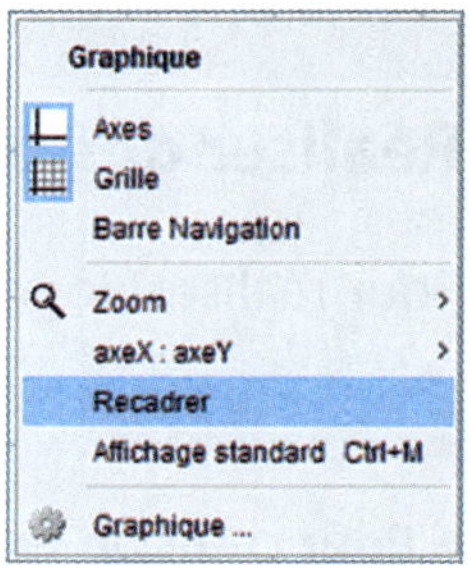

- Pour placer un point sur la courbe, sélectionner et cliquer sur la courbe dans la **Fenêtre Graphique**.

Les coordonnées du point apparaissent dans la **Fenêtre Algèbre**.

- Pour déplacer ce point, sélectionner-le puis faire glisser ce point en restant appuyé sur le clic gauche.

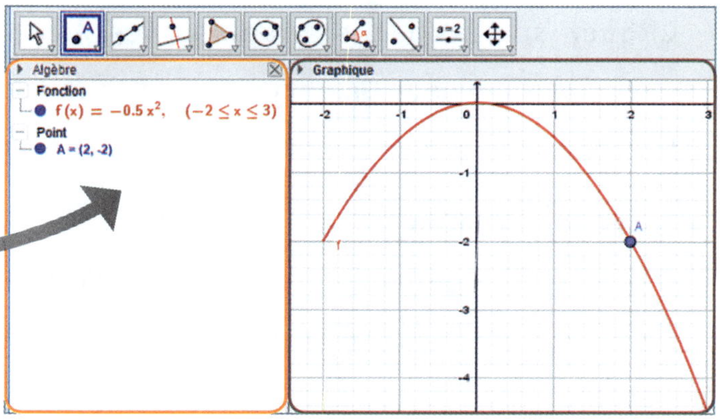

Logiciel de géométrie 2D/3D

3 Tableau de valeurs et représentation graphique d'une fonction

Exemple :
Soit la fonction f définie par $f(x) = 5 \times x$ pour $2 \leqslant x \leqslant 10$.

- Dans l'onglet Affichage, sélectionnez **Tableur**.
- Saisissez 2 en A1 et 3 en A1, puis sélectionnez les cellules et cliquez-glissez jusqu'en A9.
- Saisissez la formule =5*A1 en B1, puis sélectionnez B1 et cliquez-glissez jusqu'en B9.
- En C1, saisissez (A1,B1) puis touche **Entrer** du clavier.
- Sélectionnez la cellule C1 et cliquez-glissez dans la colonne jusqu'en C9 : les points apparaissent dans la fenêtre **Graphique**.
- À l'aide de l'outil **Droite** de la barre d'outils, tracez la droite passant par les points : la formule s'affiche dans la fenêtre **Algèbre**.

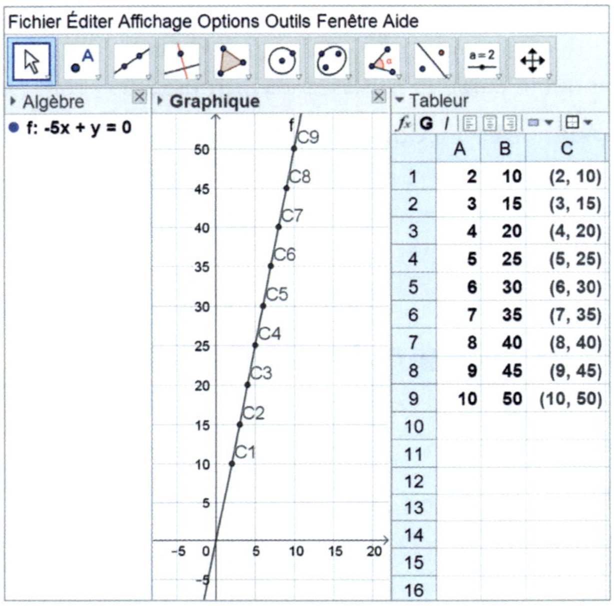

4 Réaliser des constructions géométriques

Pour réaliser des constructions géométriques plus facilement, faire un clic droit dans la **Fenêtre Graphique** et sélectionner **Grille**.

- **Pour créer un segment entre deux points**

  Cliquer sur la flèche rouge de cet icône, sélectionner **Segment** puis cliquer dans la **Fenêtre Graphique** pour créer les deux points aux extrémités.

  La longueur du segment s'affiche dans la **Fenêtre Algèbre**.

- **Pour créer un milieu**

  Cliquer sur la flèche rouge de cet icône, sélectionner Milieu ou centre puis cliquer successivement sur les deux points aux extrémités.

Logiciel de géométrie 2D/3D

• Pour créer un point d'intersection

Cliquer sur la flèche rouge de cette icône, sélectionner Intersection puis cliquer successivement sur les deux objets dont on veut l'intersection.

• Pour créer la perpendiculaire à une droite passant par un point

Sélectionner puis cliquer successivement sur la droite et le point.

• Pour créer la parallèle à une droite passant par un point

Cliquer sur la flèche rouge de cet icône, sélectionner Parallèle puis cliquer successivement sur la droite et le point.

• Pour créer un polygone

Sélectionner, puis cliquer successivement sur tous les sommets.

L'aire du polygone s'affiche dans la **Fenêtre Algèbre**.

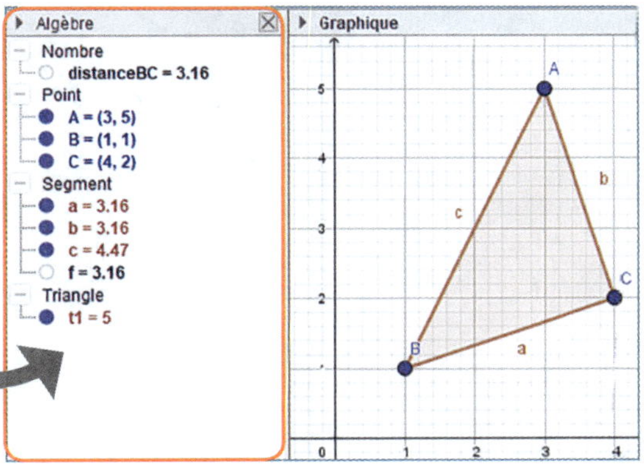

• Pour créer un cercle

• À partir de deux points : sélectionner, cliquer sur le centre du cercle puis sur un point.

• À partir de trois points : cliquer sur la flèche rouge de l'icône, sélectionner Cercle passant par trois points puis cliquer sur les trois points.

Remarque : Les points, segments, polygones et cercles sont automatiquement nommés. Pour les renommer, sélectionner le dessin, faire un clic droit et sélectionner **Renommer**.

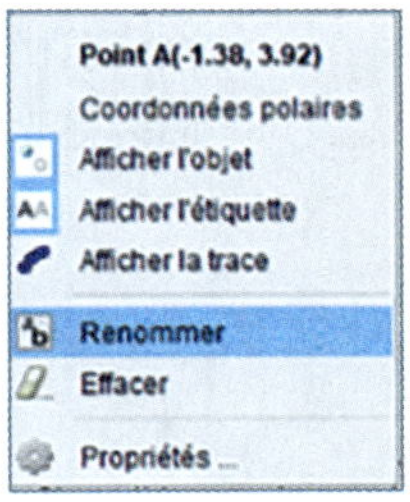

• Pour créer des solides en 3D

• Sélectionner **Affichage** puis **Graphique 3D**.

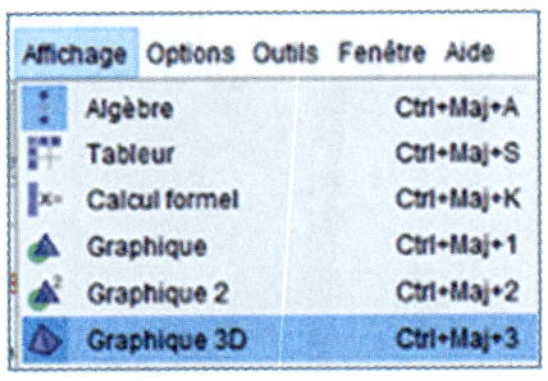

• Choisir le type de solide.
Le volume du solide s'affiche dans la **Fenêtre Algèbre**.
Pour l'observer sous différents angles, sélectionner puis cliquer dans la **Fenêtre Graphique** et glisser en restant appuyé sur le clic gauche.

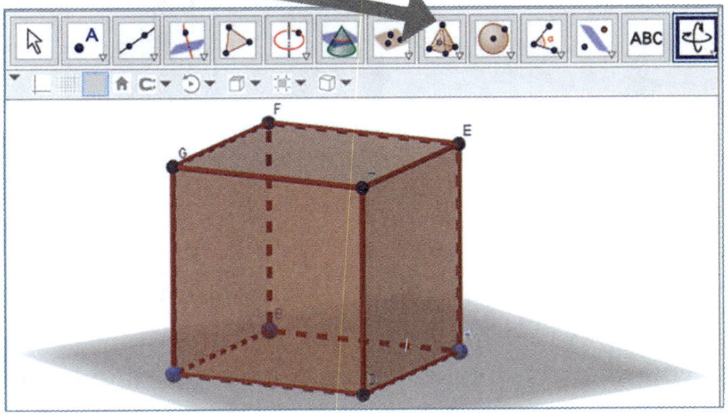

5 Outils de géométrie dans le plan

- Dans l'onglet **Affichage**, sélectionnez **Graphique 2** pour afficher la barre d'outils.

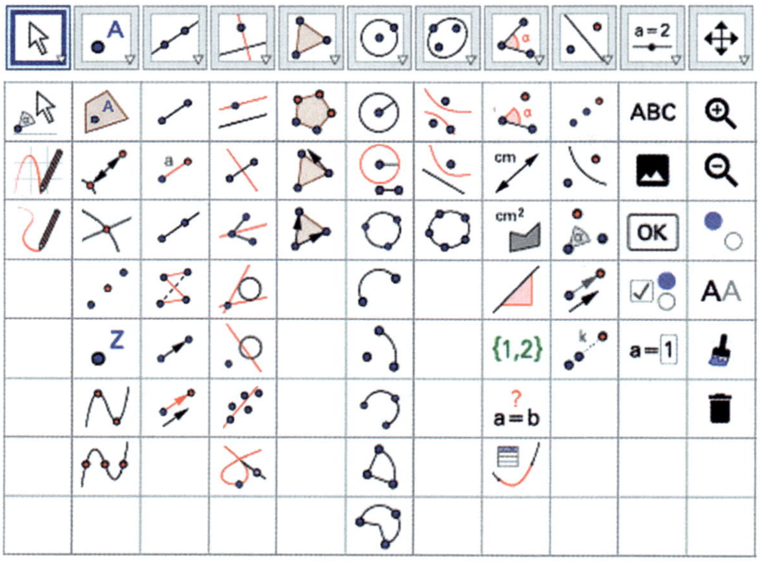

6 Outils de géométrie dans l'espace

- Dans l'onglet **Affichage**, sélectionnez **Graphique 3D** pour afficher la barre d'outils.

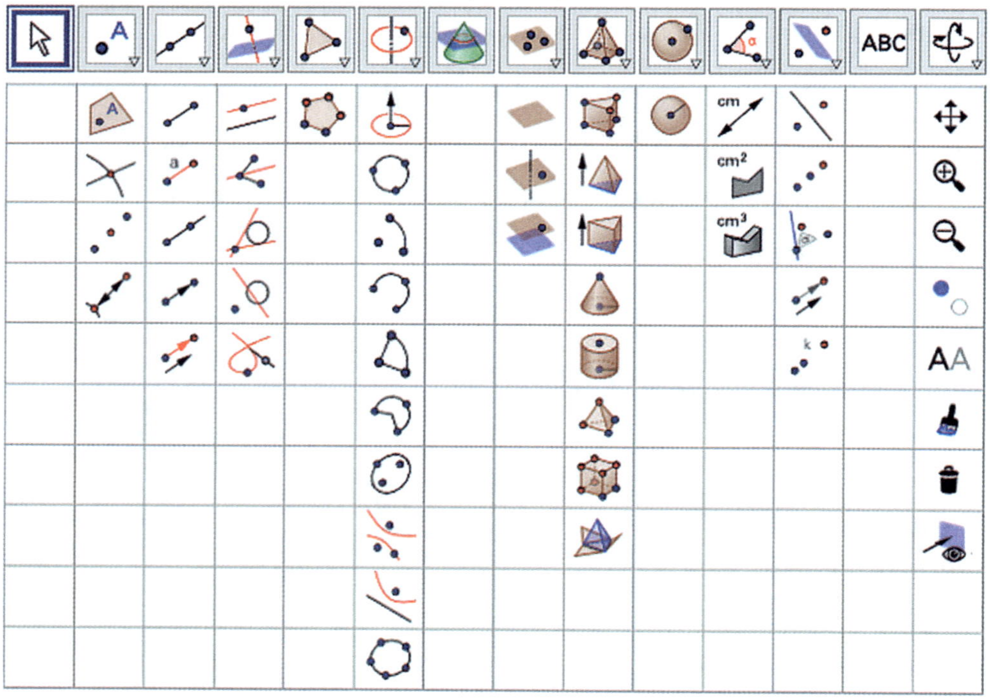

Remarques :

- Pour renommer un point, un segment, un polygone, un cercle ou une courbe, faites un clic droit sur le dessin et sélectionnez **Renommer**.
- Pour changer sa couleur ou son épaisseur, faites un clic droit sur le dessin et sélectionnez **Propriétés**.
- Pour ne plus l'afficher dans la fenêtre **Graphique**, faites un clic droit sur le dessin et désélectionnez **Afficher l'objet**.

Utilisation de la calculatrice graphique Casio Graph 25+

1 Représenter un diagramme en secteurs (ou circulaire)

Exemple :
Le tableau ci-contre donne les résultats obtenus lors d'une élection.

Candidat	Nombre de voix n_i
Durand	300
Fabre	150
Lebon	50

- Dans MENU, sélectionner .

- Saisir, dans la colonne **List 1**, la liste des effectifs n_i.
- Taper F1 (**GRPH**) puis F6 (**SET**).
- Mettre en surbrillance **Graph Type** et taper F4 (**Pie**).
- Mettre en surbrillance **Display** et taper F2 (**Data**).
- Taper EXIT puis F1 (**GPH1**).

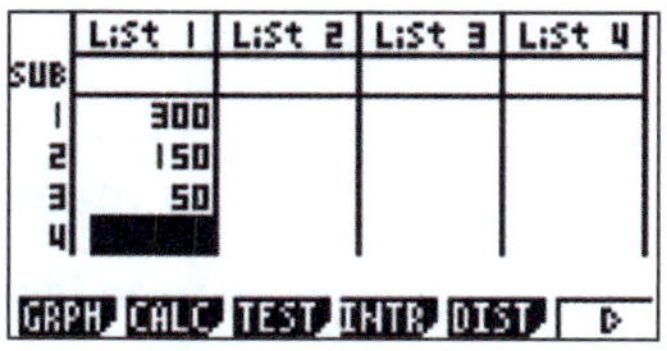

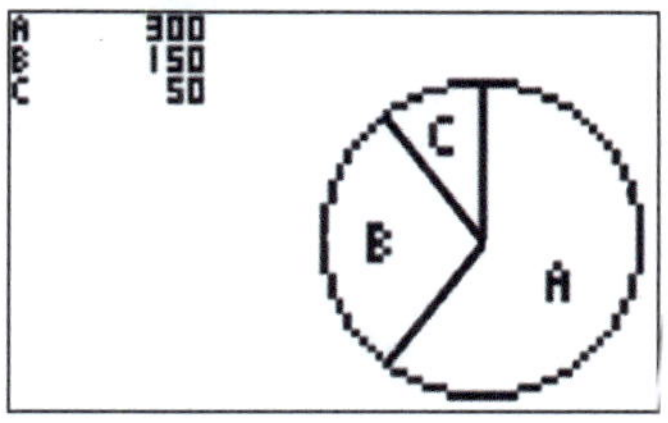

2 Représenter un diagramme en bâtons

Exemple :
Le tableau ci-contre donne le nombre d'enfants par famille dans un lotissement.

Nombre d'enfants x_i	Effectif n_i
0	3
1	21
2	9
3	6

- Dans MENU, sélectionner .

- Saisir, dans la colonne **List 1**, la liste des effectifs n_i.
- Taper F1 (**GRPH**) puis F6 (**SET**).
- Mettre en surbrillance **Graphvype** et taper F6 (▶) puis F3 (**Bar**).
- Mettre en surbrillance **Data1**, taper F1 (**LIST**) puis 1 EXE.
- Taper EXIT puis F1 (**GPH1**).

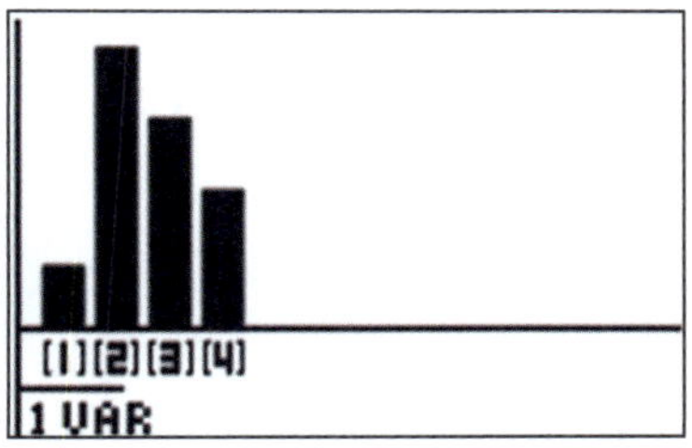

3 Afficher le diagramme en boite à moustaches

À partir du tableau de saisie des données :

- Taper F1 (GRPH) puis F6 (SET).
- Mettre en surbrillance **Graph Type**, taper F6 (SET) puis F2 (Box).
- Vérifier que **XList** est bien **List 1** et que **Frequency** est **List 2**, puis taper EXE.
- Taper F1 (GPH1) pour afficher la boite à moustaches.
- Taper SHIFT puis F1 (TRCE) pour lire sur le diagramme les valeurs **minX**, **Q1**, **Med**, **Q3 et maxX**.

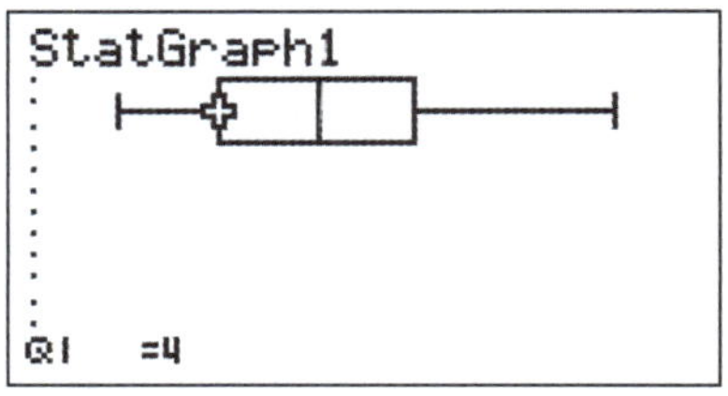

Utilisation de la calculatrice graphique Casio Graph 25+

4 Calculer la moyenne, la médiane, l'étendue et les quartiles

Exemple :
Le tableau ci-contre donne le temps passé chaque jour sur Internet par des élèves de 2de Pro.

Temps (en h) x_i	Effectif n_i
0	1
1	12
2	8
3	3

- Dans MENU, sélectionner STAT.
- Saisir, dans la colonne **List 1**, les valeurs du caractère x_i.
- Saisir, dans la colonne **List 2**, les effectifs n_i.
- Taper F2 (**CALC**) puis F6 (**SET**).

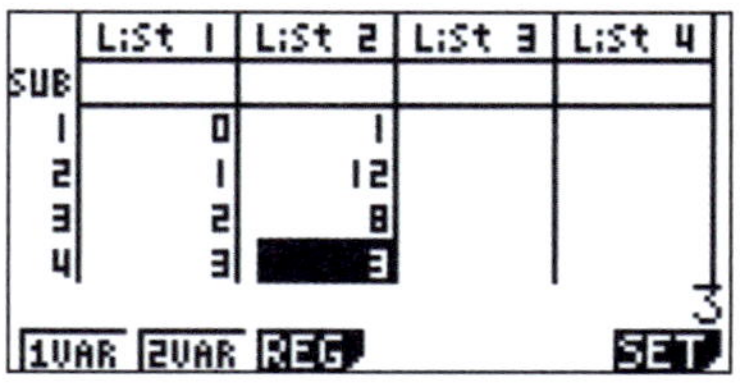

- Mettre en surbrillance **1Var XList**, taper F1 (**LIST**) puis 1 EXE.
- Mettre en surbrillance **1Var Freq**, taper F1 (**LIST**) puis 2 EXE.

- Taper EXIT puis F1 (**1VAR**) pour afficher l'écran des indicateurs statistiques.
- À l'aide des touches du curseur ▼ et ▲, faire défiler la liste des indicateurs.

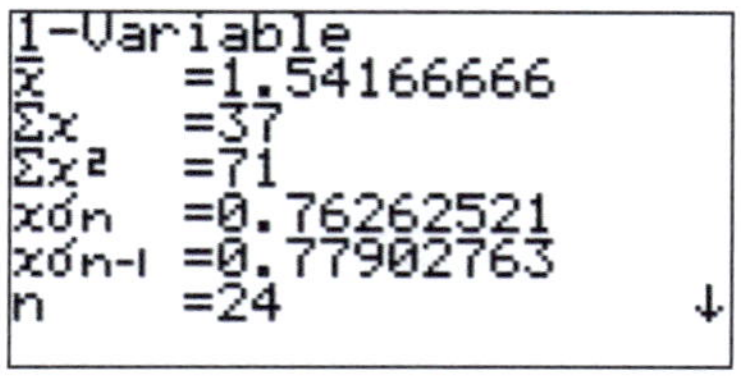

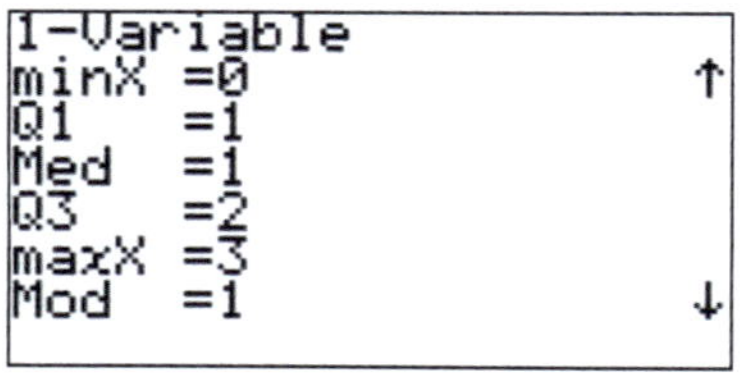

Signification des symboles

x̄ : moyenne de la série
Σx : somme des $n_i \times x_i$
n : effectif total

minX : valeur minimale de la série
Q1 : premier quartile
Med : médiane
Q3 : troisième quartile
maxX : valeur maximale de la série

5 Simuler un nombre aléatoire à 10 décimales dans [0 ; 1[

Exemple :
Afficher un nombre tel que 0,142 568 1259 7.

- Sélectionner RUN puis taper OPTN, F6 (▶), F2 (**PROB**), F4 (**RAND**), F1 (**Ran#**) et EXE.

Utilisation de la calculatrice graphique Casio Graph 25+

6 Obtenir une valeur, un tableau de valeurs et une représentation graphique d'une fonction

Exemple :
Soit la fonction f définie sur l'intervalle [–2 ; 3] par $f(x) = -0,5\,x^2$.

- Dans MENU, sélectionner TABLE.
- Mettre en surbrillance **Y1 :** et saisir l'expression de la fonction puis valider avec EXE.
- Taper F5 (**SET**).

- Mettre en surbrillance **Start** pour saisir la borne inférieure de l'intervalle d'étude de la fonction puis valider avec EXE.
- Mettre en surbrillance **End** pour saisir la borne supérieure de l'intervalle d'étude de la fonction puis valider avec EXE.
- Mettre en surbrillance **Step** et saisir le pas (écart entre les diverses valeurs de x dans le tableau de valeurs) puis valider avec EXE.

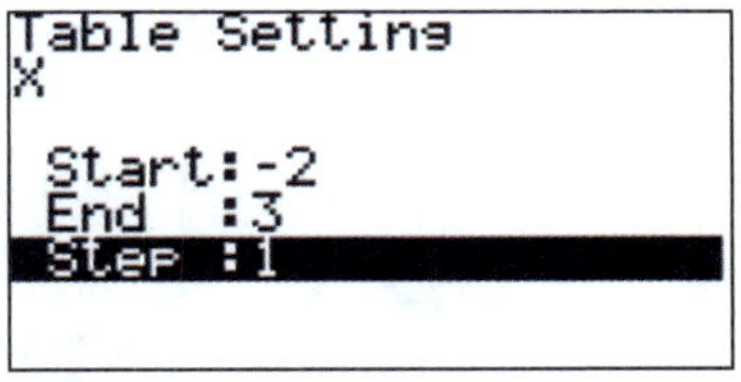

- Taper F6 (**TABL**) pour afficher le tableau de valeurs.
- À l'aide des touches du curseur ▼ et ▲, faire défiler les valeurs.

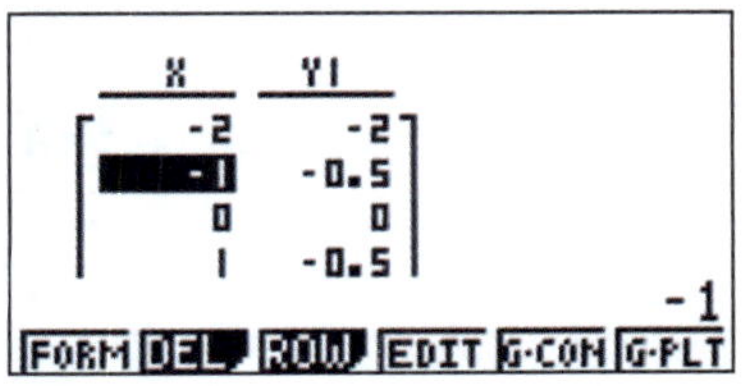

- Taper F6 (**G-CON**) pour afficher la représentation graphique de la fonction.

Si le graphique n'est pas exploitable, taper sur SHIFT F3 (**V-Window**) pour régler les dimensions de la fenêtre d'affichage de la représentation graphique en saisissant les **Xmin**, **Xmax**, **scale** (le pas), **Ymin**, **Ymax** et **scale** pour Y.

- Taper SHIFT F1 (**TRCE**) pour placer un point sur la courbe puis le déplacer avec les touches du curseur ◄ et ►.

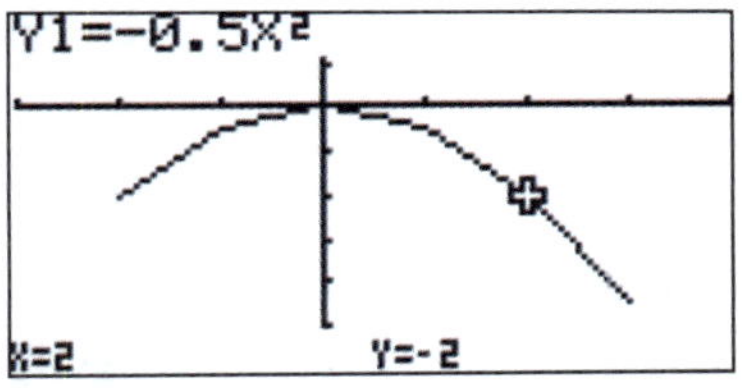

Utilisation de la calculatrice graphique TI-76.fr

1 Représenter un diagramme en bâtons

Exemple :
On a dans le tableau ci-contre le nombre d'enfants par famille dans un lotissement.

Nombre d'enfants x_i	0	1	2	3
Effectif n_i	**3**	21	9	6

- Taper stats 1.
- Saisir, dans la colonne **L1**, les nombres d'enfants x_i.
- Saisir, dans la colonne **L2**, les effectifs n_i.

Remarque : La touche suppr permet d'effacer les nombres saisis.

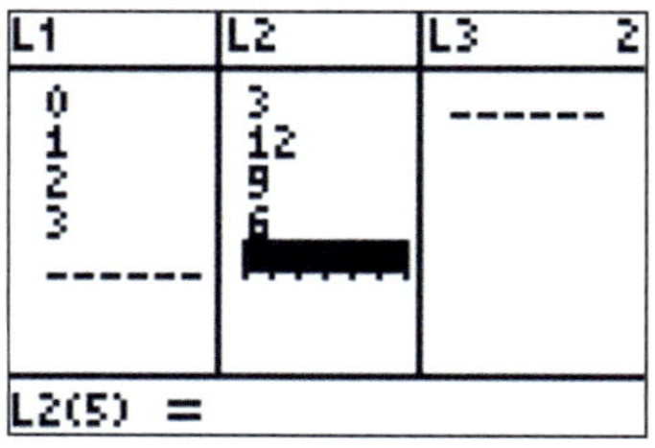

- Taper fenêtre et entrer les valeurs données ci-dessous.
  - **Xmin** = 0 : abscisse minimale sur l'écran.
  - **Xmax** = 4 : abscisse maximale sur l'écran.
  - **Xgrad** = 0,5 : largeur des bâtons.
  - **Ymin** = 0 : ordonnée minimale sur l'écran.
  - **Ymax** = 15 : ordonnée maximale sur l'écran.
  - **Ygrad** = 5 : graduation des ordonnées.

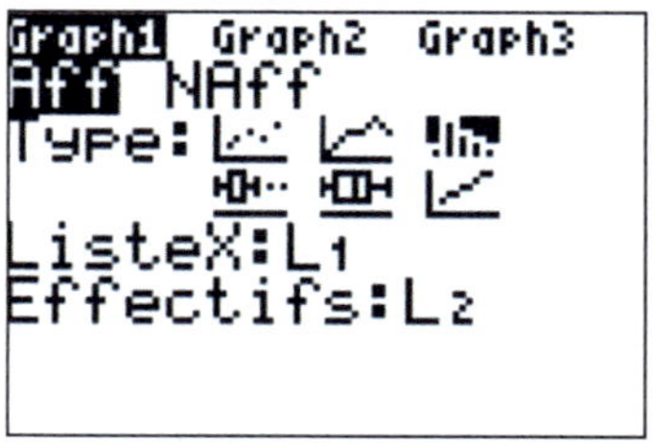

- Taper 2nde f(x) : l'écran **GRAPH STATS** apparaît.
- Taper 1 : l'écran **Graph1** apparaît.
- Mettre en surbrillance **Aff** puis taper Entrer.
- Mettre en surbrillance (icône diagramme en bâtons) puis taper Entrer.
- Mettre en surbrillance **ListeX**, taper 2nde 1 (pour **L1**) puis Entrer.
- Mettre en surbrillance **Effectifs**, taper 2nde 2 (pour **L2**) puis Entrer.
- Taper graphe pour faire apparaître le diagramme en bâtons.

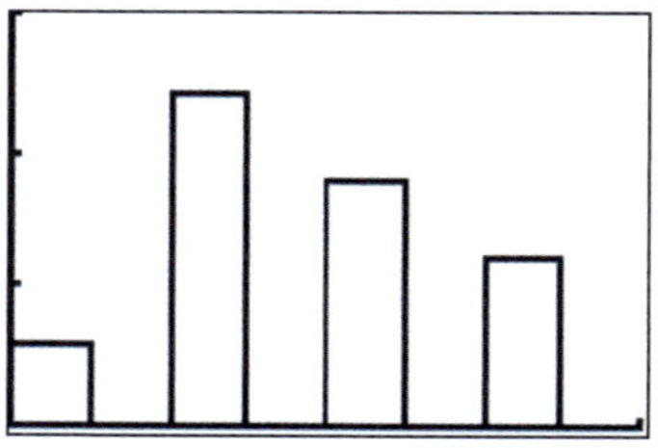

2 Afficher le diagramme en boite à moustaches

- Taper fenêtre : l'écran **FENETRE** apparaît.
- Saisir x_{min}, x_{max}, x_{grad} = 1, y_{min} = 0 ; y_{max} = 1 ; y_{grad} = 1 et $x_{rés}$ = 1.
- Taper 2nde et f(x) : l'écran **GRAPH STATS** apparaît.
- Taper 2 : l'écran **Graph1** apparaît.
- Mettre en surbrillance **On** et Entrer.
- Mettre en surbrillance (icône boite à moustaches) (le 2nd diag.) puis Entrer.

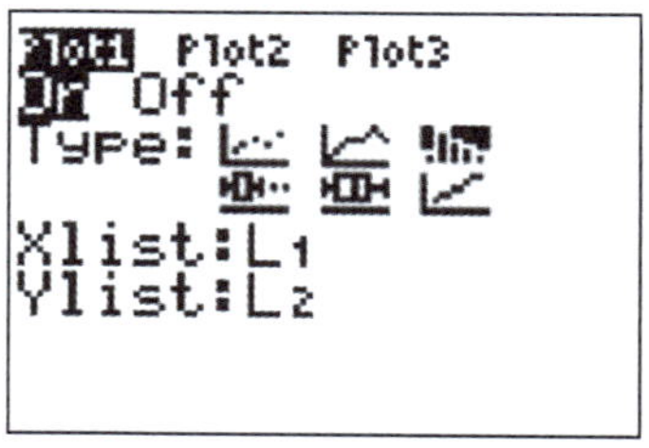

- Positionner le curseur sur la ligne de **ListeX**. Taper 2nde et 1 (pour saisir L_1) puis Entrer.
- Positionner le curseur sur la ligne de **Effectifs**. Taper 2nde et 2 (pour saisir L_2) puis Entrer.
- Taper graphe, le diagramme en boite à moustaches s'affiche.
- Taper trace pour lire sur le diagramme les valeurs **minX**, **Q1**, **Med**, **Q3** et **maxX**.

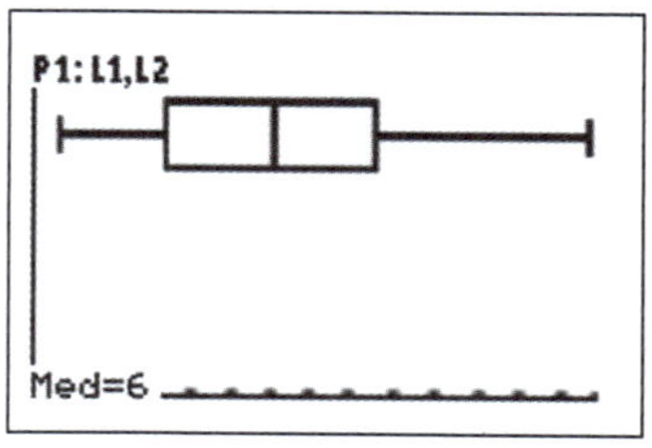

Utilisation de la calculatrice graphique TI-76.fr

3 Calculer la moyenne, la médiane, l'étendue et les quartiles

Exe ple :
Le tableau ci-contre donne le temps passé chaque jour sur Internet par des élèves de 2de Pro.

Temps (en h) x_i	Effectif n_i
0	1
1	12
2	8
3	3

- Taper stats 1.
- Saisir, dans la colonne **L1**, les valeurs du caractère x_i.
- Saisir, dans la colonne **L2**, les effectifs n_i.

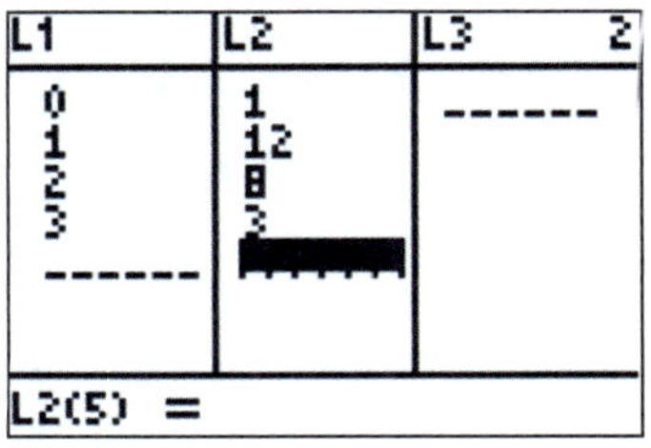

- Taper stats, mettre en surbrillance CALC puis taper Entrer.

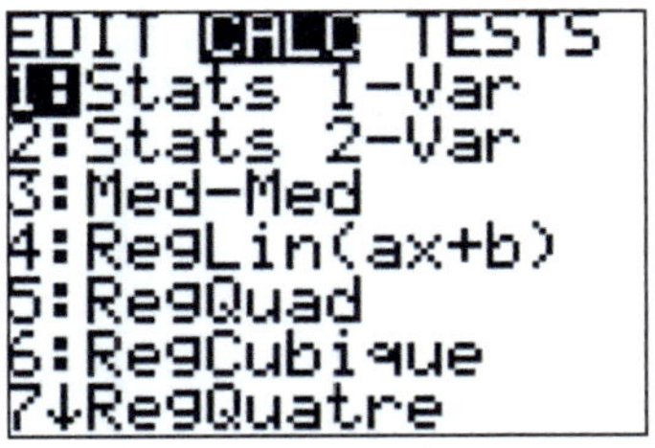

- Mettre en surbrillance List, taper 2nde 1 (pour **L1**) puis Entrer.
- Mettre en surbrillance FreqList, taper 2nde 2 (pour **L2**) puis Entrer.
- Mettre en surbrillance Calculs puis taper Entrer pour afficher l'écran des indicateurs statistiques.

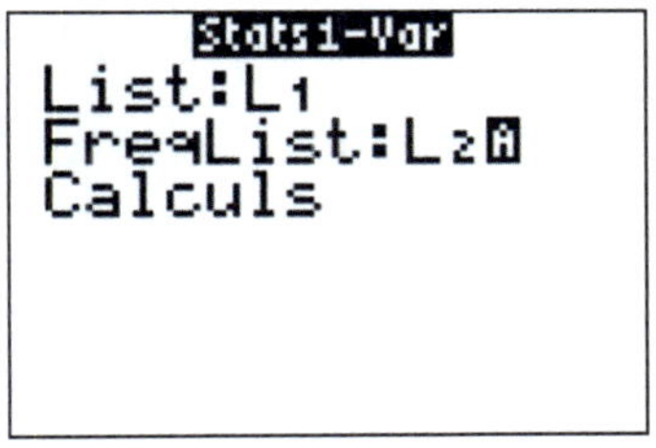

- À l'aide des touches du curseur ▼ et ▲, faire défiler la liste des indicateurs.

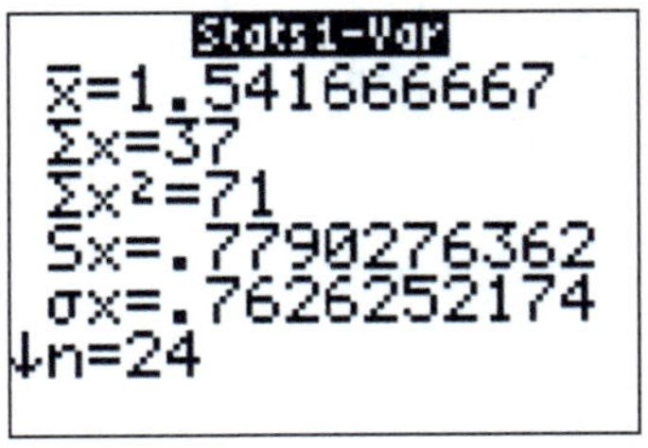

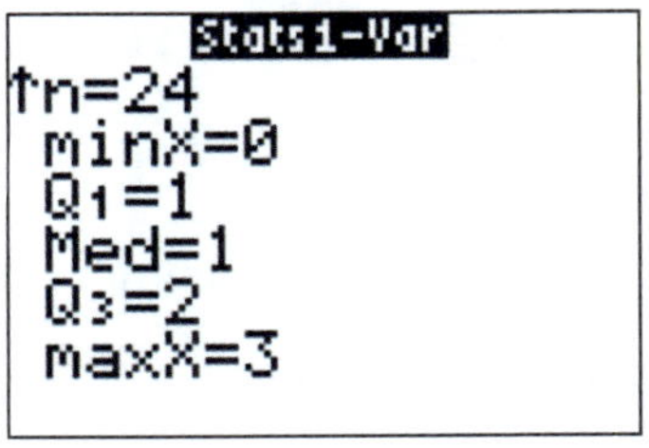

Signification des symboles

x̄ : moyenne de la série
Σx : somme des $n_i \times x_i$
n : effectif total

minX : valeur minimale de la série
Q1 : premier quartile
Med : médiane
Q3 : troisième quartile
maxX : valeur maximale de la série

Utilisation de la calculatrice graphique TI-76.fr

4 Simuler un nombre aléatoire à 10 décimales dans [0 ; 1[

Exemple :
Afficher un nombre tel que 0,142 568 1259 7.

- Taper math, mettre en surbrillance **PRB** puis **1:rand** et taper deux fois Entrer.

5 Obtenir une valeur, un tableau de valeurs et une représentation graphique d'une fonction

Exemple :
Soit la fonction f définie sur l'intervalle [–2 ; 3] par $f(x) = -0{,}5\,x^2$.

- Taper f(x), saisir l'expression de la fonction puis valider avec Entrer.

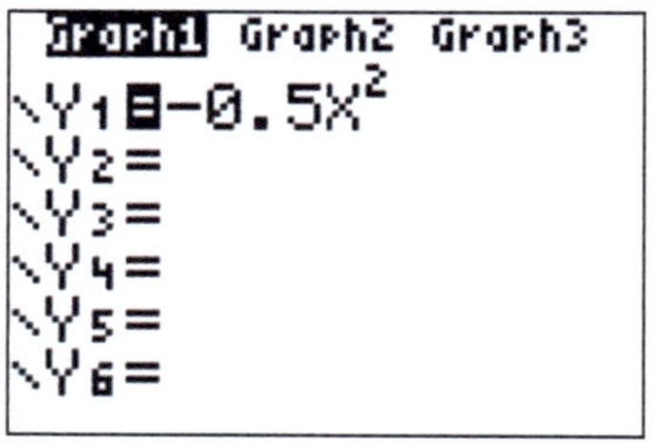

- Taper 2nde fenêtre (**déf table**).
- Mettre le curseur sur la ligne **DébTbl** pour saisir la borne inférieure de l'intervalle d'étude de la fonction puis valider avec Entrer.
- Mettre le curseur sur la ligne **Pas** pour saisir le pas (écart entre les diverses valeurs de x dans le tableau de valeurs) puis valider avec Entrer.

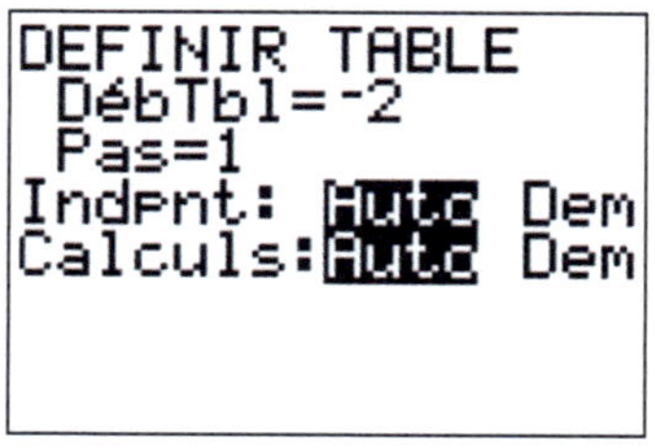

- Taper 2nde graphe (**table**) pour afficher le tableau de valeurs.
- À l'aide des touches du curseur ▼ et ▲, faire défiler les valeurs.

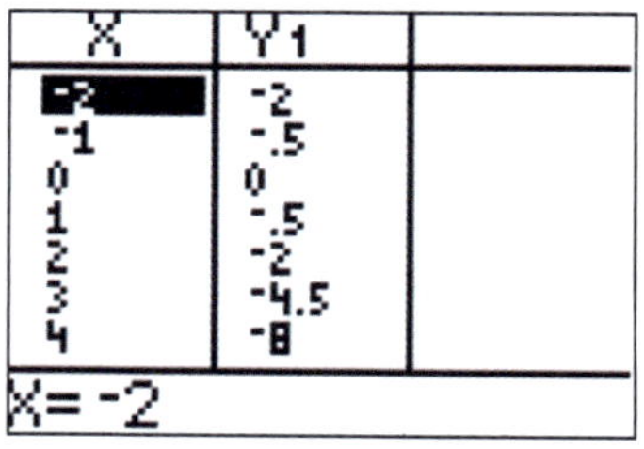

- Taper graphe pour afficher la représentation graphique de la fonction.

Si le graphique n'est pas exploitable, taper sur fenêtre pour régler les dimensions de la fenêtre d'affichage de la représentation graphique en saisissant les **Xmin**, **Xmax**, **Xgrad** (le pas), **Ymin**, **Ymax** et **Ygrad**.

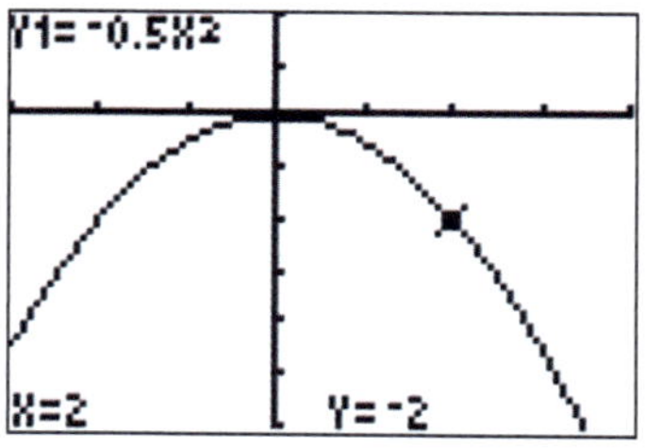

- Taper trace pour placer un point sur la courbe puis le déplacer avec les touches du curseur ◀ et ▶.

Calculatrice graphique NUMWORKS

Calculs

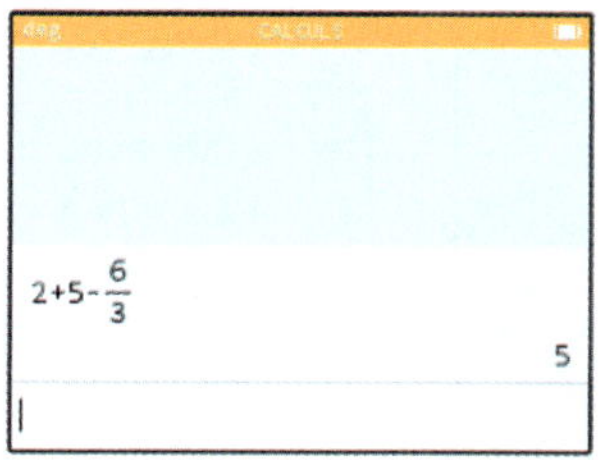

Statistiques

Saisie des données

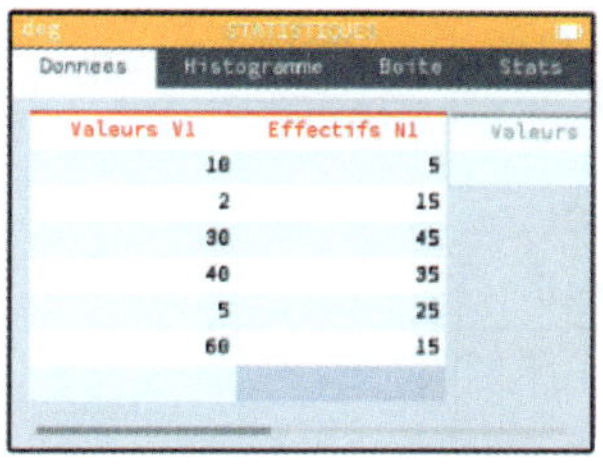

Représentation

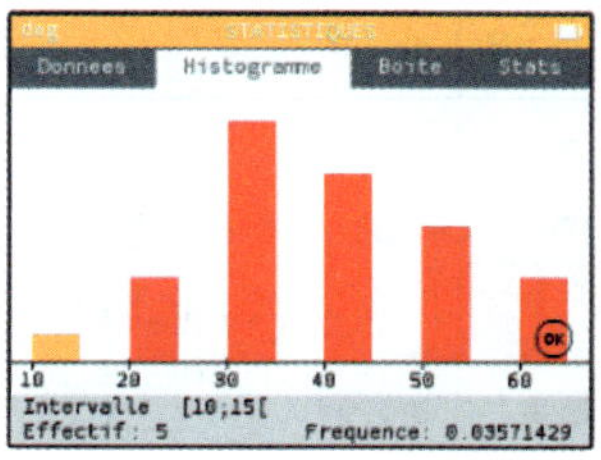

Boite à moustaches

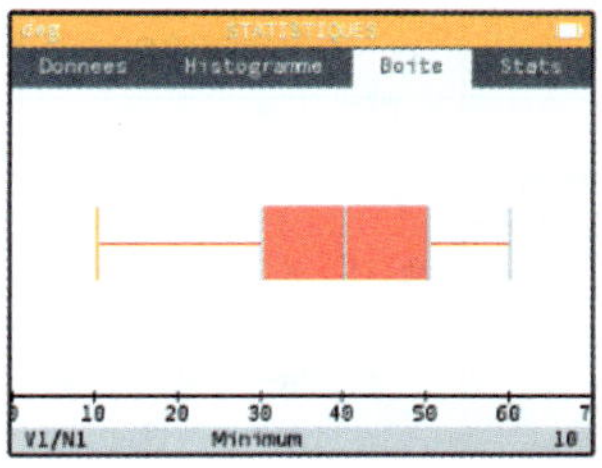

Indicateurs statistiques

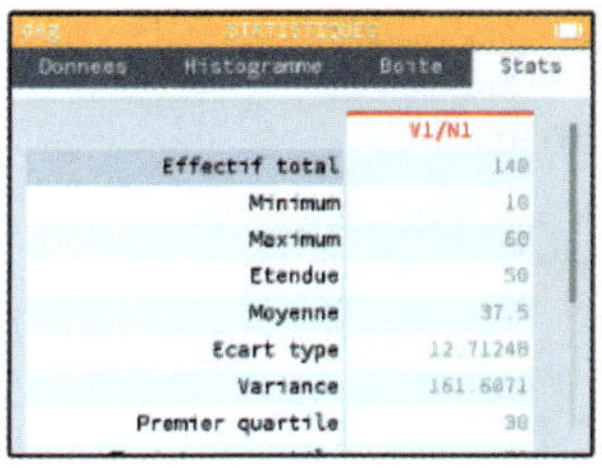

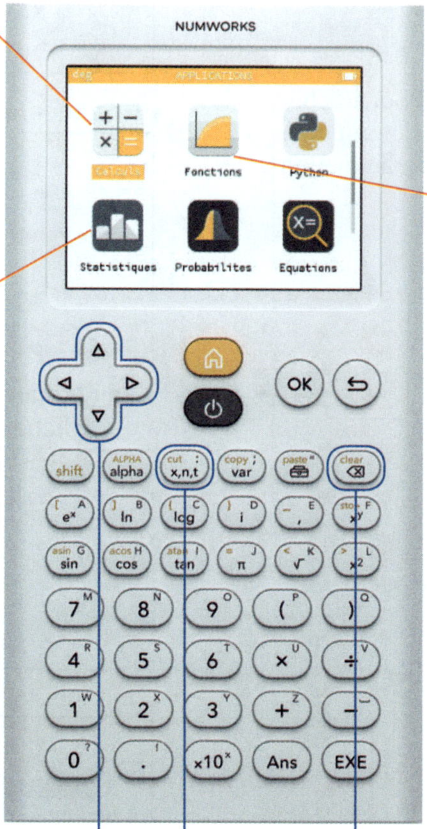

Pour se déplacer sur l'écran

Pour saisir x

Pour effacer

Fonctions

Saisie de la formule

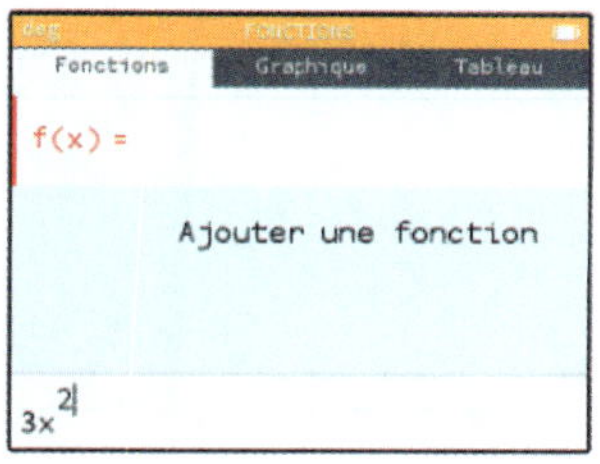

Représentation graphique

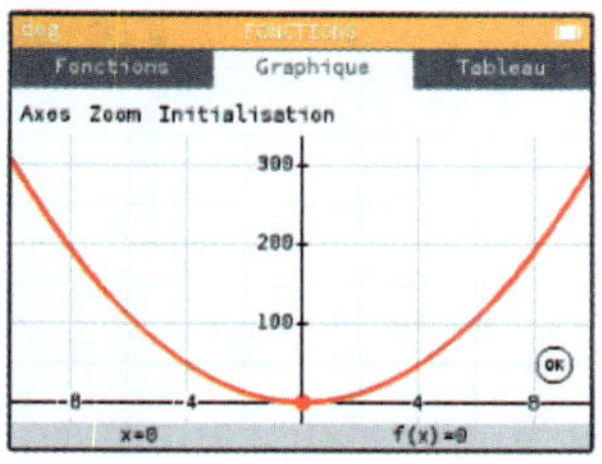

Tableau de valeurs

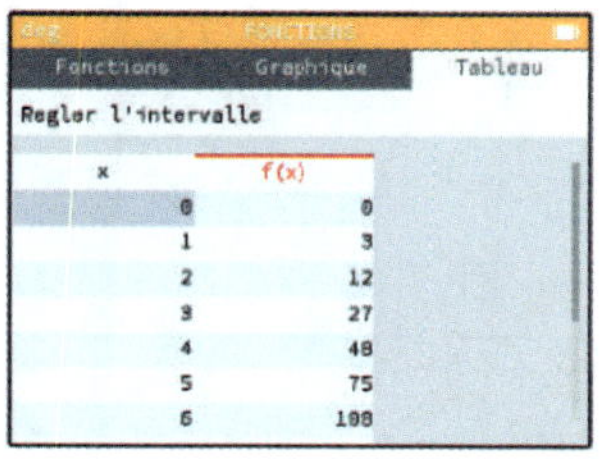

Réglage de l'intervalle

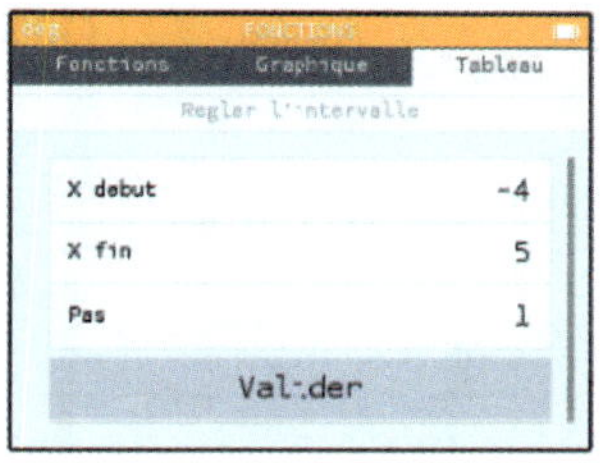

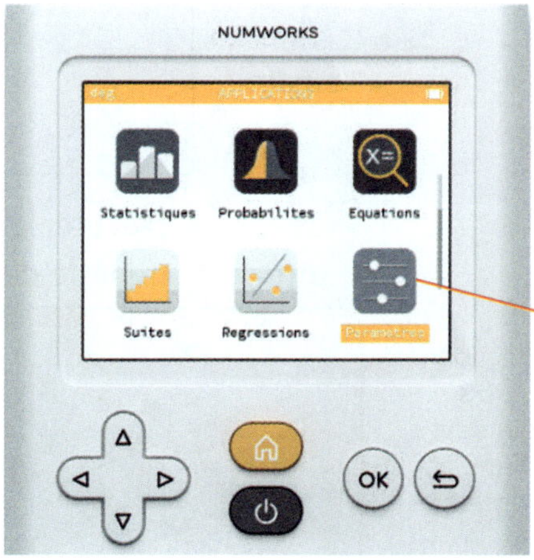

Réglages

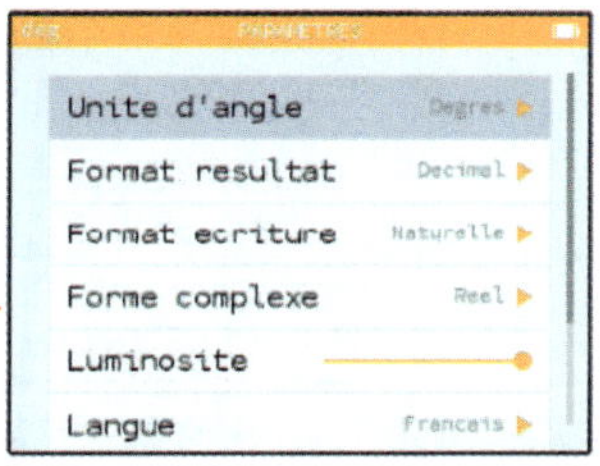

Pour télécharger gratuitement la calculatrice Numworks sur un smartphone
https://www.numworks.com/fr/simulateur/

Calculatrice graphique NUMWORKS

Équations

- Saisie de l'équation

Appuyer deux fois sur EXE et saisir l'équation

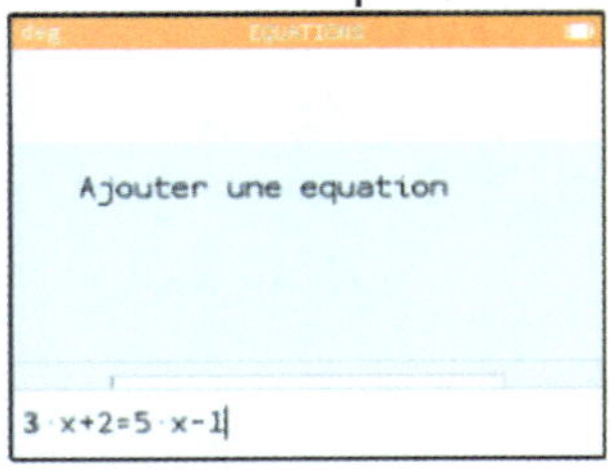

- Résoudre l'équation

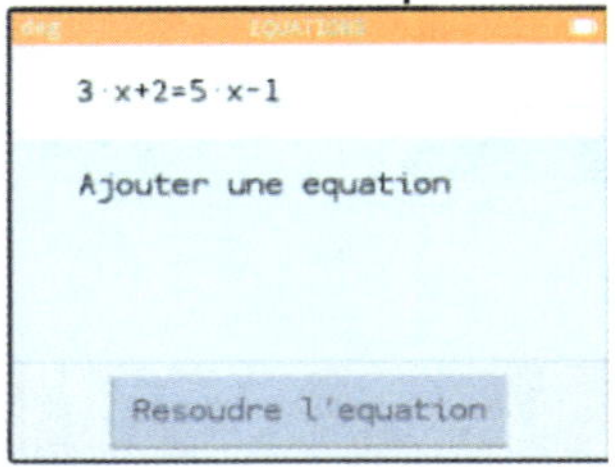

- Solution de l'équation

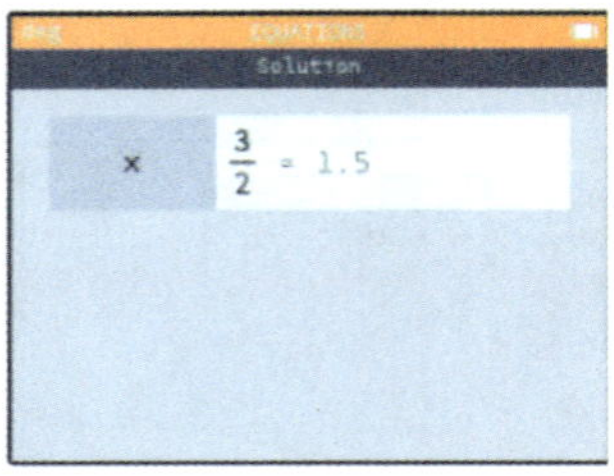

Système d'équations

- Saisie des équations

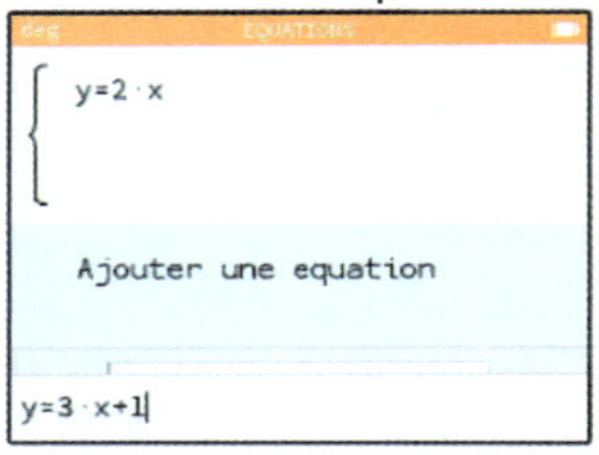

- Résoudre le système

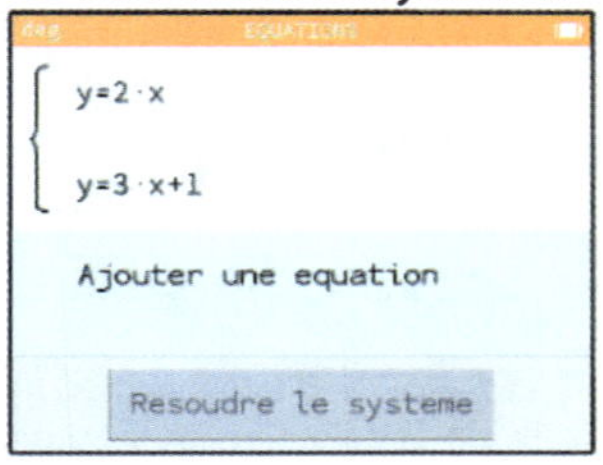

- Solution du système

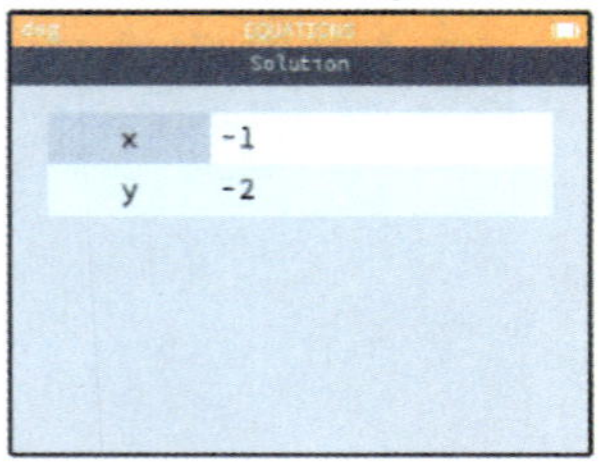

Pour afficher les outils de programmation

Pour saisir les lettres de l'alphabet (appuyer ensuite sur shift pour saisir les majuscules)

Pour l'espace

Python

- Créer un programme

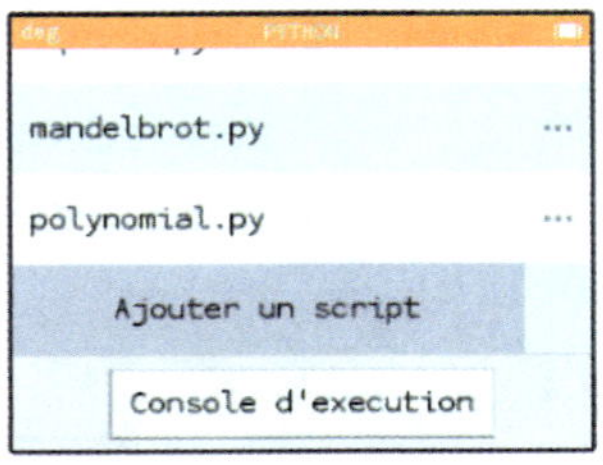

Descendre avec la souris jusqu'à Ajouter un script puis EXE

- Nommer le programme

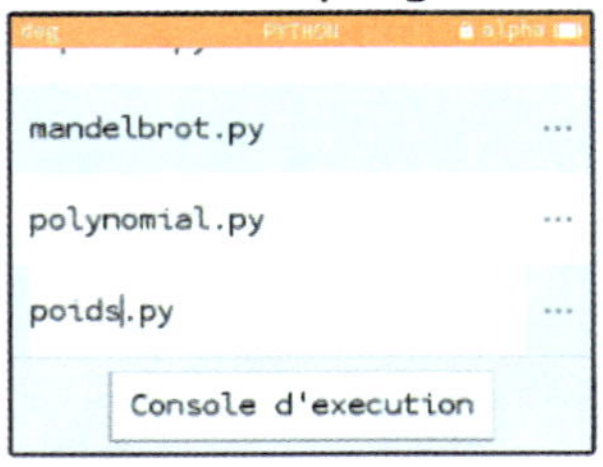

Appuyer deux fois sur la touche alpha. Saisir le nom du programme (exemple : poids) puis EXE ou OK.

- Rédiger le script :
- Afficher l'éditeur

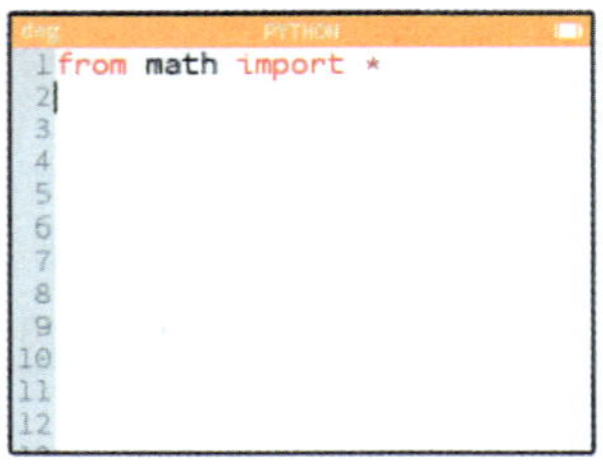

Effacer la ligne 1 avec la touche clear

- Choisir les instructions : touche Outils

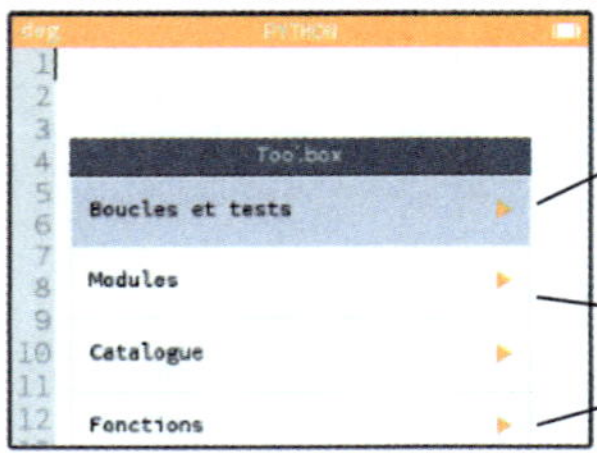

for, if, while et conditions (x==y, x!=y, x>y, x>y, x>=y, x<=y, and, or et not)

random

def function(x) : et return

- Rédiger le script (Exemple : $P = m \times 9{,}81$)

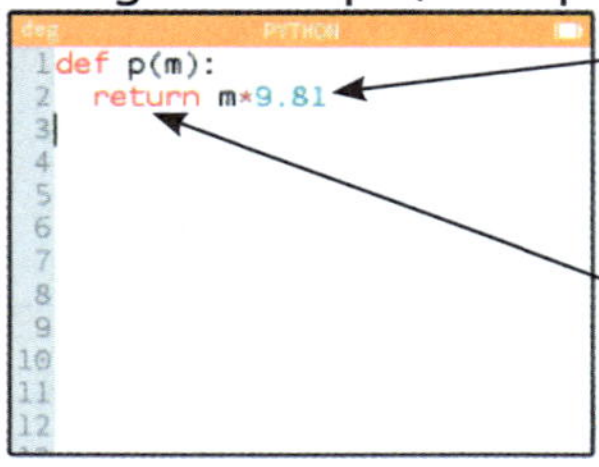

Les variables et les calculs avec le clavier (touche alpha pour les lettres)

Les instructions (en rouge) à l'aide de la touche Outils

- Exécuter le programme

Afficher la fenêtre des programmes avec OK

Sélectionner les trois points sur la ligne du programme puis EXE

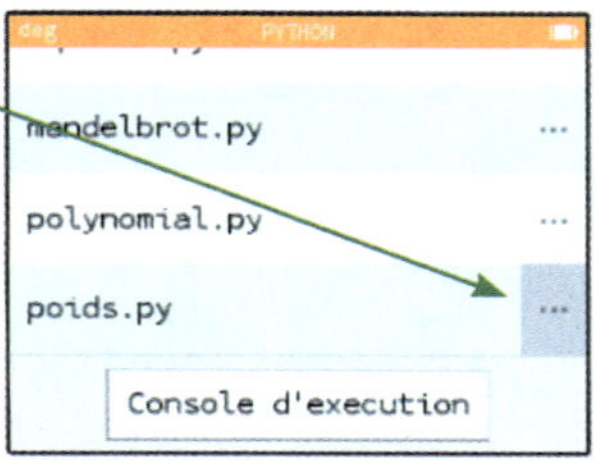

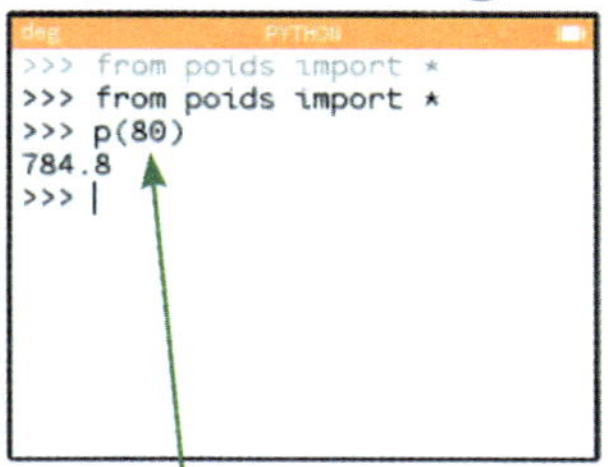

Saisir le nom de la fonction et la valeur de la variable puis OK pour afficher le résultat

Imprimé en Italie par L.E.G.O. S.p.A.
Dépôt légal : Mars 2020 - Édition 01 - 30/5777/9